强制性条文速查系列手册

建筑设计强制性条文
速 查 手 册

（第二版）

闫军　主编

中国建筑工业出版社

图书在版编目(CIP)数据

建筑设计强制性条文速查手册/闫军主编. —2版.—北京:中国建筑工业出版社,2014.11
(强制性条文速查系列手册)
ISBN 978-7-112-17472-0

Ⅰ.①建… Ⅱ.①闫… Ⅲ.①建筑设计-建筑规范-中国-手册 Ⅳ.①TU2-65

中国版本图书馆 CIP 数据核字(2014)第 253845 号

强制性条文速查系列手册
建筑设计强制性条文速查手册
(第二版)
闫军 主编

*

中国建筑工业出版社出版、发行(北京西郊百万庄)
各地新华书店、建筑书店经销
北京红光制版公司制版
北京云浩印刷有限责任公司印刷

*

开本:850×1168毫米 1/32 印张:11¼ 插页:1 字数:311千字
2015 年 5 月第二版 2015 年 5 月第四次印刷
定价:49.00元
ISBN 978-7-112-17472-0
(26268)

本书依据《建筑设计防火规范》GB 50016—2014 编写。本书为"强制性条文速查系列手册"第一分册。共收录建筑设计相关规范 110 本，城市规划规范 19 本，强制性条文千条左右。全书共分五篇。第一篇设计；第二篇消防，包括：防火设计、灭火系统设计；第三篇节能设计；第四篇技术；第五篇城市规划等。

本书供建筑设计人员、施工图审查人员、城市规划人员使用，并可供结构、施工、监理、安全、材料、注册考试等工程建设领域人员学习参考。

＊　　＊　　＊

责任编辑：郭　　栋
责任设计：张　　虹
责任校对：李欣慰　赵　　颖

第 二 版 前 言

《建筑设计防火规范》GB 50016—2014 颁布实施，原《建筑设计防火规范》GB 50016—2006 和《高层民用建筑设计防火规范》GB 50045—95 同时废止。2014 版《建筑设计防火规范》对本书影响较大，第一版的内容已不适用，故修订出版第二版。其他的主要变化如下：

1 收录城市规划相关强制性条文，作为本书的第五篇"城市规划"。

2 收录部分一、二级级注册建筑师考试大纲规定的规范，放入"其他"篇。

《工程建设强制性条文》是工程建设过程中的强制性技术规定，是参与建设活动各方执行工程建设强制性标准的依据。执行《工程建设强制性条文》既是贯彻落实《建设工程质量管理条例》的重要内容，又是从技术上确保建设工程质量的关键。强制性条文的正确实施，对促进房屋建筑活动健康发展，保证工程质量、安全，提高投资效益、社会效益和环境效益都具有重要的意义。

强制性条文的内容，摘自工程建设强制性标准，主要涉及人民生命财产安全、人身健康、环境保护和其他公众利益。强制性条文的内容是工程建设过程中各方必须遵守的。按照建设部第 81 号令《实施工程建设强制性标准监督规定》，施工单位违反强制性条文，除责令整改外，还要处以工程合同价款 2% 以上 4% 以下的罚款。勘察、设计单位违反工程建设强制性标准进行勘察、设计的，责令改正，并处以 10 万元以上 30 万元以下的罚款。

"强制性条文速查系列手册"搜集整理了最新的工程建设强制性条文，共分建筑设计、建筑结构与岩土、建筑施工、给水排水与暖通、交通工程、建筑材料六个分册。六个分册购齐，工程建设强制性条文就齐全了。搜集、整理强制性条文花费了不少的时间和心血，希望读者喜欢。六个分册的名称如下：

> ➢《建筑设计强制性条文速查手册》
> ➢《建筑结构与岩土强制性条文速查手册》
> ➢《建筑施工强制性条文速查手册》
> ➢《给水排水与暖通强制性条文速查手册》
> ➢《交通工程强制性条文速查手册》
> ➢《建筑材料强制性条文速查手册》

本书为"强制性条文速查系列手册"的第一分册。收录的主要为国家标准（GB）和建筑行业标准（JGJ）。

全书由闫军主编，参加编写的有张爱洁、沈伟、高正华、吴建亚、胡明军、张慧、张安雪、乔文军、朱永明、李德生、朱忠辉、刘永刚、徐益斌、张晓琴、杨明珠、刘昌言、曹立峰、周少华、郑泽刚、季鹏、肖刚、赵彬彬、许金松、刘小路、曹艳艳、韩欣鹏、李毅、黄慧、安昌锋。

目　　录

第一篇　设　　计

第二篇　消　防

第五篇　城　市　规　划

第六篇 其 他

第一篇　设　　计

一、《民用建筑设计通则》GB 50352—2005

4.2.1 建筑物及附属设施不得突出道路红线和用地红线建造，不得突出的建筑突出物为：——地下建筑物及附属设施，包括结构挡土桩、挡土墙、地下室、地下室底板及其基础、化粪池等；——地上建筑物及附属设施，包括门廊、连廊、阳台、室外楼梯、台阶、坡道、花池、围墙、平台、散水明沟、地下室进排风口、地下室出入口、集水井、采光井等；——除基地内连接城市的管线、隧道、天桥等市政公共设施外的其他设施。

6.6.3 阳台、外廊、室内回廊、内天井、上人屋面及室外楼梯等临空处应设置防护栏杆，并应符合下列规定：

　　1 栏杆应以坚固、耐久的材料制作，并能承受荷载规范规定的水平荷载；

　　4 住宅、托儿所、幼儿园、中小学及少年儿童专用活动场所的栏杆必须采用防止少年儿童攀登的构造，当采用垂直杆件做栏杆时，其杆件净距不应大于 0.11m；

6.7.2 墙面至扶手中心线或扶手中心线之间的水平距离即楼梯梯段宽度除应符合防火规范的规定外，供日常主要交通用的楼梯的梯段宽度应根据建筑物使用特征，按每股人流为 0.55＋(0～0.15)m 的人流股数确定，并不应少于两股人流。0～0.15m 为人流在行进中人体的摆幅，公共建筑人流众多的场所应取上限值。

6.7.9 托儿所、幼儿园、中小学及少年儿童专用活动场所的楼梯，梯井净宽大于 0.20m 时，必须采取防止少年儿童攀滑的措施，楼梯栏杆应采取不易攀登的构造，当采用垂直杆件做栏杆时，其杆件净距不应大于 0.11m。

6.12.5 存放食品、食料、种子或药物等的房间，其存放物与楼地面直接接触时，严禁采用有毒性的材料作为楼地面，材料的毒性应经有关卫生防疫部门鉴定。存放吸味较强的食物时，应防止采用散发异味的楼地面材料。

6.14.1 管道井、烟道、通风道和垃圾管道应分别独立设置，不得使用同一管道系统，并应用非燃烧体材料制作。

二、《人民防空地下室设计规范》GB 50038—2005

3.1.3 防空地下室距生产、储存易燃易爆物品厂房、库房的距离不应小于50m；距有害液体、重毒气体的贮罐不应小于100m。

注："易燃易爆物品"系指国家标准《建筑设计防火规范》（GB 50016）中"生产、储存的火灾危险性分类举例"中的甲乙类物品。

3.2.13 在染毒区与清洁区之间应设置整体浇筑的钢筋混凝土密闭隔墙，其厚度不应小于200mm，并应在染毒区一侧墙面用水泥砂浆抹光。当密闭隔墙上有管道穿过时，应采取密闭措施。在密闭隔墙上开设门洞时，应设置密闭门。

3.2.15 顶板底面高出室外地平面的防空地下室必须符合下列规定：

1 上部建筑为钢筋混凝土结构的甲类防空地下室，其顶板底面不得高出室外地平面；上部建筑为砌体结构的甲类防空地下室，其顶板底面可高出室外地平面，但必须符合下列规定：

1） 当地具有取土条件的核5级甲类防空地下室，其顶板底面高出室外地平面的高度不得大于0.50m，并应在临战时按下述要求在高出室外地平面的外墙外侧覆土，覆土的断面应为梯形，其上部水平段的宽度不得小于1.0m，高度不得低于防空地下室顶板的上表面，其水平段外侧为斜坡，其坡度不得大于1:3（高:宽）；

2） 核6级、核6B级的甲类防空地下室，其顶板底面高出室外地平面的高度不得大于1.00m，且其高出室外地平面的外墙必须满足战时防常规武器爆炸、防核武器爆炸、密闭和墙体防护厚度等各项防护要求；

2 乙类防空地下室的顶板底面高出室外地平面的高度不得大于该地下室净高的1/2，且其高出室外地平面的外墙必须满足战时防常规武器爆炸、密闭和墙体防护厚度等各项防护要求。

3.3.1 防空地下室战时使用的出入口，其设置应符合下列规定：

1 防空地下室的每个防护单位不应少于两个出入口（不包括竖井式出入口、防护单位之间的连通口），其中至少有一个室外出入口（竖井式除外）。战时主要出入口应设在室外出入口（符合第 3.3.2 条规定的防空地下室除外）。

3.3.6 防空地下室出入口人防门的设置应符合下列规定：

1 人防门的设置数量应符合表 3.3.6 的规定，并按由外到内的顺序，设置防护密闭门、密闭门；

表 3.3.6　出入口人防门设置数量

人防门	工程类型			
	医疗救护工程、专业队队员掩蔽部、一等人员掩蔽所、生产车间、食品站		二等人员掩蔽所、电站控制室、物资库、区域供水站	专业队装备掩蔽部、汽车库、电站发电机房
	主要口	次要口		
防护密闭门	1	1	1	1
密闭门	2	1	1	0

2 防护密闭门应向外开启。

3.3.18 设置在出入口的防护密闭门和防爆波活门，其设计压力值应符合下列规定：

1 乙类防空地下室应按表 3.3.18-1 确定；

表 3.3.18-1　乙类防空地下室出入口防护密闭门的设计压力值（MPa）

防常规武器抗力级别			常 5 级	常 6 级
室外出入口	直通式	通道长度≤15（m）	0.30	0.15
		通道长度>15（m）	0.20	0.10
	单向式、穿廊式、楼梯式、竖井式			
室内出入口				

注：通道长度：直通式出入口按有防护顶盖段通道中心线在平面上的投影长计。

2 甲类防空地下室应按表 3.3.18-2 确定。

表 3.3.18-2　甲类防空地下室出入口防护密闭门的设计压力值（MPa）

防核武器抗力级别		核 4 级	核 4B 级	核 5 级	核 6 级	核 6B 级
室外出入口	直通式、单向式	0.90	0.60			
	穿廊式、楼梯式、竖井式	0.60	0.40	0.30	0.15	0.10
	室内出入口					

3.3.26　当电梯通至地下室时，电梯必须设置在防空地下室的防护密闭区以外。

3.6.6　柴油电站的贮油间应符合下列规定：

2　贮油间应设置向外开启的防火门，其地面应低于与其连接的房间（或走道）地面 150～200mm 或设门槛；

3　严禁柴油机排烟管、通风管、电线、电缆等穿过贮油间。

3.7.2　平战结合的防空地下室中，下列各项应在工程施工、安装时一次完成：

——现浇的钢筋混凝土和混凝土结构、构件；

——战时使用的及平战两用的出入口、连通口的防护密闭门、密闭门；

——战时使用及平战两用的通风口防护设施；

——战时使用的给水引入管、排水出户管和防爆波地漏。

4.1.3　甲类防空地下室结构应能承受常规武器爆炸动荷载和核武器爆炸动荷载的分别作用，乙类防空地下室结构应能承受常规武器爆炸动荷载的作用。对常规武器爆炸动荷载和核武器爆炸动荷载，设计时均按一次作用。

4.1.7　对乙类防空地下室和核 5 级、核 6 级、核 6B 级甲类防空地下室结构，当采用平战转换设计时，应通过临战时实施平战转换达到战时防护要求。

4.9.1　甲类防空地下室结构应分别按下列第 1、2、3 款规定的荷载（效应）组合进行设计，乙类防空地下室结构应分别按下列

第 1、2 款规定的荷载（效应）组合进行设计，并应取各自的最
不利效应组合作为设计依据。其中平时使用状态的荷载（效应）
组合应按国家现行有关标准执行。

    1 平时使用状态的结构设计荷载；

    2 战时常规武器爆炸等效静荷载与静荷载同时作用；

    3 战时核武器爆炸等效静荷载与静荷载同时作用。

4.11.7 承受动荷载的钢筋混凝土结构构件，纵向受力钢筋的配
筋百分率不应小于表 4.11.7 规定的数值。

表 4.11.7 **钢筋混凝土结构构件纵向受力钢筋的最小配筋百分率**（％）

分 类	混凝土强度等级		
	C25～C35	C40～C55	C60～C80
受压构件的全部纵向钢筋	0.60(0.40)	0.60(0.40)	0.70(0.40)
偏心受压及偏心受拉构件 一侧的受压钢筋	0.20	0.20	0.20
受弯构件、偏心受压及偏心受拉 构件一侧的受拉钢筋	0.25	0.30	0.35

注：1 受压构件的全部纵向钢筋最小配筋百分率，当采用 HRB400 级、RRB400
     级钢筋时，应按表中规定减小 0.1；

    2 当为墙体时，受压构件的全部纵向钢筋最小配筋百分率采用括号内数值；

    3 受压构件的受压钢筋以及偏心受压、小偏心受拉构件的受拉钢筋的最小配
     筋百分率按构件全截面面积计算，受弯构件、大偏心受拉构件的受拉钢筋
     的最小配筋百分率按全截面面积扣除位于受压边或受拉较小边翼缘面积后
     的截面面积计算；

    4 受弯构件、偏心受压及偏心受拉构件一侧的受拉钢筋的最小配筋百分率不
     适用于 HPB235 级钢筋，当采用 HPB235 级钢筋时，应符合《混凝土结构
     设计规范》（GB 50010）中有关规定；

    5 对卧置于地基上的核 5 级、核 6 级和核 6B 级甲类防空地下室结构底板，
     当其内力系由平时设计荷载控制时，板中受拉钢筋最小配筋率可适当降低，
     但不应小于 0.15％。

4.11.17 砌体结构的防空地下室，由防护密闭门至密闭门的防
护密闭段，应采用整体现浇钢筋混凝土结构。

5.2.16 设计选用的过滤吸收器，其额定风量严禁小于通过该过滤吸收器的风量。

5.3.3 防空地下室平时和战时合用一个通风系统时，应按平时和战时工况分别计算系统的新风量，并按下列规定选用通风和防护设备。

1 按最大的计算新风量选用清洁通风管管径、粗过滤器、密闭阀门和通风机等设备；

2 按战时清洁通风的计算新风量选用门式防爆波活门，并按门扇开启时的平时通风量进行校核；

3 按战时滤毒通风的计算新风量选用滤毒进（排）风管路上的过滤吸收器、滤毒风机、滤毒通风管及密闭阀门。

5.4.1 引入防空地下室的采暖管道，在穿过人防围护结构处应采取可靠的防护密闭措施，并应在围护结构的内侧设置工作压力不小于 1.0MPa 的阀门。

6.2.6 在防空地下室的清洁区内，每个防护单元均应设置生活用水、饮用水贮水池（箱）。贮水池（箱）的有效容积应根据防空地下室战时的掩蔽人员数量、战时用水量标准及贮水时间计算确定。

6.2.13 防空地下室给水管道上防护阀门的设置及安装应符合下列要求：

1 当给水管道从出入口引入时，应在防护密闭门的内侧设置；当从人防围护结构引入时，应在人防围护结构的内侧设置；穿过防护单元之间的防护密闭隔墙时，应在防护密闭隔墙两侧的管道上设置；

2 防护阀门的公称压力不应小于 1.0MPa；

3 防护阀门应采用阀芯为不锈钢或铜材质的闸阀或截止阀。

7.2.9 防空地下室内安装的变压器、断路器、电容器等高、低压电器设备，应采用无油、防潮设备。

7.2.10 内部电源的发电机组应采用柴油发电机组，严禁采用汽油发电机组。

7.2.11 下列工程应在工程内部设置柴油电站：

   1 中心医院、急救医院；

   2 救护站、防空专业队工程、人员掩蔽工程、配套工程等防空地下室，建筑面积之和大于 5000m²。

7.3.4 防空地下室内的各种动力配电箱、照明箱、控制箱，不得在外墙、临空墙、防护密闭隔墙、密闭隔墙上嵌墙暗装。若必须设置时，应采取挂墙式明装。

7.6.6 保护线（PE）上，严禁设置开关或熔断器。

三、《铁路车站及枢纽设计规范》GB 50091—2006

3.1.1 在铁路车站线路的直线地段上，主要建筑物和设备至线路中心线的距离应符合表 3.1.1 的规定。

表 3.1.1 主要建筑物和设备至线路中心线距离（mm）

序号	建筑物和设备名称			高出轨面的距离	至线路中心线的距离
1	跨线桥柱、天桥柱、雨棚柱和接触网、电力照明等杆柱边缘	位于正线或站线一侧		1100 及以上	≥2440
		其中雨棚柱	位于正线或通行超限货物列车的到发线一侧	1100 及以上	≥2440
			位于不通行超限货物列车的到发线一侧	1100 及以上	≥2150
		位于站场最外站线的外侧		1100 及以上	≥3000
		位于最外梯线或牵出线一侧		1100 及以上	≥3500
2	高柱信号机边缘	位于正线或通行超限货物列车的到发线一侧	一般	1100 及以上	≥2440
			改建困难	1100 及以上	2100（保留）
		位于不通行超限货物列车的到发线一侧	一般	1100 及以上	≥2150
			改建困难	1100 及以上	1950（保留）
3	货物站台边缘	普通站台		1100	1750
		高站台		≤4800	1850

续表 3.1.1

序号	建筑物和设备名称			高出轨面的距离	至线路中心线的距离
4	旅客站台边缘	高站台		1250	1750
		普通站台		500	1750
		低站台	位于正线或通行超限货物列车的到发线一侧	300	1750
5	车库门、转车盘、洗车架和洗罐线、加冰线、机车走行线上的建筑物边缘			1120及以上	≥2000
6	清扫或扳道房和围墙边缘	一般		1100及以上	≥3500
		改建困难		1100及以上	3000（保留）
7	起吊机械固定杆柱或走行部分附属设备边缘至货物装卸线			1100及以上	≥2440

注：表列序号1，第1~2栏数值，当有大型养路机械作业时，各类建筑物至线路中心线的距离不应小于3100mm。

四、《住宅设计规范》GB 50096—2011

5.1.1 住宅应按套型设计，每套住宅应设卧室、起居室（厅）、厨房和卫生间等基本功能空间。

5.3.3 厨房应设置洗涤池、案台、炉灶及排油烟机、热水器等设施或为其预留位置。

5.4.4 卫生间不应直接布置在下层住户的卧室、起居室（厅）、厨房和餐厅的上层。

5.5.2 卧室、起居室（厅）的室内净高不应低于2.40m，局部净高不应低于2.10m，且局部净高的室内面积不应大于室内使用面积的1/3。

5.5.3 利用坡屋顶内空间作卧室、起居室（厅）时，至少有1/2的使用面积的室内净高不应低于2.10m。

5.6.2 阳台栏杆设计必须采用防止儿童攀登的构造，栏杆的垂直杆件间净距不应大于 0.11m，放置花盆处必须采取防坠落措施。

5.6.3 阳台栏板或栏杆净高，六层及六层以下不应低于 1.05m；七层及七层以上不应低于 1.10m。

5.8.1 窗外没有阳台或平台的外窗，窗台距楼面、地面的净高低于 0.90m 时，应设置防护设施。

6.1.1 楼梯间、电梯厅等共用部分的外窗，窗外没有阳台或平台，且窗台距楼面、地面的净高小于 0.90m 时，应设置防护设施。

6.1.2 公共出入口台阶高度超过 0.70m 并侧面临空时，应设置防护设施，防护设施净高不应低于 1.05m。

6.1.3 外廊、内天井及上人屋面等临空处的栏杆净高，六层及六层以下不应低于 1.05m，七层及七层以上不应低于 1.10m。防护栏杆必须采用防止儿童攀登的构造，栏杆的垂直杆件间净距不应大于 0.11m。放置花盆处必须采取防坠落措施。

6.2.1 十层以下的住宅建筑，当住宅单元任一层的建筑面积大于 650m²，或任一套房的户门至安全出口的距离大于 15m 时，该住宅单元每层的安全出口不应少于 2 个。

6.2.2 十层及十层以上且不超过十八层的住宅建筑，当住宅单元任一层的建筑面积大于 650m²，或任一套房的户门至安全出口的距离大于 10m 时，该住宅单元每层的安全出口不应少于 2 个。

6.2.3 十九层及十九层以上的住宅建筑，每层住宅单元的安全出口不应少于 2 个。

6.2.4 安全出口应分散布置，两个安全出口的距离不应小于 5m。

6.2.5 楼梯间及前室的门应向疏散方向开启。

6.3.1 楼梯梯段净宽不应小于 1.10m，不超过六层的住宅，一边设有栏杆的梯段净宽不应小于 1.00m。

6.3.2 楼梯踏步宽度不应小于 0.26m，踏步高度不应大于 0.175m。扶手高度不应小于 0.90m。楼梯水平段栏杆长度大于

0.50m 时，其扶手高度不应小于 1.05m。楼梯栏杆垂直杆件间净空不应大于 0.11m。

6.3.5 楼梯井净宽大于 0.11m 时，必须采取防止儿童攀滑的措施。

6.4.1 属下列情况之一时，必须设置电梯：

  1 七层及七层以上住宅或住户入口层楼面距室外设计地面的高度超过 16m 时；

  2 底层作为商店或其他用房的六层及六层以下住宅，其住户入口层楼面距该建筑物的室外设计地面高度超过 16m 时；

  3 底层做架空层或贮存空间的六层及六层以下住宅，其住户入口层楼面距该建筑物的室外设计地面高度超过 16m 时；

  4 顶层为两层一套的跃层住宅时，跃层部分不计层数，其顶层住户入口层楼面距该建筑物室外设计地面的高度超过 16m 时。

6.4.7 电梯不应紧邻卧室布置。当受条件限制，电梯不得不紧邻兼起居的卧室布置时，应采取隔声、减振的构造措施。

6.5.2 位于阳台、外廊及开敞楼梯平台下部的公共出入口，应采取防止物体坠落伤人的安全措施。

6.6.1 七层及七层以上的住宅，应对下列部位进行无障碍设计：

  1 建筑入口；

  2 入口平台；

  3 候梯厅；

  4 公共走道。

6.6.2 住宅入口及入口平台的无障碍设计应符合下列规定：

  1 建筑入口设台阶时，应同时设置轮椅坡道和扶手；

  2 坡道的坡度应符合表 6.6.2 的规定；

表 6.6.2 坡道的坡度

坡度	1:20	1:16	1:12	1:10	1:8
最大高度（m）	1.50	1.00	0.75	0.60	0.35

3 供轮椅通行的门净宽不应小于 0.8m；

4 供轮椅通行的推拉门和平开门，在门把手一侧的墙面，应留有不小于 0.5m 的墙面宽度；

5 供轮椅通行的门扇，应安装视线观察玻璃、横执把手和关门拉手，在门扇的下方应安装高 0.35m 的护门板；

6 门槛高度及门内外地面高差不应大于 0.15m，并应以斜坡过渡。

6.6.3 七层及七层以上住宅建筑入口平台宽度不应小于 2.00m，七层以下住宅建筑入口平台宽度不应小于 1.50m。

6.6.4 供轮椅通行的走道和通道净宽不应小于 1.20m。

6.7.1 新建住宅应每套配套设置信报箱。

6.9.1 卧室、起居室（厅）、厨房不应布置在地下室；当布置在半地下室时，必须对采光、通风、日照、防潮、排水及安全防护采取措施，并不得降低各项指标要求。

6.9.6 直通住宅单元的地下楼、电梯间入口处应设置乙级防火门，严禁利用楼、电梯间为地下车库进行自然通风。

6.10.1 住宅建筑内严禁布置存放和使用甲、乙类火灾危险性物品的商店、车间和仓库，以及产生噪声、振动和污染环境卫生的商店、车间和娱乐设施。

6.10.4 住户的公共出入口与附建公共用房的出入口应分开布置。

7.1.1 每套住宅应至少有一个居住空间能获得冬季日照。

7.1.3 卧室、起居室（厅）、厨房应有直接天然采光。

7.1.5 卧室、起居室（厅）、厨房的采光窗洞口的窗地面积比不应低于 1/7。

7.2.1 卧室、起居室（厅）、厨房应有自然通风。

7.2.3 每套住宅的自然通风开口面积不应小于地面面积的 5%。

7.3.1 卧室、起居室（厅）内噪声级，应符合下列规定：

1 昼间卧室内的等效连续 A 声级不应大于 45dB；

2 夜间卧室内的等效连续 A 声级不应大于 37dB；

3 起居室（厅）的等效连续 A 声级不应大于 45dB。

7.3.2 分户墙和分户楼板的空气声隔声性能应符合下列规定：

1 分隔卧室、起居室（厅）的分户墙和分户楼板，空气声隔声评价量（R_w+C）应大于 45dB；

2 分隔住宅和非居住用途空间的楼板，空气声隔声评价量（$R_w+C\,\mathrm{tr}$）应大于 51dB。

7.4.1 住宅的屋面、地面、外墙、外窗应采取防止雨水和冰雪融化水侵入室内的措施。

7.4.2 住宅的屋面和外墙的内表面在设计的室内温度、湿度条件下不应出现结露。

7.5.3 住宅室内空气污染物的活度和浓度应符合表 7.5.3 的规定。

表 7.5.3　住宅室内空气污染物限值

污染物名称	活度、浓度限值
氡	$\leqslant 200$（Bq/m^3）
游离甲醛	$\leqslant 0.08$（mg/m^3）
苯	$\leqslant 0.09$（mg/m^3）
氨	$\leqslant 0.2$（mg/m^3）
TVOC	$\leqslant 0.5$（mg/m^3）

8.1.1 住宅应设室内给水排水系统。

8.1.2 严寒和寒冷地区的住宅应设置采暖设施。

8.1.3 住宅应设照明供电系统。

8.1.4 住宅计量装置的设置应符合下列规定：

1 各类生活供水系统应设置分户水表；

2 设有集中采暖（集中空调）系统时，应设置分户热计量装置；

3 设有燃气系统时，应设置分户燃气表；

4 设有供电系统时，应设置分户电能表。

8.1.7 下列设施不应设置在住宅套内，应设置在共用空间内：

1 公共功能的管道，包括给水总立管、消防立管、雨水立管、采暖（空调）供回水总立管和配电和弱电干线（管）等，设置在开敞式阳台的雨水立管除外；

2 公共的管道阀门、电气设备和用于总体调节和检修的部件，户内排水立管检修口除外；

3 采暖管沟和电缆沟的检查孔。

8.2.1 住宅各类生活供水水质应符合国家现行标准的相关规定。

8.2.2 入户管的供水压力不应大于 0.35MPa。

8.2.6 住宅厨房和卫生间的排水立管应分别设置。排水管道不得穿越卧室。

8.2.10 无存水弯的卫生器具和无水封的地漏与生活排水管道连接时，在排水口以下应设存水弯；存水弯和有水封地漏的水封高度不应小于 50mm。

8.2.11 地下室、半地下室中低于室外地面的卫生器具和地漏的排水管，不应与上部排水管连接，应设置集水设施用污水泵排出。

8.2.12 采用中水冲洗便器时，中水管道和预留接口应设明显标识。坐便器安装洁身器时，洁身器应与自来水管连接，严禁与中水管连接。

8.3.2 除电力充足和供电政策支持，或者建筑物所在地无法利用其他形式的能源外，严寒和寒冷地区、夏热冬冷地区的住宅不应设计直接电热作为室内采暖主体热源。

8.3.3 住宅采暖系统应采用不高于 95℃ 的热水作为热媒，并应有可靠的水质保证措施。热水温度和系统压力应根据管材、室内散热设备等因素确定。

8.3.4 住宅集中采暖的设计，应根据每一个房间的热负荷计算。

8.3.6 设置采暖系统的普通住宅的室内采暖计算温度，不应低于表 8.3.6 的规定。

表 8.3.6　室内采暖计算温度

用　房	温　度（℃）
卧室、起居室（厅）和卫生间	18
厨房	15
设采暖的楼梯间和走廊	14

8.3.12　设计采用户式燃气采暖热水炉作为采暖热源时，其热效率应符合国家现行有关标准中节能等级的规定值。

8.4.1　住宅管道燃气的供气压力不应高于 0.2MPa。住宅内各类用气设备应使用低压燃气，其入口压力应在 0.75～1.5 倍燃具额定范围内。

8.4.3　燃气设备的设置应符合下列规定：

　1　燃气设备严禁设置在卧室内；

　2　严禁在浴室内安装直接排气式、半密闭式燃气热水器等在使用空间内积聚有害气体的加热设备；

　3　户内燃气灶应安装在通风良好的厨房、阳台内；

　4　燃气热水器等燃气设备应安装在通风良好的厨房、阳台内或其他非居住房间。

8.4.4　住宅内各类用气设备的烟气必须排至室外。排气口应采取防风措施，安装燃气设备的房间应预留安装位置和排气孔洞位置；当多台设备合用竖向排气道排放烟气时，应保证互不影响。户内燃气热水器、分户设备的采暖或制冷燃气设备的排气管不得与燃气灶排油烟机的排气管合并接入同一管道。

8.5.3　无外窗的暗卫生间，应设置防止回流的机械通风设施或预留机械通风设置条件。

8.7.3　每套住宅应设置户配电箱，其电源总开关装置应采用可同时断开相线和中性线的开关电器。

8.7.4　住宅套内安装在 1.80m 及以下的插座均应采用安全型插座。

8.7.5　住宅的共用部位应设人工照明，应采用高效节能的照明装置（光源、灯具及附件）和节能控制措施。当应急照明采用节能自熄开关时，必须采取消防时应急点亮的措施。

8.7.9 当发生火警时，疏散通道上和出入口处的门禁应能集中解锁或能从内部手动解锁。

五、《中小学校设计规范》GB 50099—2011

4.1.2 中小学校严禁建设在地震、地质塌裂、暗河、洪涝等自然灾害及人为风险高的地段和污染超标的地段。校园及校内建筑与污染源的距离应符合对各类污染源实施控制的国家现行有关标准的规定。

4.1.8 高压电线、长输天然气管道、输油管道严禁穿越或跨越学校校园；当在学校周边敷设时，安全防护距离及防护措施应符合相关规定。

6.2.24 学生宿舍不得设在地下室或半地下室。

8.1.5 临空窗台的高度不应低于 0.90m。

8.1.6 上人屋面、外廊、楼梯、平台、阳台等临空部位必须设防护栏杆，防护栏杆必须牢固、安全，高度不应低于 1.10m。防护栏杆最薄弱处承受的最小水平推力应不小于 1.5kN/m。

六、《铁路旅客车站建筑设计规范》GB 50226—2007(2011 年版)

4.0.8 出境入境的旅客车站应设置升挂国旗的旗杆。

4.0.11 广场内的各种揭示牌和引导系统应醒目，其结构、构造应设置安全。

5.2.4 进站集散厅内应设置问询、邮政、电信等服务设施。

5.2.5 大型及以上站的出站集散厅内应设置电信、厕所等服务设施。

5.7.1 旅客站房应设厕所和盥洗间。

5.8.8 旅客车站均应有饮用水供应设施。

5.9.2 国境（口岸）站房应设置标志牌、揭示牌、导向牌，其标志内容及有关文字的使用应符合国家有关规定。

6.1.1 客货共线铁路车站站台的长度、宽度、高度应符合现行国家标准《铁路车站及枢纽设计规范》GB 50091 的有关规定。客运专线铁路车站站台的设置应符合国家及铁路主管部门的有关规定。

6.1.3 当旅客站台上设有天桥或地道出入口、房屋等建筑物时，其边缘至站台边缘的距离应符合下列规定：

1 特大型和大型站不应小于 3m。

2 中型和小型站不应小于 2.5m。

3 改建车站受条件限制时，天桥或地道出入口其中一侧的距离不得小于 2m。

4 当路段设计速度在 120km/h 及以上时，靠近有正线一侧的站台应按本条 1~3 款的数值加宽 0.5m。

6.1.4 旅客站台设计应符合下列规定：

3 旅客列车停靠的站台应在全长范围内，距站台边缘 1m 处的站台面上设置宽度为 0.06m 的黄色安全警戒线，安全警戒线可与提示盲道结合设计。当有速度超过 120km/h 的列车临近站台通过时，安全警戒线和防护设施应符合铁路主管部门的有关规定。

6.1.7 旅客站台雨篷设置应符合下列规定：

1 雨篷各部分构件与轨道的间距应符合现行国家标准《标准轨距铁路建筑限界》GB 146.2 的有关规定。

3 通行消防车的站台，雨篷悬挂物下缘至站台面的高度不应小于 4m。

7 采用无站台柱雨篷时，铁路正线两侧不得设置雨篷立柱，在两条客车到发线之间的雨篷柱，其柱边最突出部分距线路中心的间距，应符合铁路主管部门的有关规定。

6.4.5 旅客进站检票口和出站口必须具备安全疏散功能，并应符合现行国家标准《建筑设计防火规范》GB 50016 的有关规定。

7.1.1 旅客车站的站房及地道、天桥的耐火等级均不应低于二级。站台雨篷的防火等级应符合国家现行标准《铁路工程设计防火规范》TB 10063 的有关规定。

7.1.2　其他建筑与旅客车站合建时必须划分防火分区。

7.1.4　特大型、大型和中型站内的集散厅、候车区（室）、售票厅和办公区、设备区、行李与包裹库，应分别设置防火分区。集散厅、候车区（室）、售票厅不应与行李及包裹库上下组合布置。

7.1.5　疏散安全出口、走道和楼梯的净宽度除应符合现行国家标准《建筑设计防火规范》GB 50016 的有关规定外，尚应符合下列要求：

　　1　站房楼梯净宽度不得小于 1.6m；

　　2　安全出口和走道净宽度不得小于 3m。

7.1.6　旅客车站消防安全标志和站房内采用的装修材料应分别符合现行国家标准《消防安全标志设置要求》GB 15630 和《建筑内部装修设计防火规范》GB 50222 的有关规定。

8.3.2　**5**　旅客站台所采用的光源不应与站内的黄色信号灯的颜色相混。

8.3.4　旅客车站疏散和安全照明应有自动投入使用的功能，并应符合下列规定：

　　1　各候车区（室）、售票厅（室）、集散厅应设疏散和安全照明；重要的设备房间应设安全照明。

　　2　各出入口、楼梯、走道、天桥、地道应设疏散照明。

七、《医院洁净手术部建筑技术规范》GB 50333—2013

7.2.2　洁净手术部平面必须分为洁净区与非洁净区。洁净区与非洁净区之间的联络必须设缓冲室或传递窗。

7.2.5　负压手术室和感染手术室在出入口处都应设准备室作为缓冲室。负压手术室应有独立出入口。

7.2.7　当人、物用电梯设在洁净区，电梯井与非洁净区相通时，电梯出口处必须设缓冲室。

7.3.7　洁净手术部内与室内空气直接接触的外露材料不得使用

木材和石膏。

8.1.14 负压手术室顶棚排风口入口处以及室内回风口入口处均必须设高效过滤器，并应在排风出口处设止回阀，回风入口处设密闭阀。正负压转换手术室，应在部分回风口上设高效过滤器，另一部分回风口上设中效过滤器；当供负压使用时，应关闭中效过滤器处密闭阀，当供正压使用时，应关闭高效过滤器处密闭阀。

8.3.5 非阻隔式空气净化装置不得作为末级净化设施，末级净化设施不得产生有害气体和物质，不得产生电磁干扰，不得有促使微生物变异的作用。

9.2.3 不同种类气体终端接头不得有互换性。

11.1.3 有生命支持电气设备的洁净手术室必须设置应急电源。自动恢复供电时间应符合下列要求：

    1 生命支持电气设备应能实现在线切换。

    2 非治疗场所和设备应小于等于 15s。

    3 应急电源工作时间不应小于 30min。

11.1.6 心脏外科手术室用电系统必须设置隔离变压器。

12.0.1 设置洁净手术部的建筑，其耐火等级不应低于二级。

12.0.4 当洁净手术部所在楼层高度大于 24m 时，每个防火分区内应设置一间避难间。

13.3.3 不得以空气洁净度级别或细菌浓度的单项指标代替综合性能全面评定；不得以工程的调整测试结果代替综合性能全面评定的检验结果。

八、《档案馆建筑设计规范》JGJ 25—2010

6.0.5 特级、甲级档案馆和属于一类高层的乙级档案馆建筑均应设置火灾自动报警系统。其他乙级档案馆的档案库、服务器机房、缩微用房、音像技术用房、空调机房等房间应设置火灾自动报警系统。

7.3.2 特级档案馆应设自备电源。

九、《体育建筑设计规范》JGJ 31—2003

1.0.8　不同等级体育建筑结构设计使用年限和耐火等级应符合表 1.0.8 的规定。

表 1.0.8　体育建筑的结构设计使用年限和耐火等级

建筑等级	主体结构设计使用年限	耐火等级
特级	＞100 年	不低于一级
甲级、乙级	50～100 年	不低于二级
丙级	25～50 年	不低于二级

4.1.11　应考虑残疾人参加的运动项目特点和要求，并应满足残疾观众的需求。

4.2.4　场地的对外出入口应不少于二处，其大小应满足人员出入方便、疏散安全和器材运输的要求。

5.7.4　比赛场地出入口的数量和大小应根据运动员出入场、举行仪式、器材运输、消防车进入及检修车辆的通行等使用要求综合解决。

十、《宿舍建筑设计规范》JGJ 36—2005

4.2.6　居室不应布置在地下室。

4.5.3　楼梯门、楼梯及走道总宽度应按每层通过人数每 100 人不小于 1m 计算，且梯段净宽不应小于 1.20m，楼梯平台宽度不应小于楼梯梯段净宽。

4.5.5　小学宿舍楼梯踏步宽度不应小于 0.26m，踏步高度不应大于 0.15m。楼梯扶手应采用竖向栏杆，且杆件间净宽不应大于 0.11m。楼梯井净宽不应大于 0.20m。

4.5.6　七层及七层以上宿舍或居室最高入口层楼面距室外设计地面的高度大于 21m 时，应设置电梯。

6.3.3　宿舍配电系统的设计，应符合下列安全要求：

3 供未成年人使用的宿舍，必须采用安全型电源插座；

十一、《图书馆建筑设计规范》JGJ 38—99

3.1.4 图书馆宜独立建造。当与其他建筑合建时，必须满足图书馆的使用功能和环境要求，并自成一区，单独设置出入口。

4.1.8 电梯井道及产生噪声的设备机房，不宜与阅览室毗邻，并应采取消声、隔声及减振措施，减少其对整个馆区的影响。

4.2.9 书库内工作人员专用楼梯的梯段净宽不应小于 0.80m，坡度不应大于 45°，并应采取防滑措施。

4.5.5 **1** 300 座位以上规模的报告厅应与阅览区隔离，独立设置。

6.1.2 藏书量超过 100 万册的图书馆、书库，耐火等级应为一级。

6.1.3 图书馆特藏库、珍善本书库的耐火等级均应为一级。

6.1.4 建筑高度超过 24.0m，藏书量不超过 100 万册的图书馆、书库，耐火等级不应低于二级。

6.1.5 建筑高度不超过 24.0m，藏书量超过 10 万册但不超过 100 万册的图书馆、书库，耐火等级不应低于二级。

6.1.6 建筑高度不超过 24.0m，建筑层数不超过三层，藏书量不超过 10 万册的图书馆，耐火等级不应低于三级，但其书库和开架阅览室部分的耐火等级不得低于二级。

6.2.1 基本书库、非书资料库应用防火墙与其毗邻的建筑完全隔离，防火墙的耐火极限不应低于 3.00h。

6.2.2 基本书库、非书资料库，藏阅合一的阅览空间防火分区最大允许建筑面积：当为单层时，不应大于 1500m²；当为多层、建筑高度不超过 24m 时，不应大于 1000m²；当建筑高度超过 24.00m 时，不应大于 700m²；地下室或半地下室的书库，不应大于 300m²。

6.2.3 珍善本书库、特藏库，应单独设置防火分区。

6.2.4 采用积层书架的书库，划分防火分区时，应将书架层的面积合并计算。

6.4.3 书库、非书资料库的疏散楼梯，应设计为封闭楼梯间或防烟楼梯间，宜在库门外邻近设置。

6.4.4 超过300座位的报告厅，应独立设置安全出口，并不得少于两个。

7.1.2 书库内不得设置供水点。给排水管道不应穿过书库。生活污水立管不应安装在与书库相邻的内墙上。

十二、《托儿所、幼儿园建筑设计规范》JGJ 39—87

3.1.4 严禁将幼儿生活用房设在地下室或半地下室。

3.6.3 主体建筑走廊净宽度不应小于表3.6.3的规定。

表 3.6.3　走廊最小净宽度（m）

房间名称	房间布置	
	双面布房	单面布房或外廊
生活用房	1.8	1.5
服务供应用房	1.5	1.3

3.6.5 楼梯、扶手、栏杆和踏步应符合下列规定：

一、楼梯除设成人扶手外，并应在靠墙一侧设幼儿扶手，其高度不应大于0.60m。

二、楼梯栏杆垂直线饰间的净距不应大于0.11m。当楼梯井净宽度大于0.20m时，必须采取安全措施。

三、楼梯踏步的高度不应大于0.15m，宽度不应小于0.26m。

四、在严寒、寒冷地区设置的室外安全疏散楼梯，应有防滑措施。

3.6.6 活动室、寝室、音体活动室应设双扇平开门，其宽度不应小于1.20m。疏散通道中不应使用转门、弹簧门和推拉门。

3.7.2 严寒、寒冷地区主体建筑的主要出入口应设挡风门斗，其双层门中心距离不应小于1.6m。幼儿经常出入的门应符合下列规定：

一、在距地 0.60~1.20m 高度内，不应装易碎玻璃。

四、不应设置门坎和弹簧门。

3.7.4 阳台、屋顶平台的护栏净高不应小于 1.20m，内侧不应设有支撑。

3.7.5 幼儿经常接触的 1.30m 以下的室外墙面不应粗糙，室内墙角、窗台、暖气罩、窗口竖边等棱角部位必须做成小圆角。

4.3.3 照度标准不应低于表 4.3.3 的规定。

表 4.3.3 主要房间平均照度标准（lx）

房间名称	照度值	工作面
活动室、乳儿室、音体活动室	150	距地 0.5m
医务保健室、隔离室、办公室	100	距地 0.80m
寝室、喂奶室、配奶室、厨房	75	距地 0.80m
卫生间、洗衣房	30	地面
门厅、烧火间、库房	20	地面

十三、《疗养院建筑设计规范》JGJ 40—87

3.1.2 疗养院建筑不宜超过四层，若超过四层应设置电梯。

3.1.5 疗养院主要建筑物的坡道、出入口、走道应满足使用轮椅者的要求。

3.2.1.1 疗养院疗养员活动室必须光线充足，朝向和通风良好。

十四、《服装工厂设计规范》GB 50705—2012

5.2.4 高层厂房应符合现行国家标准《建筑设计防火规范》GB 50016 的有关规定。多、高层厂房楼板为防火分区分隔时，上、下两层之间的窗槛墙高度，多层厂房不应小于 0.8m，高层厂房不应小于 1.0m；当无窗槛墙或窗槛墙高度小于 0.8m（高层）时，下窗的上方或每层楼板应设置宽度大于或等于 0.8m（多层）和 1.0m（高层）的不燃烧体防火挑檐或高度高于或等于 0.8m（多层）和 1.0m（高层）的不燃烧体裙墙；窗槛墙及防火挑檐的耐火极限在耐火等级为一级时不应低于 1.50h，二级时不应低于 1.00h。

十五、《商店建筑设计规范》JGJ 48—2014

4.2.11　大型和中型商场内连续排列的饮食店铺的灶台不应面向公共通道，并应设置机械排烟通风设施。

4.2.12　大型和中型商场内连续排列的商铺的隔墙、吊顶等装修材料和构造，不得降低建筑设计对建筑构件及配件的耐火极限要求，并不得随意增加荷载。

4.3.3　食品类商店仓储区应符合下列规定：

　　1　根据商品的不同保存条件，应分设库房或在库房内采取有效隔离措施；

　　2　各用房的地面、墙裙等均应为可冲洗的面层，并不得采用有毒和容易发生化学反应的涂料。

7.3.14　对于大型和中型商店建筑的营业厅，线缆的绝缘和护套应采用低烟低毒阻燃型。

7.3.16　对于大型和中型商店建筑的营业厅，除消防设备及应急照明外，配电干线回路应设置防火剩余电流动作报警系统。

十六、《综合医院建筑设计规范》JGJ 49—88

2.2.2　医院出入口不应少于二处，人员出入口不应兼作尸体和废弃物出口。

2.2.4　太平间、病理解剖室、焚毁炉应设于医院隐蔽处，并应与主体建筑有适当隔离。尸体运送路线应避免与出入院路线交叉。

3.1.4　电梯

　　一、四层及四层以上的门诊楼或病房楼应设电梯，且不得少于二台；当病房楼高度超过 24m 时，应设污物梯。

3.1.6　三层及三层以下无电梯的病房楼以及观察室与抢救室不在同一层又无电梯的急诊部，均应设置坡道，其坡度不宜大于1/10，并应有防滑措施。

3.1.14 厕所

三、厕所应设前室，并应设非手动开关的洗手盆。

3.4.1.1 儿科病房

五、儿童用房的窗和散热片应有安全防护措施。

3.5.1 20 床以上的一般传染病房，或兼收烈性传染病者，必须单独建造病房，并与周围的建筑保持一定距离。

3.5.3 传染病病房应符合下列条件：

一、平面应严格按照清洁区、半清洁区和污染区布置。

二、应设单独出入口和入院处理处。

三、需分别隔离的病种，应设单独通往室外的专用通道。

四、每间病房不得超过 4 床。两床之间的净距不得小于 1.10m。

五、完全隔离房应设缓冲前室；盥洗、浴厕应附设于病房之内；并应有单独对外出口。

3.7.3 放射科防护

对诊断室、治疗室的墙身、楼地面、门窗、防护屏障、洞口、嵌入体和缝隙等所采用的材料厚度、构造均应按设备要求和防护专门规定有安全可靠的防护措施。

3.8.2 核医学科的实验室应符合下列规定：

一、分装、标记和洗涤室，应相互贴邻布置，并应联系便捷。

二、计量室不应与高、中活性实验室贴邻。

三、高、中活性实验室应设通风柜，通风柜的位置应有利于组织实验室的气流不受扩散污染。

3.8.4 核医学科防护

三、γ照相机室应设专用候诊处；其面积应使候诊者相互间保持 1m 的距离。

3.17.1 营养厨房

二、严禁设在有传染病科的病房楼内。

3.17.4 焚毁炉应有消烟除尘的措施。

4.0.3 综合医院建筑的防火分区

三、防火分区内的病房、产房、手术部、精密贵重医疗装备用房等，均应采用耐火极限不低于 1.0h 的非燃烧体与其他部分隔开。

4.0.4 综合医院建筑内的楼梯、电梯

一、病人使用的疏散楼梯至少应有一座为天然采光和自然通风的楼梯。

二、病房楼的疏散楼梯间，不论层数多少，均应为封闭式楼梯间；高层病房楼应为防烟楼梯间。

三、每层电梯间应设前室，由走道通向前室的门，应为向疏散方向开启的乙级防火门。

5.2.3 下列用房的洗涤池，均应采用非手动开关，并应防止污水外溅：

一、诊查室、诊断室、产房、手术室、检验科、医生办公室、护士室、治疗室、配方室、无菌室；

二、其他有无菌要求或需要防止交叉感染的用房。

5.2.6 洗婴池的热水供应应有控温、稳压装置。

十七、《旅馆建筑设计规范》JGJ 62—2014

4.1.9 旅馆建筑的卫生间、盥洗室、浴室不应设在餐厅、厨房、食品贮藏等有严格卫生要求用房的直接上层。

4.1.10 旅馆建筑的卫生间、盥洗室、浴室不应设在变配电室等有严格防潮要求用房的直接上层。

十八、《剧场建筑设计规范》JGJ 57—2000

3.0.2 剧场基地应至少有一面临接城镇道路，或直接通向城市道路的空地。

5.3.1 观众厅内走道的布局应与观众席片区容量相适应，与安全出口联系顺畅，宽度符合安全疏散计算要求。

5.3.5 观众厅纵走道坡度大于 1∶10 时应做防滑处理，铺设的

地毯等应为 B_1 级材料，并有可靠的固定方式。坡度大于 1∶6 时应做成高度不大于 0.20m 的台阶。

5.3.7 楼座前排栏杆和楼层包厢栏杆高度不应遮挡视线，不应大于 0.85m，并应采取措施保证人身安全，下部实心部分不得低于 0.40m。

6.7.2 作用在主台和台唇台面上的结构荷载，应符合下列规定：

    1 台面活荷载不应小于 4.0kN/m²；

    2 当有两层台仓时，在底层的楼板活荷载不应小于 2.0kN/m²；

    3 舞台面上设置的固定设施，应按实际荷载取用；

    4 主台面上有车载转台等移动设施时，应按实际荷载计算。

6.7.4 各种机械舞台台面的活荷载取值应按舞台工艺设计的实际荷载取用，不动时均不得小于 4.0kN/m²，可动时不得小于 2.0kN/m²。

6.7.8 天桥的活荷载及垂直向上、向下荷载，均应根据工艺设计的实际荷载计算，但安装吊杆卷扬机或放置平衡重的天桥活荷载不应小于 4.0kN/m²；其他不安装卷扬机或放置平衡重的各层天桥不应小于 2.0kN/m²；仅作通行使用的后天桥其活荷载不应小于 1.5kN/m²。

6.7.13 面光桥的活荷载不应小于 2.5kN/m²，灯架活荷载不应小于 1.0kN/m。

6.7.14 主台上部为安装各种悬吊设备的梁、牛腿、平台的荷载，应按舞台工艺设计所提供的实际荷载取用。

8.1.1 甲等及乙等的大型、特大型剧场舞台台口应设防火幕。

8.1.2 舞台主台通向各处洞口均应设甲级防火门。

8.1.3 舞台与后台部分的隔墙及舞台下部台仓的周围墙体均应采用耐火极限不低于 2.5h 的不燃烧体。

8.1.4 舞台（包括主台、侧台、后舞台）内的天桥、渡桥码头、平台板、栅顶应采用不燃烧体，耐火极限不应小于 0.5h。

8.1.5 变电间之高、低压配电室与舞台、侧台、后台相连时，必须设置面积不小于 6m² 的前室，并应设甲级防火门。

8.1.7　观众厅吊顶内的吸声、隔热、保温材料应采用不燃材料。

8.1.8　剧场检修马道应采用不燃材料。

8.1.9　观众厅及舞台内的灯光控制室、面光桥及耳光室各界面构造均采用不燃材料。

8.1.10　舞台上部屋顶或侧墙上应设置通风排烟设施。

8.1.11　舞台内严禁设置燃气加热装置，后台使用上述装置时，应用耐火极限不低于 2.5h 的隔墙和甲级防火门分隔。

8.1.12　当剧场建筑与其他建筑合建或毗连时，应形成独立的防火分区。

8.2.2　观众厅出口门、疏散外门及后台疏散门应符合下列规定：

　　1　应设双扇门，净宽不小于 1.40m，向疏散方向开启；

　　2　紧靠门不应设门槛，设置踏步应在 1.40m 以外；

　　3　严禁用推拉门、卷帘门、转门、折叠门、铁栅门；

　　4　门洞上方应设疏散指示标志。

8.3.1　超过 800 个座位的剧场，应设室内消火栓给水系统。

8.3.2　超过 1500 个座位的观众厅的闷顶内、净空高度不超过 8m 的观众厅、舞台上部（屋顶采用金属构件时）、化妆室、道具室、储藏室和贵宾室应设置闭式自动喷水灭火系统。

8.3.3　超过 1500 个座位的剧场，舞台的葡萄架下，应设雨淋喷水灭火系统。

8.4.1　甲等及乙等的大型、特大型剧场下列部位应设有火灾自动报警装置：观众厅、观众厅闷顶内、舞台、服装室、布景库、灯控室、声控室、发电机房、空调机房、前厅、休息厅、化妆室、栅顶、台仓、吸烟室、疏散通道及剧场中设置雨淋灭火系统的部位。

10.3.13　剧场下列部位应设事故照明和疏散指示标志：

　　1　观众厅、观众厅出口；

2 疏散通道转折处以及疏散通道每隔 20m 长处；

3 台仓、台仓出口处；

4 后台演职员出口处。

十九、《电影院建筑设计规范》JGJ 58—2008

3.2.7 综合建筑内设置的电影院应设置在独立的竖向交通附近，并应有人员集散空间；应有单独出入口通向室外，并应设置明显标识。

4.6.1 室内装修不得遮挡消防设施标志、疏散指示标志及安全出口，并不得妨碍消防设施和疏散通道的正常使用。

4.6.2 观众厅装修的龙骨必须与主体建筑结构连接牢固，吊顶与主体结构吊挂应有安全构造措施，顶部有空间网架或钢屋架的主体结构应设有钢结构转换层。容积较大、管线较多的观众厅吊顶内，应留有检修空间，并应根据需要，设置检修马道和便于进入吊顶的人孔和通道，且应符合有关防火及安全要求。

6.1.2 当电影院建在综合建筑内时，应形成独立的防火分区。

6.1.3 观众厅内座席台阶结构应采用不燃材料。

6.1.5 观众厅吊顶内吸声、隔热、保温材料与检修马道应采用 A 级材料。

6.1.6 银幕架、扬声器支架应采用不燃材料制作，银幕和所有幕帘材料不应低于 B_1 级。

6.1.8 电影院顶棚、墙面装饰采用的龙骨材料均应为 A 级材料。

6.1.12 电影院通风和空气调节系统的送、回风总管及穿越防火分区的送回风管道在防火墙两侧应设防火阀；风管、消声设备及保温材料应采用不燃材料。

6.2.2 观众厅疏散门不应设置门槛，在紧靠门口 1.40m 范围内不应设置踏步。疏散门应为自动推闩式外开门，严禁采用推拉门、卷帘门、折叠门、转门等。

7.2.5 放映机房的空调系统不应回风。

7.3.4　乙级及乙级以上电影院应设踏步灯或座位排号灯，其供电电压应为不大于 36V 的安全电压。

二十、《建筑地面设计规范》GB 50037—2013

3.2.1　公共建筑中，经常有大量人员走动或残疾人、老年人、儿童活动及轮椅、小型推车行驶的地面，其地面面层应采用防滑、耐磨、不易起尘的块材面层或水泥类整体面层。

3.2.2　公共场所的门厅、走道、室外坡道及经常用水冲洗或潮湿、结露等容易受影响的地面，应采用防滑面层。

3.8.5　不发火花的地面，必须采用不发火花材料铺设，地面铺设材料必须经不发火花检验合格后方可使用。

3.8.7　生产和储存食品、食料或药物的场所，在食品、食料或药物有可能直接与地面接触的地段，地面面层严禁采用有毒的材料。当此场所生产和储存吸味较强的食物时，地面面层严禁采用散发异味的材料。

二十一、《养老设施建筑设计规范》GB 50867—2013

3.0.7　二层及以上楼层设有老年人的生活用房、医疗保健用房、公共活动用房的养老设施应设无障碍电梯，且至少 1 台为医用电梯。

5.2.1　老年人卧室、起居室、休息室和亲情居室不应设置在地下、半地下，不应与电梯井道、有噪声振动的设备机房等贴邻布置。

二十二、《饮食建筑设计规范》JGJ 64—89

2.0.2　饮食建筑严禁建于产生有害、有毒物质的工业企业防护地段内；与有碍公共卫生的污染源应保持一定距离，并须符合当地食品卫生监督机构的规定。

2.0.4　在总平面布置上，应防止厨房（或饮食制作间）的油烟、气味、噪声及废弃物等对邻近建筑物的影响。

3.2.7 就餐者专用的洗手设施和厕所应符合下列规定：

一、一、二级餐馆及一级饮食店应设洗手间和厕所，三级餐馆应设专用厕所，厕所应男女分设。三级餐馆的餐厅及二级饮食店饮食厅内应设洗手池；一、二级食堂餐厅内应设洗手池和洗碗池；

四、厕所应采用水冲式。

3.3.3 厨房与饮食制作间应按原料处理、主食加工、副食加工、备餐、食具洗存等工艺流程合理布置，严格做到原料与成品分开，生食与熟食分隔加工和存放，并应符合下列规定：

一、副食粗加工宜分设肉禽、水产的工作台和清洗池，粗加工后的原料送入细加工间避免反流。遗留的废弃物应妥善处理；

二、冷荤成品应在单间内进行拼配，在其入口处应设有洗手设施的前室；

三、冷食制作间的入口处应设有通过式消毒设施；

四、垂直运输的食梯应生、熟分设。

二十三、《博物馆建筑设计规范》JGJ 66—91

5.1.1 博物馆藏品库区的防火分区面积，单层建筑不得大于 $1500m^2$，多层建筑不得大于 $1000m^2$，同一防火分区内的隔间面积不得大于 $500m^2$。陈列区的防火分区面积不得大于 $2500m^2$，同一防火分区内的隔间面积不得大于 $1000m^2$。

5.2.1 藏品库区的电梯和安全疏散楼梯应设在每层藏品库房的总门之外。

5.3.1 大、中型博物馆必须设置火灾自动报警系统。

二十四、《办公建筑设计规范》JGJ 67—2006

4.5.8 办公建筑中的变配电所应避免与有酸、碱、粉尘、蒸汽、积水、噪声严重的场所毗邻，并不应直接设在有爆炸危险环境的正上方或正下方，也不应直接设在厕所、浴室等经常积水场所的正下方。

4.5.13 办公建筑中的锅炉房必须采取有效措施，减少废气、废水、废渣和有害气体及噪声对环境的影响。

5.0.2 办公建筑的开放式、半开放式办公室，其室内任何一点至最近的安全出口的直线距离不应超过 30m。

二十五、《特殊教育学校建筑设计规范》JGJ 76—2003

4.1.2 校舍的组合应符合下列规定：

1 应紧凑集中、布局合理、分区明确、使用方便、易于识别；

2 必须利于安全疏散；

3 盲学校、弱智学校校舍的功能分区、体部组合、水平及垂直联系空间应简洁明晰，流线通畅，严禁采用弧形平面组合；

4.3.4 语言教室的设计应符合下列规定：

3 语言教室楼（地）面下部应设暗装电缆槽或活动地板；

4.3.9 实验室的设计应符合下列规定：

11 实验室的准备室应与实验室相邻，化学实验药品贮藏室严禁与实验管理员室相通。

二十六、《硅集成电路芯片工厂设计规范》GB 50809—2012

5.2.1 抗震设防区的硅集成电路芯片工厂建筑物应按现行国家标准《建筑工程抗震设防分类标准》GB 50223 的规定确定抗震设防类别及抗震设防标准。

5.3.1 硅集成电路芯片厂房的火灾危险性分类应为丙类，耐火等级不应低于二级。

8.2.4 不同水源、水质的用水应分系统供水。严禁将城市自来水管道与自备水源或回用水源的给水管道直接连接。

8.3.11 存放易燃易爆的特种气体气瓶柜间内应设置自动喷水灭火系统喷头。

二十七、《科学实验建筑设计规范》JGJ 91—93

3.1.5 基地应避开噪声、振动、电磁干扰和其他污染源，或采取相应的保护措施。对科学实验工作自身产生的上述危害，亦应采取相应的环境保护措施，防止对周围环境的影响。

3.2.6 使用有放射性、爆炸性、毒害性和污染性物质的独立建筑物或构筑物，在总平面中的位置应符合有关安全、防护、疏散、环境保护等规定。

5.2.1 科学实验建筑中有贵重仪器设备的实验室的隔墙应采用耐火极限不低于 1.00h 的非燃烧体。

二十八、《锅炉房设计规范》GB 50041—2008

3.0.3 锅炉房燃料的选用应符合下列规定：

　　3 地下、半地下、地下室和半地下室锅炉房，严禁选用液化石油气或相对密度大于或等于 0.75 的气体燃料；

3.0.4 锅炉房设计必须采取减轻废气、废水、固体废渣和噪声对环境影响的有效措施，排出的有害物和噪声应符合国家现行有关标准、规范的规定。

4.1.3 当锅炉房和其他建筑物相连或设置在其内部时，严禁设置在人员密集场所和重要部门的上一层、下一层、贴邻位置以及主要通道、疏散口的两旁，并应设置在首层或地下室一层靠建筑物外墙部位。

4.3.7 锅炉房出入口的设置，必须符合下列规定：

　　1 出入口不应少于 2 个。但对独立锅炉房，当炉前走道总长度小于 2m，且总建筑面积小于 200m² 时，其出入口可设 1 个；

　　2 非独立锅炉房，其人员出入口必须有 1 个直通室外；

　　3 锅炉房为多层布置时，其各层的人员出入口不应少于 2 个。楼层上的人员出入口，应有直接通向地面的安全楼梯。

6.1.5 不带安全阀的容积式供油泵，在其出口的阀门前靠近油泵处的管段上，必须装设安全阀。

6.1.7 燃油锅炉房室内油箱的总容量，重油不应超过 5m³，轻柴油不应超过 1m³。室内油箱应安装在单独的房间内。当锅炉房总蒸发量大于等于 30t/h，或总热功率大于等于 21MW 时，室内油箱应采用连续进油的自动控制装置。当锅炉房发生火灾事故时，室内油箱应自动停止进油。

6.1.9 室内油箱应采用闭式油箱。油箱上应装设直通室外的通气管，通气管上应设置阻火器和防雨设施。油箱上不应采用玻璃管式油位表。

6.1.14 燃油锅炉房点火用的液化气罐，不应存放在锅炉间，应存放在专用房间内。气罐的总容积应小于 1m³。

7.0.3 燃用液化石油气的锅炉间和有液化石油气管道穿越的室内地面处，严禁设有能通向室外的管沟（井）或地道等设施。

7.0.5 燃气调压装置应设置在有围护的露天场地上或地上独立的建、构筑物内，不应设置在地下建、构筑物内。

11.1.1 蒸汽锅炉必须装设指示仪表监测下列安全运行参数：

 1 锅筒蒸汽压力；

 2 锅筒水位；

 3 锅筒进口给水压力；

 4 过热器出口蒸汽压力和温度；

 5 省煤器进、出口水温和水压。

 6 单台额定蒸发量大于等于 20t/h 的蒸汽锅炉，除应装设本条 1、2、4 款参数的指示仪表外，尚应装设记录仪表。

 注：1 采用的水位计中，应有双色水位计或电接点水位计中的 1 种；

 2 锅炉有省煤器时，可不监测给水压力。

13.2.21 燃油系统附件严禁采用能被燃油腐蚀或溶解的材料。

13.3.15 燃气管道与附件严禁使用铸铁件。在防火区内使用的阀门，应具有耐火性能。

15.1.1 锅炉房的火灾危险性分类和耐火等级应符合下列要求：

 1 锅炉间应属于丁类生产厂房，单台蒸汽锅炉额定蒸发量大于 4t/h 或单台热水锅炉额定热功率大于 2.8MW 时，锅炉间建筑不应低于二级耐火等级；单台蒸汽锅炉额定蒸发量小于等于 4t/h 或单台热水锅炉额定热功率小于等于 2.8MW 时，锅炉间建筑不应低于三级耐火等级。

　　设在其他建筑物内的锅炉房，锅炉间的耐火等级，均不应低于二级耐火等级；

　　2　重油油箱间、油泵间和油加热器及轻柴油的油箱间和油泵间应属于丙类生产厂房，其建筑均不应低于二级耐火等级，上述房间布置在锅炉房辅助间内时，应设置防火墙与其他房间隔开；

　　3　燃气调压间应属于甲类生产厂房，其建筑不应低于二级耐火等级，与锅炉房贴邻的调压间应设置防火墙与锅炉房隔开，其门窗应向外开启并不应直接通向锅炉房，地面应采用不产生火花地坪。

15.1.2　锅炉房的外墙、楼地面或屋面，应有相应的防爆措施，并应有相当于锅炉间占地面积 10% 的泄压面积，泄压方向不得朝向人员聚集的场所、房间和人行通道，泄压处也不得与这些地方相邻。地下锅炉房采用竖井泄爆方式时，竖井的净横断面积，应满足泄压面积的要求。当泄压面积不能满足上述要求时，可采用在锅炉房的内墙和顶部（顶棚）敷设金属爆炸减压板作补充。

　　注：泄压面积可将玻璃窗、天窗、质量小于等于 120kg/m² 的轻质屋质和薄弱墙等面积包括在内。

15.1.3　燃油、燃气锅炉房锅炉间与相邻的辅助间之间的隔墙，应为防火墙；隔墙上开设的门应为甲级防火门；朝锅炉操作面方向开设的玻璃大观察窗，应采用具有抗爆能力的固定窗。

15.2.2　电动机、启动控制设备、灯具和导线型式的选择，应与锅炉房各个不同的建筑物和构筑物的环境分类相适应。燃油、燃气锅炉房的锅炉间、燃气调压间、燃油泵房、煤粉制备间、碎煤机间和运煤走廊等有爆炸和火灾危险场所的等级划分，必须符合现行国家标准《爆炸和火灾危险环境电力装置设计规范》GB

50058 的有关规定。

15.3.7   设在其他建筑物内的燃油、燃气锅炉房的锅炉间，应设置独立的送排风系统，其通风装置应防爆，新风量必须符合下列要求：

1   锅炉房设置在首层时，对采用燃油作燃料的，其正常换气次数每小时不应少于 3 次，事故换气次数每小时不应少于 6 次；对采用燃气作燃料的，其正常换气次数每小时不应少于 6 次，事故换气次数每小时不应少于 12 次；

2   锅炉房设置在半地下或半地下室时，其正常换气次数每小时不应少于 6 次，事故换气次数每小时不应少于 12 次；

3   锅炉房设置在地下或地下室时，其换气次数每小时不应少于 12 次；

4   送入锅炉房的新风总量，必须大于锅炉房 3 次的换气量；

5   送入控制室的新风量，应按最大班操作人员计算。

注：换气量中不包括锅炉燃烧所需空气量。

16.1.1   锅炉房排放的大气污染物，应符合现行国家标准《锅炉大气污染物排放标准》GB 13271、《大气污染物综合排放标准》GB 16297 和所在地有关大气污染物排放标准的规定。

16.2.1   位于城市的锅炉房，其噪声控制应符合现行国家标准《城市区域环境噪声标准》GB 3096 的规定。锅炉房噪声对厂界的影响，应符合现行国家标准《工业企业厂界噪声标准》GB 12348 的规定。

16.3.1   锅炉房排放的各类废水，应符合现行国家标准《污水综合排放标准》GB 8978 和《地表水环境质量标准》GB 3838 的规定，并应符合受纳水系的接纳要求。

18.2.6   蒸汽供热系统的凝结水应回收利用，但加热有强腐蚀性物质的凝结水不应回收利用。加热油槽和有毒物质的凝结水，严禁回收利用，并应在处理达标后排放。

18.3.12   热力管道严禁与输送易挥发、易爆、有害、有腐蚀性介质的管道和输送易燃液体、可燃气体、惰性气体的管道敷设在同一地沟内。

二十九、《老年人建筑设计规范》JGJ 122—99

4.3.1 老年人居住建筑过厅应具备轮椅、担架回旋条件，并应符合下列要求：

1 户室内门厅部位应具备设置更衣、换鞋用橱柜和椅凳的空间。

2 户室内面对走道的门与门、门与邻墙之间的距离，不应小于 0.50m，应保证轮椅回旋和门扇开启空间。

3 户室内通过式走道净宽不应小于 1.20m。

4.3.3 老年人出入经由的过厅、走道、房间不得设门坎，地面不宜有高低差。

4.5.1 老年人居住建筑的起居室、卧室，老年人公共建筑中的疗养室、病房，应有良好朝向、天然采光和自然通风。

4.7.5 独用卫生间应设坐便器、洗脸盆和浴盆淋浴器。坐便器高度不应大于 0.40m，浴盆及淋浴座椅高度不应大于 0.40m。浴盆一端应设不小于 0.30m 宽度坐台。

4.7.8 卫生间宜选用白色卫生洁具，平底防滑式浅浴盆。冷、热水混合式龙头宜选用杠杆式或掀压式开关。

4.8.4 供老人活动的屋顶平台或屋顶花园，其屋顶女儿墙护栏高度不应小于 1.10m；出平台的屋顶突出物，其高度不应小于 0.60m。

5.0.8 老年人专用厨房应设燃气泄漏报警装置。

5.0.9 电源开关应选用宽板防漏电式按键开关。

5.0.11 老人院床头应设呼叫对讲系统、床头照明灯和安全电源插座。

三十、《殡仪馆建筑设计规范》JGJ 124—99

3.0.2 设有火化间的殡仪馆宜建在当地常年主导风向的下风侧，并应有利于排水和空气扩散。

5.3.2 2 悼念厅的出入口应设方便轮椅通行的坡道。

5.5.6 骨灰寄存用房应有通风换气设施。

6.1.1 殡仪区中的遗体停放、消毒、防腐、整容、解剖和更衣等用房均应进行卫生防护。

6.1.3 消毒室、防腐室、整容室和解剖室应单独为工作人员设自动消毒装置。

6.1.7 火化区内应设置集中处理火化间废弃物的专用设施。

6.2.5 骨灰寄存区中的祭悼场所应设封闭的废弃物堆放装置。

7.1.1 殡仪馆建筑的耐火等级不应低于二级。

7.1.6 悼念厅楼梯和走道的疏散总宽度应分别按百人不少于 0.65m 计算。

7.2.3 骨灰寄存用房的防火分区隔间最大允许建筑面积,当为单层时不应大于 800m²;当建筑高度在 24.0m 以下时,每层不应大于 500m²;当建筑高度大于 24m 时,每层不应大于 300m²。

7.2.4 骨灰寄存室与毗邻的其他用房之间的隔墙应为防火墙。

8.2.1 殡仪馆建筑应设给水、排水及消防给水系统。

8.2.2 殡仪馆内各区生活用水量不应低于表 8.2.2 的规定。

表8.2.2   生活用水量

用水房间名称	单位	生活用水定额(最高日)(L)	小时变化系数
业务区、殡仪区和火化区用房	每人每班	60（其中热水 30）	2.0～2.5
职工食堂	每人每次	15	1.5～2.0
办公用房	每人每班	60	2.0～2.5
浴池	每人每次	170（其中热水 110）	2.0
办公（饮用水）	每人每班	2	1.5
殡仪区（饮用水）	每人每次	0.3	1.0

注:上述生活用水量中,热水水温为 60℃,饮水水温为 100℃。

8.2.3 殡仪馆建筑给水的水质应符合现行国家标准《生活饮用水卫生标准》(GB 5749)的规定。

8.2.4 遗体处置用房应设给水、排水设施。

8.2.5 遗体处置用房和火化间的洗涤池均应采用非手动开关，并应防止污水外溅。

8.2.6 遗体处置用房和火化间应采用防腐蚀排水管道，排水管内径不应小于 75mm。上述用房内均应设置地漏。

8.2.7 遗体处置用房和火化间等的污水排放应符合现行国家标准《医疗机构水污染物排放标准》（GB 18466）的规定。

8.2.8 殡仪馆绿地应设洒水栓。

三十一、《镇(乡)村文化中心建筑设计规范》JGJ 156—2008

3.1.2 镇（乡）村文化中心的建设场地应远离易受污染、发生危险和灾害的地段。

7.0.2 镇（乡）村文化中心建筑物的耐火等级不得低于二级。

7.0.6 镇（乡）村文化中心建筑物的平屋顶作为公众活动场所时，应符合下列规定：

1 围墙高度不得低于 1.2m，围墙外缘与建筑物檐口的距离不得小于 1.0m；围墙内侧应设固定式金属栏杆，围墙与栏杆的水平距离不得小于 0.3m；

2 直接通往室外地面的安全出口不得少于 2 个，楼梯的净宽度不应小于 1.3m，楼梯的栏杆（栏板）高度不应低于 1.1m。

三十二、《展览建筑设计规范》JGJ 218—2010

5.2.8 展览建筑内的燃油或燃气锅炉房、油浸电力变压器室、充有可燃油的高压电容器和多油开关室等不应布置于人员密集场所的上一层、下一层或贴邻，并应采用耐火极限不低于 2.00h 的隔墙和 1.50h 的楼板进行分隔，隔墙上的门应采用甲级防火门。

5.2.9 使用燃油、燃气的厨房应靠展厅的外墙布置，并应采用耐火极限不低于 2.00h 的隔墙和乙级防火门窗与展厅分隔，展厅内临时设置的敞开式的食品加工区应采用电能加热设施。

三十三、《冰雪景观建筑技术规程》JGJ 247—2011

4.3.3　建筑高度大于 10m 的冰景观建筑和允许游人进入内部或上部观赏的冰雪景观建筑物、构筑物等应进行结构设计。

4.3.6　冰雪景观建筑中，可与游人直接接触的砌体结构垂直高度大于 5m 时，应作收分或阶梯式处理，且其上部最高处的砌体部分或悬挑部分的垂直投影与冰雪景观建筑基底外边缘的缩回距离不应小于 500mm，并应符合下列规定：

1　应有抗倾覆和抗滑移措施；

2　冰砌体厚度不得小于 700mm，并分层砌筑，缝隙粘结率不得低于 80％；

3　雪体厚度不得小于 900mm，并应按设计密度值要求分层夯实。

4.3.9　冰、雪活动项目类设计应符合下列规定：

1　冰、雪攀爬活动项目高度超过 5m 时，应采取安全攀登防护措施，并应提供或安装经安全测试合格的攀登辅助工具，顶部应设安全维护设施、疏散平台和通道。

2　冰、雪滑梯的滑道应平坦、流畅，并应符合下列规定：

　　1）直线滑道宽度不应小于 500mm，曲线滑道宽度不应小于 600mm；滑道护栏高度不应低于 500mm，厚度不应小于 250mm；

　　2）转弯处滑道应进行加高加固处理，曲线部分护栏高度不应小于 700mm，并应在转弯坡度变化区域，设警示标志，在坡道终端应设缓冲道，缓冲道长度应通过计算或现场试验确定，终点处应设防护设施；

　　3）滑道长度超过 30m 的滑梯类活动，应采用下滑工具；采用下滑工具的滑道平均坡度不应大于 10°，不采用下滑工具的滑道平均坡度不应大于 25°；

　　4）下滑工具应形体圆滑，选用摩擦系数小、坚固、耐用、轻质材料制作，并应经安全测试合格方可使用。

3 溜冰、滑雪等项目设计应符合滑冰场、滑雪场的相关规定。

4 利用冰、雪自行车，雪地摩托车，冰、雪碰碰车等进行特殊游乐活动的工具应采用安全合格产品；场地应符合设计要求，且应设计安全防护设施。

4.4.4 冰景观建筑基础设计应符合下列规定：

1 高度大于 10m，落地短边长度大于 6m 的冰建筑应进行基础设计，地基承载力应按非冻土强度计算，且应考虑冰建筑周边土的冻胀因素。

2 软土或回填土地基不能满足设计要求时，应采取减小基底压力、提高冰砌体整体刚度和承载力的措施。

3 对于高度大于 10m 的冰建筑基础，不能满足天然地基设计条件时，应采用水浇冻土地基等加固措施进行地基处理。处理后的地基承载力应达到设计要求。

5.1.3 建筑高度超过 30m 的冰建筑，施工期内应按现行行业标准《建筑变形测量规范》JGJ/T 8 的有关规定进行沉降和变形观测。

5.4.3 冰建筑承重墙、柱必须坐落在实体地基上，严禁坐落在碎冰层上。

5.5.5 施工期间，应对冰砌体进行温度监测。当冰体温度高于设计温度或砌筑水不能冻结时，应停止施工，并应采用遮光、防风材料遮挡等保护冰景的措施。

5.5.7 冰砌体墙的砌筑应符合下列规定：

1 内部采用碎冰填充的大体量冰建筑或冰景，当外侧冰墙高度大于 6m 时，冰墙组砌厚度不应小于 900mm，当外侧冰墙高度小于 6m 时，冰墙组砌厚度不应小于 600mm，且应满足冰墙高厚比的要求；

2 冰砌体组砌上下皮冰块应上、下错缝，内外搭砌；错缝、搭砌长度应为 1/2 冰砌体长度，且不应小于 120mm；

3　每皮冰块砌筑高度应一致，表面用刀锯划出注水线；冰砌体的水平缝及垂直缝不应大于 2mm，且应横平竖直，砌体表面光滑、平整；

4　单体冰景观建筑同一标高的冰砌体（墙）应连续同步砌筑；当不能同步砌筑时，应错缝留斜槎，留槎部位高差不应大于 1.5m。

5.6.4　冰建筑施工脚手架和垂直运输设备应独立搭设，不得与冰建筑接触。

三十四、《机械工业厂房建筑设计规范》GB 50681—2011

7.1.6　有易爆、易燃等危险品房间的门及锅炉房门，应采用平开门，平开门必须向疏散方向开启。

8.1.10　高层厂（库）房和甲、乙、丙类多层厂房，应设置封闭楼梯间或室外疏散楼梯。建筑高度超过 32m 且任一层人数超过 10 人的高层厂房，应设置防烟楼梯间或室外楼梯。

8.4.8　走道板及检修平台应采用钢筋混凝土板或网纹钢板，不应采用漏空钢板、钢筋条板。抗震设防地区，采用钢筋混凝土小板时，应采取与走道梁固定的措施。

9.3.4　上人吊顶、重型吊顶、吊挂周期摆振设施的顶棚，应与钢筋混凝土顶板内预留的钢筋或预埋件连接，并应满足吊顶、顶棚的所有荷载作用要求。

9.3.5　可燃气体管道不得封闭在吊顶内。

12.0.3　电离辐射防护设计时，各类人员的年剂量当量限值应符合表 12.0.3 的规定。

表 12.0.3　各类人员的年剂量当量限值（mSv）

限制类别	受照部位	年剂量当量的限值	
		放射工作人员	公众中的个人
随机效应	全身均匀照射	50	5（长期持续照射时＜1）
	全身不均匀照射	50	

表 5.0.13-2　站内设施的防火间距 (m)

设施名称	汽油罐、柴油罐	油罐通气管管口	LNG 储罐			CNG 储气设施	天然气放散管管口		油品卸车点	LNG 卸车点	天然气压缩机(间)	天然气调压器(间)	天然气脱硫、脱水装置	加油机	CNG 加气机	LNG 加气机	LNG 潜液泵池	LNG 柱塞泵	LNG 高压气化器	站房	消防泵房和消防水池取水口	自用燃煤锅炉房和燃煤厨房	有燃气(油)设备的房间	站区围墙
			一级站	二级站	三级站		CNG 系统	LNG 系统																
汽油罐、柴油罐	*	*	15	12	10	*	*	6	*	6	*	*	*	*	*	4	6	6	5	*	*	18.5	*	*
油罐通气管管口	*	*	12	10	8	8	*	6	*	8	*	*	*	*	*	8	8	8	5	*	*	13	*	*
LNG 储罐 一级站	15	12	2			6	5	—	12	5	6	6	6	8	8	8	—	2	6	10	20	35	15	6
LNG 储罐 二级站	12	10		2		4	4	—	10	3	4	4	4	8	6	4	—	2	4	8	15	30	12	5
LNG 储罐 三级站	10	8			2	4	4	—	8	2	4	4	4	6	4	2	—	2	3	6	15	25	12	4
CNG 储气设施	*	8	6	4	4		—	3	*	6	*	*	*	*	*	6	6	6	3	*	*	25	*	*
天然气放散管管口 CNG 系统	*	*	5	4	4	—		*	—	4	*	*	*	*	*	6	4	4	—	*	*	15	*	*
天然气放散管管口 LNG 系统	6	6	—	—	—	3	*		6	3	*	3	4	6	6	6	6	6	8	8	12	15	12	3
油品卸车点	*	*	12	10	8	*	—	6		6	*	*	*	*	*	6	6	6	5	*	*	15	*	*
LNG 卸车点	6	8	5	3	2	6	4	3	6		3	3	6	6	6	6	6	2	4	6	15	25	12	2
天然气压缩机(间)	*	*	6	4	4	*	*	*	*	3		*	*	*	*	6	6	6	6	*	*	25	*	*
天然气调压器(间)	*	*	6	4	4	*	*	3	*	3	*		*	*	*	6	6	6	6	*	*	25	*	*
天然气脱硫、脱水装置	*	*	6	4	4	*	*	4	*	3	*	*		*	*	6	6	6	6	*	*	25	*	*
加油机	*	*	8	8	6	*	*	6	*	6	*	*	*		2	2	6	6	6	*	*	15(10)	*	*
CNG 加气机	*	*	8	6	4	*	*	6	*	6	*	*	*	2		2	6	6	5	*	*	18	*	*
LNG 加气机	4	8	8	4	2	6	6	6	6	6	6	6	6	2	2		2	6	5	6	15	18	8	—
LNG 潜液泵池	6	8	—	—	—	6	4	6	6	6	6	6	6	6	6	2		2	5	6	15	25	8	2
LNG 柱塞泵	6	8	2	2	2	6	4	6	6	2	6	6	6	6	6	6	2		2	6	15	25	8	2
LNG 高压气化器	5	5	6	4	3	3	—	8	5	4	5	5	5	5	5	5	5	2		8	15	25	8	2
站房	*	*	10	8	6	*	*	8	*	6	*	*	*	*	*	6	6	6	8		*	*	*	*
消防泵房和消防水池取水口	*	*	20	15	15	*	*	12	*	15	*	*	*	*	*	15	15	15	15	*		12	*	*
自用燃煤锅炉房和燃煤厨房	18.5	13	35	30	25	25	15	15	15	25	25	25	25	15(10)	18	18	25	25	25	—	12		—	—
有燃气(油)设备的房间	*	*	15	12	12	*	*	12	*	12	*	*	*	*	*	8	8	8	8	*	*	12		*
站区围墙	*	*	6	5	4	*	*	3	*	2	*	*	*	*	*	—	2	2	2	*	*	—	*	

注:　1　站房、有燃气(油)等明火设备的房间的起算点应为门窗等洞口。

　　2　表中一、二、三级站包括 LNG 加气站，LNG 与其他加油加气的合建站。表中"—"表示无防火间距要求。括号内数值为柴油加油机与自用有燃煤或燃气(油)设备的房间的距离。

　　3　"*"表示应符合表 5.0.13-1 的规定。

表 5.0.13-1　站内设施的防火间距（m）

设施名称	汽油罐	柴油罐	汽油通气管管口	柴油通气管管口	LPG储罐地上罐一级站	地上罐二级站	地上罐三级站	埋地罐一级站	埋地罐二级站	埋地罐三级站	CNG储气设施	CNG集中放散管管口	油品卸车点	LPG卸车点	LPG泵(房)、压缩机(间)	天然气压缩机(间)	天然气调压器(间)	天然气脱硫和脱水设备	加油机	LPG加气机	CNG加气机、加气柱和卸气柱	站房	消防泵房和消防水池取水口	自用燃煤锅炉房和燃煤厨房	自用有燃气(油)设备的房间	站区围墙
汽油罐	0.5	0.5	—	—	×	×	×	6	4	3	6	6	—	5	5	6	6	5	—	4	4	4	10	18.5	8	3
柴油罐	0.5	0.5	—	—	×	×	×	4	3	3	4	4	—	3.5	3.5	4	4	3.5	—	3	3	3	7	13	6	2
汽油通气管管口	—	—			×	×	×	8	6	6	8	6	3	8	6	6	6	5	—	8	8	4	10	18.5	8	3
柴油通气管管口	—	—			×	×	×	6	4	4	6	4	2	6	4	4	4	3.5	—	6	6	3.5	7	13	6	2
LPG储罐 地上罐 一级站	×	×	×	×	D			×	×	×	×	×	12	12/10	12/10	×	×	×	12/10	12/10	×	12/10	40/30	45	18/14	6
地上罐 二级站	×	×	×	×		D		×	×	×	×	×	10	10/8	10/8	×	×	×	10/8	10/8	×	10/8	30/20	38	16/12	5
地上罐 三级站	×	×	×	×			D	×	×	×	×	×	8	8/6	8/6	×	×	×	8/6	8/6	×	8	30/20	33	16/12	5
埋地罐 一级站	6	4	8	6	×	×	×	2			×	×	5	5	6	×	×	×	8	8	×	8	20	30	10	4
埋地罐 二级站	4	3	6	4	×	×	×		2		×	×	3	3	5	×	×	×	6	6	×	6	15	25	8	3
埋地罐 三级站	3	3	6	4	×	×	×			2	×	×	3	3	4	×	×	×	4	4	×	6	12	18	8	3
CNG储气设施	6	4	8	6	×	×	×	×	×	×	1.5(1)	—	6	×	×	—	—	—	6	×	—	5	6	25	14	3
CNG集中放散管管口	6	4	6	4	×	×	×	×	×	×	×		6	×	×	—	—	—	6	×	—	5	6	15	14	3
油品卸车点	—	—	3	2	12	10	8	5	3	3	6	6		4	4	6	6	5	—	4	4	5	10	15	8	3
LPG卸车点	5	3.5	8	6	12/10	10/8	8/6	5	3	3	×	×	4		5	×	×	×	6	5	4	6	8	25	12	3
LPG泵(房)、压缩机(间)	5	3.5	6	4	12/10	10/8	8/6	6	5	4	×	×	4	5		×	×	×	4	4	×	6	8	25	12	2
天然气压缩机(间)	6	4	6	4	×	×	×	×	×	×	—	—	6	×	×		×	×	6	×	—	5	8	25	12	2
天然气调压器(间)	6	4	6	4	×	×	×	×	×	×	—	—	6	×	×	×		×	6	×	—	5	8	25	12	2
天然气脱硫和脱水设备	5	3.5	5	3.5	×	×	×	×	×	×	—	—	5	×	×	×	×		5	×	—	5	15	25	12	—
加油机	—	—	—	—	12/10	10/8	8/6	8	6	4	6	6	—	6	4	6	6	5		4	4	5	6	15(10)	8(6)	—
LPG加气机	4	3	8	6	12/10	10/8	8/6	8	6	4	×	×	4	5	4	6	6	5	4		—	5.5	6	18	12	—
CNG加气机、加气柱和卸气柱	4	3	8	6	×	×	×	×	×	×	—	—	4	×	×	—	—	—	4	—		5	6	18	12	—
站房	4	3	4	3.5	12/10	10/8	8	8	6	6	5	5	5	6	6	5	5	5	5	5.5	5			5		—
消防泵房和消防水池取水口	10	7	10	7	40/30	30/20	30/20	20	15	12			10	8	8	8	8	15	6	6	6			12		
自用燃煤锅炉房和燃煤厨房	18.5	13	18.5	13	45	38	33	30	25	18	25	15	15	25	25	25	25	25	15(10)	18	18	5	12			12
自用有燃气(油)设备的房间	8	6	8	6	18/14	16/12	16/12	10	8	8	14	14	8	12	12	12	12	12	8(6)	12	12					
站区围墙	3	2	3	2	6	5	5	4	3	3	3	3	3	3	2	2	2	—	—	—	—	—		12		

注：1　分子为LPG储罐无固定喷淋装置的距离，分母为LPG储罐设有固定喷淋装置的距离。D为LPG地上罐相邻较大罐的直径。

　　2　括号内数值为储气井与储气井、柴油加油机与自用有燃煤或燃气(油)设备的房间的距离。

　　3　橇装式加油装置的油罐与站内设施之间的防火间距应按本表汽油罐、柴油罐增加30%。

　　4　当卸油采用油气回收系统时，汽油通气管管口与站区围墙的距离不应小于2.0m。

　　5　LPG储罐放散管口与LPG储罐距离不限，与站内其他设施的防火间距可按相应级别的LPG埋地储罐确定。

　　6　LPG泵和压缩机、天然气压缩机、调压器和天然气脱硫和脱水设备露天布置或布置在开敞的建筑物内时，起算点应为设备外缘；LPG泵和压缩机、天然气压缩机、天然气调压器设置在非开敞的室内时，起算点应为该类设备所在建筑物的门窗等洞口。

　　7　容量小于或等于10m³的地上LPG储罐的整体装配式加气站，其储罐与站内其他设施的防火间距，不应低于本表三级站的地上储罐防火间距的80%。

　　8　CNG加气站的橇装设备与站内其他设施的防火间距，应按本表相应设备的防火间距确定。

　　9　站房、有燃煤或燃气(油)设备的房间的起算点应为门窗等洞口。站房内设置有变配电间时，变配电间的布置应符合本规范第5.0.8条的规定。

　　10　表中一、二、三级站包括LPG加气站、加油与LPG加气合建站。

　　11　表中"—"表示无防火间距要求，"×"表示该类设施不应合建。

续表 12.0.3

限制类别	受照部位	年剂量当量的限值	
		放射工作人员	公众中的个人
非随机效应	眼晶体	150	15
	其他单个器官或组织	500	50

注：年剂量当量的限值，不包括天然本底照射和医疗照射。

13.3.4 屏蔽室的墙面、顶板、地面或楼面，应采取屏蔽效能相同的屏蔽措施，并应形成封闭空间。

13.4.10 屏蔽层为双层结构时，内外屏蔽层之间应采取绝缘措施。

14.1.1 机械工业厂厂区内各类地点的噪声限制值，不得超过表14.1.1 的规定。

表 14.1.1 机械工业厂厂区内各类地点的噪声限制值 [dB（A）]

地 点 类 别		噪声限制值
生产厂房及作业场所（工人每天连续接触噪声 8h）		85
高噪声厂房设置的值班室、观察室、休息室（室内背景噪声级）	无电话通讯要求时	75
	有电话通讯要求时	70
精密装配线、精密加工的工作地点、计算机房（正常工作状态）		70
厂房所属办公室、实验室、设计室（室内背景噪声级）		65
主控制室、集中控制室、通讯室、电话总机室、消防值班室（室内背景噪声级）		60
厂部所属办公室、会议室、设计室、中心实验室（包括试验、化验、计量室）（室内背景噪声级）		60
医务室、教室、哺乳室、托儿所、工人值班宿舍（室内背景噪声级）		55

注：1 对于工人每天接触噪声不足 8h 的场合，应根据实际接触噪声的时间，按接触时间减半噪声限制值增加 3dB（A）的原则，确定其噪声限制值；

2 本表所列室内背景噪声级，系在室内无声源发声条件下，从室外经由墙、门、窗（门窗启闭状况为常规状况）传入室内的室内平均噪声级。

14.1.2　机械工业厂内声源辐射至厂界毗邻区域的噪声限制值，不得超过表 14.1.2 的规定。

表 14.1.2　声源辐射至厂界毗邻区域的噪声限制值 ［dB（A）］

厂　界　毗　邻　区　域	昼间	夜间
康复疗养区等特别需要安静的区域	50	40
居民住宅、医疗卫生、文化教育、科研设计、行政办公为主要功能，需要保持安静的区域	55	45
商业金融、集市贸易为主要功能，或者居住、商业、工业混杂，需要维护住宅安静的区域	60	50
工业生产、仓储物流为主要功能，需要防止工业噪声对周围环境产生严重影响的区域	65	55
交通干线两侧一定距离之内，需要防止交通噪声对周围环境产生严重影响的区域。该类为高速公路、一级公路、二级公路、城市快速路、城市主干路、城市次干路、城市轨道交通（地面段）、内河航道两侧区域	70	55
交通干线两侧一定距离之内，需要防止交通噪声对周围环境产生严重影响的区域。该类为铁路干线两侧区域	70	60

注：当厂外受该厂辐射噪声危害的区域同厂界间存在缓冲地域时，本表所列限制值应作为缓冲地域外缘的噪声限制值处理。凡拟做缓冲地域处理时，该地域未来不应有变化。

三十五、《无障碍设计规范》GB 50763—2012

3.7.3　升降平台应符合下列规定：
　　3　垂直升降平台的基坑应采用防止误入的安全防护措施；
　　5　垂直升降平台的传送装置应有可靠的安全防护装置。

4.4.5　人行天桥桥下的三角区净空高度小于 2.00m 时，应安装防护设施，并应在防护设施外设置提示盲道。

6.2.4 无障碍游览路线应符合下列规定：

5 在地形险要的地段应设置安全防护设施和安全警示线；

6.2.7 标识与信息应符合下列规定：

4 危险地段应设置必要的警示、提示标志及安全警示线。

8.1.4 建筑内设有电梯时，至少应设置1部无障碍电梯。

三十六、《冷库设计规范》GB 50072—2010

8.1.2 冷库生活用水、制冷原料水和水产品冻结过程中加水的水质应符合现行国家标准《生活饮用水卫生标准》GB 5749 的规定。

8.2.3 冷风机水盘排水、蒸发式冷凝器排水、贮存食品或饮料的冷藏库房的地面排水不得与污废水管道系统直接连接，应采取间接排水的方式。

8.2.9 冲（融）霜排水管道出水口应设置水封或水封井。寒冷地区的水封及水封井应采取防冻措施。

三十七、《电子信息系统机房设计规范》GB 50174—2008

6.3.2 电子信息系统机房的耐火等级不应低于二级。

6.3.3 当A级或B级电子信息系统机房位于其他建筑物内时，在主机房和其他部位之间应设置耐火极限不低于2h的隔墙，隔墙上的门应采用甲级防火门。

8.3.4 电子信息系统机房内所有设备可导电金属外壳、各类金属管道、金属线槽、建筑物金属结构等必须进行等电位连接并接地。

13.2.1 采用管网式洁净气体灭火系统或高压细水雾灭火系统的主机房，应同时设置两种火灾灭火探测器，且火灾报警系统应与灭火系统联动。

13.3.1 凡设置洁净气体灭火系统的主机房，应配置专用空气呼吸器或氧气呼吸器。

三十八、《氧气站设计规范》GB 50030—2013

1.0.3 氧气站内各类房间的火灾危险性类别及最低耐火等级，应符合本规范附录 A 的规定。

3.0.2 低温法空气分离设备的原料空气吸风口与散发乙炔、碳氢化合物等有害气体发生源之间的距离应符合下列规定：

　　2 当空气分离设备吸风口的原料空气吸风口与乙炔、碳氢化合物等发生源之间的最小水平间距不能满足表 3.0.2-1 的规定时，吸风口处空气中乙炔、碳氢化合物等杂质的允许含量不得大于表 3.0.2-2 的规定。

表 3.0.2-2　吸风口处空气中乙炔、碳氢化合物等杂质的允许含量

序号	烃类名称	允许极限含量（mg/m³）	
		空气分离塔内设有液空吸附器	空气分离塔前设置分子筛吸附净化装置
1	乙炔	0.25	2.5
2	炔衍生物	0.01	0.5
3	C_5、C_6 饱和和不饱和烃类杂质总计	0.05	2
4	C_3、C_4 饱和和不饱和烃类杂质总计	0.3	2
5	C_2 饱和和不饱和烃类杂质及丙烷总计	10	10
6	硫化碳 CS_2	0.03	
7	氧化亚氮 N_2O	0.7	
8	二氧化碳	700	
9	甲烷	8	
10	粉尘	30	

　　注：序号 1～5 的"允许极限含量（mg/m³）"指的是允许极限碳含量（mg/m³）。

3.0.4 氧气站火灾危险性为乙类的建筑物及氧气贮罐与其他各类建筑物、构筑物之间的防火间距不应小于表 3.0.4 的规定。

表 3.0.4 氧气站火灾危险性为乙类的建筑物及氧气贮罐与
其他各类建筑物、构筑物之间的防火间距

建筑物、构筑物		氧气站的火灾危险性为乙类的建筑物	氧气贮罐总容积（m³）		
			≤1000	1000～50000	＞50000
其他各类建筑物耐火等级	一、二级	10	10	12	14
	三级	12	12	14	16
	四级	14	14	16	18
民用建筑		25	18	20	25
明火或散发火花地点		25	25	30	35
重要公共建筑		50	50		
室外变、配电站（35kV～500kV 且每台变压器为10000kV·A 以上）以及总油量超过 5t 的总降压站		25	20	25	30
厂外铁路线中心线		25	25		
厂内铁路线中心线（氧气站专用线除外）		20	20		
厂外道路（路边）		15	15		
厂内道路（路边）	主要	10	10		
	次要	5	5		
电力架空线		1.5 倍电杆高度	1.5 倍电杆高度		

注：固定容积氧气贮罐的总容积按几何容量（m³）和设计压力（绝对压力为 10⁵
Pa）的乘积计算。液氧贮罐以 1m³ 液氧折合 800m³ 标准状态气氧计算，按本表
氧气贮罐相应贮量的规定确定防火间距。

3.0.5 氧气站的火灾危险性为乙类的建筑物，与火灾危险性为
甲类的建筑物之间的最小防火间距，应按本规范表 3.0.4 对其他
各类建筑物之间规定的间距增加 2m。

3.0.6 湿式氧气贮罐与可燃液体贮罐（液化石油气储罐除外）、可燃材料堆场之间的最小防火间距，应符合表3.0.4对室外变、配电站之间规定的间距。氧气站和氧气贮罐与液化石油气储罐之间的防火间距，应符合现行国家标准《城镇燃气设计规范》GB 50028的有关规定。

3.0.9 氧气贮罐之间的防火间距不应小于相邻较大罐的半径。氧气贮罐与可燃气体贮罐之间的防火间距不应小于相邻较大罐的直径。

3.0.10 制氧站房、灌氧站房、氧气压缩机间宜布置成独立建筑物，但可与不低于其耐火等级的除火灾危险性属甲、乙类的生产车间，以及无明火或散发火花作业的其他生产车间毗连建造，其毗连的墙应为无门、窗、洞的防火墙，并应设不少于一个直通室外的安全出口。

4.0.8 离心式空气压缩机应设下列保护系统：

    1 防喘振保护系统；

    2 安全放散系统；

    3 轴承温度、轴振动和轴位移测量、报警与停车系统；

    4 入口导叶可调系统。

4.0.16 离心式氧气压缩机的设置应符合下列规定：

    1 应设置符合本规范第4.0.8条规定的保护系统；

    2 应设置氮气或干燥空气试车系统、氮气轴封系统；

    3 应设置自动快速充氮灭火系统。

4.0.23 氧气、氮气、氩气充装台的设置应符合下列规定：

    1 氧气、氮气、氩气充装台应设有超压泄放用安全阀；

    2 氧气、氮气、氩气充装台应设有吹扫放空阀，放空管应接至室外安全处；

6.0.12 采用氢气进行空气分离产品纯化时，应符合下列规定：

    1 加氢催化反应炉应布置在靠外墙的单独房间内，并不得与其他房间直接相通；

    2 氢气实瓶应存放在靠外墙的单独房间内，不得与其他房间直接相通。并应符合现行国家标准《氢气站设计规范》GB 50177 的有关规定；

    3 氢气瓶的贮放量不得超过 60 瓶。

6.0.13 氧气站的氧气、氮气等放散管和液氧、液氮等排放管均应引至室外安全处，放散管口距地面不得低于 4.5m。

7.0.3 当制氧站房或液氧系统设施和灌氧站房布置在同一建筑物内时，应采用耐火极限不低于 2.0h 的不燃烧体隔墙和乙级防火门进行分隔，并应通过走廊相通。

7.0.4 氧气贮气囊间、氧气压缩机间、氧气灌瓶间、氧气实瓶间、氧气贮罐间、液氧贮罐间、氧气汇流排间、氧气调压阀间等房间相互之间应采用耐火极限不低于 2.0h 的不燃烧体隔墙和乙级防火门窗进行分隔。

7.0.5 氧气压缩机间、氧气灌瓶间、氧气贮气囊间、氧气实瓶间、氧气贮罐间、液氧贮罐间、氧气汇流排间、氧气调压阀间等与其他毗连房间之间应采用耐火极限不低于 2.0h 的不燃烧体隔墙和乙级防火门窗进行分隔。

7.0.8 灌瓶间的充灌台应设置高度不小于 2m、厚度大于或等于 200mm 的钢筋混凝土防护墙。气瓶装卸平台应设置大于平台宽度的雨篷，雨篷和支撑应采用不燃烧体。

7.0.11 氧气站内的氢气瓶间应设置在靠外墙，且有直接通向室外的安全出口的专用房间内，氢气瓶间与相邻的房间应采用不低于 2.0h 耐火极限的无门、窗、洞的不燃烧体墙体分隔；氢气瓶间设计应符合现行国家标准《氢气站设计规范》GB 50177 的有关规定。

8.0.2 有爆炸危险、火灾危险的房间或区域内的电气设施应符合现行国家标准《爆炸和火灾危险环境电力装置设计规范》GB 50058 的有关规定。催化反应炉部分和氢气瓶间应为 1 区爆炸危险区，离心式氧气压缩机间、液氧系统设施、氧气调压阀组间应为 21 区火灾危险区，氧气灌瓶间、氧气贮罐间、氧气贮气囊间等应为 22 区火灾危险区。

8.0.7 与氧气接触的仪表必须无油脂。

8.0.8 积聚液氧、液体空气的各类设备、氧气压缩机、氧气灌充台和氧气管道应设导除静电的接地装置，接地电阻不应大于 10Ω。

10.0.1 制氧站房、灌氧站房、氧气压缩机间、氧气储罐间、液氧储罐间、氢气瓶间、液氧系统和氧气汇流排间等严禁采用明火或电加热散热器采暖。

10.0.4 催化反应炉部分、氢气瓶间、氮气压缩机间、氮气压力调节阀间、惰性气体贮气罐间和液体贮罐间等的自然通风换气次数，每小时不应少于 3 次；事故换气应采用机械通风，其换气次数不应少于 12 次。排风中有氢气的氢气瓶间等的事故排风机的选型应符合现行国家标准《氢气站设计规范》GB 50177 的有关规定。

11.0.2 厂区管道架空敷设时，应符合下列规定：

　　1 氧气管道应敷设在不燃烧体的支架上；

　　2 除氧气管道专用的导电线路外，其他导电线路不得与氧气管道敷设在同一支架上；

11.0.3 厂区管道直接埋地敷设或采用不通行地沟敷设时，应符合下列规定：

　　1 氧气管道严禁埋设在不使用氧气的建筑物、构筑物或露天堆场下面或穿过烟道；

　　2 氧气管道采用不通行地沟敷设时，沟上应设防止可燃物料、火花和雨水侵入的不燃烧体盖板；严禁氧气管道与油品管道、腐蚀性介质管道和各种导电线路敷设在同一地沟内，并不得与该类管线地沟相通；

　　3 直接埋地或不通行地沟敷设的氧气管道上不应装设阀门或法兰连接点，当必须设阀门时，应设独立阀门井；

　　4 氧气管道不应与燃气管道同沟敷设，当氧气管道与同一使用目的燃气管道同沟敷设时，沟内应填满沙子，并严禁与其他地沟直接相通；

11.0.4 车间内氧气管道的敷设应符合下列规定：

1 氧气管道不得穿过生活间、办公室；

11.0.5 通往氧气压缩机的氧气管道以及装有压力、流量调节阀的氧气管道上，应在靠近机器入口处或压力、流量调节阀的上游侧装设过滤器，过滤器的材料应为不锈钢、镍铜合金、铜、铜基合金。

11.0.7 氧气、氮气、氩气管道敷设在通行地沟或半通行地沟时，必须设有可靠的通风安全措施。

11.0.12 氧气管道上的弯头应符合下列规定：

1 氧气管道严禁采用折皱弯头；

11.0.17 氧气管道应设置导除静电的接地装置，并应符合下列规定：

1 厂区架空或地沟敷设管道，在分岔处或无分支管道每隔 80m～100m 处，以及与架空电力电缆交叉处应设接地装置；

2 进、出车间或用户建筑物处应设接地装置；

3 直接埋地敷设管道应在埋地之前及出地后各接地一次；

4 车间或用户建筑物内部管道应与建筑物的静电接地干线相连接；

5 每对法兰或螺纹接头间应设跨接导线，电阻值应小于 0.03Ω。

三十九、《洁净厂房设计规范》GB 50073—2013

3.0.1 洁净室及洁净区内空气中悬浮粒子空气洁净度等级应符合下列规定：

1 洁净室及洁净区空气洁净度整数等级应按表 3.0.1 确定。

表 3.0.1 洁净室及洁净区空气洁净度整数等级

空气洁净度等级（N）	大于或等于要求粒径的最大浓度限值（pc/m³）					
	$0.1\mu m$	$0.2\mu tm$	$0.3\mu m$	$0.5\mu m$	$l\mu m$	$5\mu m$
1	10	2	—	—	—	—

续表 3.0.1

空气洁净度等级 (N)	大于或等于要求粒径的最大浓度限值（pc/m³）					
	0.1μm	0.2μtm	0.3μm	0.5μm	1μm	5μm
2	100	24	10	4	—	—
3	1000	237	102	35	8	—
4	10000	2370	1020	352	83	—
5	100000	23700	10200	3520	832	29
6	1000000	237000	102000	35200	8320	293
7	—	—	—	352000	83200	2930
8	—	—	—	3520000	832000	29300
9	—	—	—	35200000	8320000	293000

注：按不同的测量方法，各等级水平的浓度数据的有效数字不应超过 3 位。

　　2　各种要求粒径 D 的最大浓度限值 C_n 应按下式计算：

$$C_n = 10^N \times \left(\frac{0.1}{D}\right)^{2.08} \qquad (3.0.1)$$

式中：C_n——大于或等于要求粒径的最大浓度限值（pc/m³）。

　　　　　　C_n 是四舍五入至相近的整数，有效位数不超过三位数；

　　　　N——空气洁净度等级，数字不超过 9，洁净度等级整数之间的中间数可以按 0.1 为最小允许递增量；

　　　　D——要求的粒径（μm）；

　　　0.1——常数，其量纲为 μm。

　　3　当工艺要求粒径不止一个时，相邻两粒径中的大者与小者之比不得小于 1.5 倍。

4.2.3　洁净厂房内应少设隔间，但在下列情况下应进行分隔：

　　1　按生产的火灾危险性分类，甲、乙类与非甲、乙类相邻的生产区段之间，或有防火分隔要求者。

4.4.1　洁净室内的空态噪声级，非单向流洁净室不应大于 60dB（A），单向流、混合流洁净室不应大于 65dB（A）。

5.2.1 洁净厂房的耐火等级不应低于二级。

5.2.4 洁净室的顶棚、壁板及夹芯材料应为不燃烧体，且不得采用有机复合材料。顶棚和壁板的耐火极限不应低于 0.4h，疏散走道顶棚的耐火极限不应低于 1.0h。

5.2.5 在一个防火分区内的综合性厂房，洁净生产区与一般生产区域之间应设置不然烧体隔断措施。隔墙及其相应顶棚的耐火极限不应低于 1h，隔墙上的门窗耐火极限不应低于 0.6h。穿隔墙或顶板的管线周围空隙应采用防火或耐火材料紧密填堵。

5.2.6 技术竖井井壁应为不燃烧体，其耐火极限不应低于 1h。井壁上检查门的耐火极限不应低于 0.6h；竖井内在各层或间隔一层楼板处，应采用相当于楼板耐火极限的不燃烧体作水平防火分隔；穿过水平防火分隔的管线周围空隙应采用防火或耐火材料紧密填堵。

5.2.7 洁净厂房每一生产层，每一防火分区或每一洁净区的安全出口数量不应少于 2 个。当符合下列要求时可设 1 个：

  1 对甲、乙类生产厂房每层的洁净生产区总建筑面积不超过 $100m^2$，且同一时间内的生产人员总数不超过 5 人。

  2 对丙、丁、戊类生产厂房，应按现行国家标准《建筑设计防火规范》GB 50016 的有关规定设置。

5.2.8 安全出入口应分散布置，从生产地点至安全出口不应经过曲折的人员净化路线，并应设有明显的疏散标志，安全疏散距离应符合现行国家标准《建筑设计防火规范》GB 50016 的有关规定。

5.2.9 洁净区与非洁净区、洁净区与室外相通的安全疏散门应向疏散方向开启，并应加闭门器。安全疏散门不应采用吊门、转门、侧拉门、卷帘门以及电控自动门。

5.2.10 洁净厂房同层洁净室（区）外墙应设可供消防人员通往厂房洁净室（区）的门窗，其门窗洞口间距大于 80m 时，应在该段外墙的适当部位设置专用消防口。

  专用消防口的宽度不应小于 750mm，高度不应小于

1800mm，并应有明显标志。楼层的专用消防口应设置阳台，并从二层开始向上层架设钢梯。

5.2.11 洁净厂房外墙上的吊门、电控自动门以及装有栅栏的窗，均不应作为火灾发生时提供消防人员进入厂房的入口。

5.3.5 洁净室（区）和人员净化用室设置外窗时，应采用双层玻璃固定窗，并应有良好的气密性。

5.3.10 室内装修材料的燃烧性能必须符合现行国家标准《建筑内部装修设计防火规范》GB 50222 的有关规定。装修材料的烟密度等级不应大于 50，材料的烟密度等级试验应符合现行国家标准《建筑材料燃烧或分解的烟密度试验方法》GB/T 8627 的有关规定。

6.1.5 洁净室内的新鲜空气量应取下列两项中的最大值：

　　1 补偿室内排风量和保持室内正压值所需新鲜空气量之和。

　　2 保证供给洁净室内每人每小时的新鲜空气量不小于 40m³。

6.2.1 洁净室（区）与周围的空间必须维持一定的压差，并应按工艺要求决定维持正压差或负压差。

6.3.2 洁净室的送风量应取下列三项中的最大值：

　　1 满足空气洁净度等级要求的送风量。

　　2 根据热、湿负荷计算确定的送风量。

　　3 按本规范第 6.1.5 条的要求向洁净室内供给的新鲜空气量。

6.5.1 空气洁净度等级严于 8 级的洁净室不得采用散热器采暖。

6.5.3 在下列情况下，局部排风系统应单独设置：

　　1 排风介质混合后能产生或加剧腐蚀性、毒性、燃烧爆炸危险性和发生交叉污染。

　　2 排风介质中含有毒性的气体。

　　3 排风介质中含有易燃、易爆气体。

6.5.4 洁净室的排风系统设计应符合下列规定：

　　1 应防止室外气流倒灌。

2 含有易燃、易爆物质的局部排风系统应按物理化学性质采取相应的防火防爆措施。

3 排风介质中有害物浓度及排放速率超过国家或地区有害物排放浓度及排放速率规定时，应进行无害化处理。

4 对含有水蒸气和凝结性物质的排风系统，应设坡度及排放口。

6.5.6 根据生产工艺要求应设置事故排风系统。事故排风系统应设自动和手动控制开关，手动控制开关应分别设在洁净室内、外便于操作处。

6.5.7 洁净厂房排烟设施的设置应符合下列规定：

1 洁净厂房中的疏散走廊应设置机械排烟设施。

6.6.2 下列情况之一的通风、净化空调系统的风管应设防火阀：

1 风管穿越防火分区的隔墙处，穿越变形缝的防火隔墙的两侧。

2 风管穿越通风、空气调节机房的隔墙和楼板处。

3 垂直风管与每层水平风管交接的水平管段上。

6.6.6 风管、附件及辅助材料的耐火性能应符合下列规定：

1 净化空调系统、排风系统的风管应采用不燃材料。

2 排除有腐蚀性气体的风管应采用耐腐蚀的难燃材料。

3 排烟系统的风管应采用不燃材料，其耐火极限应大于 0.5h。

4 附件、保温材料、消声材料和粘结剂等均采用不燃材料或难燃材料。

7.3.2 洁净室内的排水设备以及与重力回水管道相连接的设备，必须在其排出口以下部位设水封装置，排水系统应设有完善的透气装置。

7.3.3 洁净室内地漏等排水设施的设置应符合下列规定：

1 空气洁净度等级严于 6 级的洁净室内不应设地漏。

4 空气洁净度等级等于或严于 7 级的洁净室内不应穿过排水立管，其他洁净室内穿过排水立管时不应设检查口。

7.4.1 洁净厂房必须设置消防给水设施，消防给水设施设置设计应根据生产的火灾危险性、建筑物耐火等级以及建筑物的体积等因素确定。

7.4.3 洁净室的生产层及可通行的上、下技术夹层应设置室内消火栓。消火栓的用水量不应小于 10L/s，同时使用水枪数不应少于 2 只，水枪充实水柱长度不应小于 10m，每只水枪的出水量应按不小于 5L/s 计算。

7.4.4 洁净厂房内各场所必须配置灭火器，配置灭火器设计应符合现行国家标准《建筑灭火器配置设计规范》GB 50140 的有关规定。

7.4.5 洁净厂房内设有贵重设备、仪器的房间设置固定灭火设施时，除应符合现行国家标准《建筑设计防火规范》GB 50016 的有关规定外，还应符合下列规定：

　　2 当设置气体灭火系统时，不应采用卤代烷 1211 以及能导致人员窒息和对保护对象产生二次损害的灭火剂。

8.1.1 洁净室（区）工业管道的敷设应符合下列规定：

　　4 当易燃、易爆、有毒物质管道敷设在技术夹层或技术夹道内时，必须采取可靠的浓度检测报警、通风措施。

8.1.5 可燃气体管道、氧气管道的末端或最高点均应设置放散管。放散管引至室外应高出屋脊 1m，并应有防雨、防杂物侵入的措施。

8.1.8 洁净厂房内、生产类别为现行国家标准《建筑设计防火规范》GB 50016 规定的甲、乙类气体、液体入口室或分配室的设置应符合下列规定：

　　1 当毗连布置时，应设在单层厂房靠外墙或多层厂房的最上一层靠外墙处，并应与相邻房间采用耐火极限大于 3.0h 的隔墙分隔。

　　2 应有良好的通风。

　　3 泄压设施和电气防爆应按现行国家标准《建筑设计防火规范》GB 50016、《爆炸危险环境电力装置设计规范》GB 50058

的有关规定执行。

8.4.1 下列部位应设可燃气体报警装置和事故排风装置，报警装置应与相应的事故排风机连锁：

    1 生产类别为甲类的气体、液体入口室或分配室。

    2 管廊，上、下技术夹层，技术夹道内有可燃气体的易积聚处。

    3 洁净室内使用可燃气体处。

8.4.2 可燃气体管道应采取下列安全技术措施：

    2 引至室外的放散管应设置阻火器，并应设置防雷保护设施。

    3 应设导除静电的接地设施。

8.4.3 氧气管道应采取下列安全技术措施：

    1 管道及其阀门、附件应经严格脱脂处理。

    2 应设导除静电的接地设施。

9.2.2 洁净室内一般照明灯具应为吸顶明装。当灯具嵌入顶棚暗装时，安装缝隙应有可靠的密封措施。洁净室应采用洁净室专用灯具。

9.2.5 洁净厂房内备用照明的设置应符合下列规定：

    1 洁净厂房内应设置备用照明。

9.2.6 洁净厂房内应设置供人员疏散用的应急照明。在安全出口、疏散口和疏散通道转角处应按现行国家标准《建筑设计防火规范》GB 50016 的有关规定设置疏散标志。在专用消防口处应设置疏散标志。

9.3.3 洁净厂房的生产层、技术夹层、机房、站房等均应设置火灾报警探测器。洁净厂房生产区及走廊应设置手动火灾报警按钮。

9.3.4 洁净厂房应设置消防值班室或控制室，并不应设在洁净区内。消防值班室应设置消防专用电话总机。

9.3.5 洁净厂房的消防控制设备及线路连接应可靠。控制设备的控制及显示功能应符合现行国家标准《火灾自动报警系统设计规范》GB 50116 的有关规定。洁净区内火灾报警应进行核实，并应进行下列消防联动控制：

1　应启动室内消防水泵，接收其反馈信号。除自动控制外，还应在消防控制室设置手动直接控制装置。

2　应关闭有关部位的电动防火阀，停止相应的空调循环风机、排风机及新风机，并应接收其反馈信号。

3　应关闭有关部位的电动防火门、防火卷帘门。

4　应控制备用应急照明灯和疏散标志灯燃亮。

5　在消防控制室或低压配电室，应手动切断有关部位的非消防电源。

6　应启动火灾应急扩音机，进行人工或自动播音。

7　应控制电梯降至首层，并接收其反馈信号。

9.3.6　洁净厂房中易燃、易爆气体、液体的贮存和使用场所及入口室或分配室应设可燃气体探测器。有毒气体、液体的贮存和使用场所应设气体检测器。报警信号应联动启动或手动启动相应的事故排风机，并应将报警信号送至消防控制室。

9.4.3　净化空调系统的电加热器应设置无风、超温断电保护装置。当采用电加湿器时，应设置无水保护装置。

9.5.2　洁净室（区）内的防静电地面，其性能应符合下列规定：

1　地面的面层应具有导电性能，并应保持长时间性能稳定。

2　地面的面层应采用静电耗散性的材料，其表面电阻率应为 $1.0 \times 10^5\,\Omega/\square \sim 1.0 \times 10^{12}\,\Omega/\square$ 或体积电阻率为 $1.0 \times 10^4\,\Omega \cdot cm \sim 1.0 \times 10^{11}\,\Omega \cdot cm$。

3　地面应设有导电泄放措施和接地构造，其对地泄放电阻值应为 $1.0 \times 10^5\,\Omega \sim 1.0 \times 10^9\,\Omega$。

9.5.4　洁净室内可能产生静电危害的设备、流动液体、气体或粉体管道应采取防静电接地措施，其中有爆炸和火灾危险场所的设备、管道应符合现行国家标准《爆炸危险环境电力装置设计规范》GB 50058 的有关规定。

9.5.7　接地系统采用综合接地方式时接地电阻值应小于或等于

1Ω；选择分散接地方式时，各种功能接地系统的接地体必须远离防雷接地系统的接地体，两者应保持 20m 以上的间距。洁净厂房的防雷接地系统设计应符合现行国家标准《建筑物防雷设计规范》GB 50057 的有关规定。

四十、《传染病医院建筑设计规范》GB 50849—2014

4.1.3 新建传染病医院选址，以及现有传染病医院改建和扩建及传染病区建设时，医疗用建筑物与院外周边建筑应设置大于或等于 20m 绿化隔离卫生间距。

5.2.4 门诊部应按肠道、肝炎、呼吸道门诊等不同传染病种分设不同门诊区域，并应分科设置候诊室、诊室。

5.3.2 急诊部入口处应设置筛查区（间），并应在急诊部入口毗邻处设置隔离观察病区或隔离病室。

5.5.2 平面布置应划分污染区、半污染区与清洁区，并应划分洁污人流、物流通道。

5.5.6 不同类传染病病人应分别安排在不同病区。

5.5.9 呼吸道传染病病区，在医务人员走廊与病房之间应设置缓冲前室，并应设置非手动式或自动感应龙头洗手池，过道墙上应设置双门密闭式传递窗。

5.7.1 洗衣房设置应符合下列要求：

　　1 应按衣服、被单的洗涤、消毒、烘干、折叠加工流程布置，污染的衣服、被单接受口与清洁的衣服、被单发送口应分开设置；

5.8.4 太平间、病理解剖室、医疗垃圾暂存处的地面与墙面，均应采用耐洗涤消毒材料，地面与墙裙均应采取防昆虫、防鼠雀以及其他动物侵入的措施。

7.1.3 传染病医院或传染病区应设置机械通风系统。

7.1.4 医院内清洁区、半污染区、污染区的机械送、排风系统应按区域独立设置。

第二篇　消　　防

第一章　防火设计

一、《建筑设计防火规范》GB 50016—2014

3.2.2　高层厂房，甲、乙类厂房的耐火等级不应低于二级，建筑面积不大于 300m² 的独立甲、乙类单层厂房可采用三级耐火等级的建筑。

3.2.3　单、多层丙类厂房和多层丁、戊类厂房的耐火等级不应低于三级。

　　使用或产生丙类液体的厂房和有火花、赤热表面、明火的丁类厂房，其耐火等级均不应低于二级，当为建筑面积不大于 500m² 的单层丙类厂房或建筑面积不大于 1000m² 的单层丁类厂房时，可采用三级耐火等级的建筑。

3.2.4　使用或储存特殊贵重的机器、仪表、仪器等设备或物品的建筑，其耐火等级不应低于二级。

3.2.7　高架仓库、高层仓库、甲类仓库、多层乙类仓库和储存可燃液体的多层丙类仓库，其耐火等级不应低于二级。

　　单层乙类仓库，单层丙类仓库，储存可燃固体的多层丙类仓库和多层丁、戊类仓库，其耐火等级不应低于三级。

3.2.9　甲、乙类厂房和甲、乙、丙类仓库内的防火墙，其耐火极限不应低于 4.00h。

3.2.15　一、二级耐火等级厂房（仓库）的上人平屋顶，其屋面板的耐火极限分别不应低于 1.50h 和 1.00h。

3.3.1　除本规范另有规定外，厂房的层数和每个防火分区的最大允许建筑面积应符合表 3.3.1 的规定。

表 3.3.1　厂房的层数和每个防火分区的最大允许建筑面积

生产的火灾危险性类别	厂房的耐火等级	最多允许层数	每个防火分区的最大允许建筑面积（m²）			
			单层厂房	多层厂房	高层厂房	地下或半地下厂房（包括地下或半地下室）
甲	一级	宜采用单层	4000	3000	—	
	二级		3000	2000	—	
乙	一级	不限	5000	4000	2000	
	二级	6	4000	3000	1500	
丙	一级	不限	不限	6000	3000	500
	二级	不限	8000	4000	2000	500
	三级	2	3000	2000	—	
丁	一、二级	不限	不限	不限	4000	1000
	三级	3	4000	2000		
	四级	1	1000			
戊	一、二级	不限	不限	不限	6000	1000
	三级	3	5000	3000		
	四级	1	1500			

注：1　防火分区之间应采用防火墙分隔。除甲类厂房外的一、二级耐火等级厂房，当其防火分区的建筑面积大于本表规定，且设置防火墙确有困难时，可采用防火卷帘或防火分隔水幕分隔。采用防火卷帘时，应符合本规范第 6.5.3 条的规定；采用防火分隔水幕时，应符合现行国家标准《自动喷水灭火系统设计规范》GB 50084 的规定。

2　除麻纺厂房外，一级耐火等级的多层纺织厂房和二级耐火等级的单、多层纺织厂房，其每个防火分区的最大允许建筑面积可按本表的规定增加 0.5 倍，但厂房内的原棉开包、清花车间与厂房内其他部位之间均应采用耐火极限不低于 2.50h 的防火隔墙分隔，需要开设门、窗、洞口时，应设置甲级防火门、窗。

3　一、二级耐火等级的单、多层造纸生产联合厂房，其每个防火分区的最大允许建筑面积可按本表的规定增加 1.5 倍。一、二级耐火等级的湿式造纸联合厂房，当纸机烘缸罩内设置自动灭火系统，完成工段设置有效灭火设施保护时，其每个防火分区的最大允许建筑面积可按工艺要求确定。

4　一、二级耐火等级的谷物筒仓工作塔，当每层工作人数不超过 2 人时，其层数不限。

5　一、二级耐火等级卷烟生产联合厂房内的原料、备料及成组配方、制丝、储丝和卷接包、辅料周转、成品暂存、二氧化碳膨胀烟丝等生产用房应划分独立的防火分隔单元，当工艺条件许可时，应采用防火墙进行分隔。其中制丝、储丝和卷接包车间可划分为一个防火分区，且每个防火分区的最大允许建筑面积可按工艺要求确定，但制丝、储丝及卷接包车间之间应采用耐火极限不低于 2.00h 的防火隔墙和 1.00h 的楼板进行分隔。厂房内各水平和竖向防火分隔之间的开口应采取防止火灾蔓延的措施。

6　厂房内的操作平台、检修平台，当使用人数少于 10 人时，平台的面积可不计入所在防火分区的建筑面积内。

7　"—"表示不允许。

3.3.2 除本规范另有规定外，仓库的层数和面积应符合表3.3.2的规定。

表 3.3.2 仓库的层数和面积

储存物品的火灾危险性类别		仓库的耐火等级	最多允许层数	每座仓库的最大允许占地面积和每个防火分区的最大允许建筑面积（m²）						
				单层仓库		多层仓库		高层仓库		地下或半地下仓库（包括地下或半地下室）
				每座仓库	防火分区	每座仓库	防火分区	每座仓库	防火分区	防火分区
甲	3、4项	一级	1	180	60	—	—	—	—	—
	1、2、5、6项	一、二级	1	750	250	—	—	—	—	—
乙	1、3、4项	一、二级	3	2000	500	900	300	—	—	—
		三级	1	500	250	—	—	—	—	—
	2、5、6项	一、二级	5	2800	700	1500	500	—	—	—
		三级	1	900	300	—	—	—	—	—
丙	1项	一、二级	5	4000	1000	2800	700	—	—	150
		三级	1	1200	400	—	—	—	—	—
	2项	一、二级	不限	6000	1500	4800	1200	4000	1000	300
		三级	3	2100	700	1200	400	—	—	—
丁		一、二级	不限	不限	3000	不限	1500	4800	1200	500
		三级	3	3000	1000	1500	500	—	—	—
		四级	1	2100	700	—	—	—	—	—
戊		一、二级	不限	不限	不限	不限	2000	6000	1500	1000
		三级	3	3000	1000	2100	700	—	—	—
		四级	1	2100	700	—	—	—	—	—

注：1 仓库内的防火分区之间必须采用防火墙分隔，甲、乙类仓库内防火分区之间的防火墙不应开设门、窗、洞口；地下或半地下仓库（包括地下或半地下室）的最大允许占地面积，不应大于相应类别地上仓库的最大允许占地面积。

2 石油库区内的桶装油品仓库应符合现行国家标准《石油库设计规范》GB 50074的规定。

3 一、二级耐火等级的煤均化库，每个防火分区的最大允许建筑面积不应大于12000m²。

4 独立建造的硝酸铵仓库、电石仓库、聚乙烯等高分子制品仓库、尿素仓库、配煤仓库、造纸厂的独立成品仓库，当建筑的耐火等级不低于二级时，每座仓库的最大允许占地面积和每个防火分区的最大允许建筑面积可按本表的规定增加1.0倍。

5 一、二级耐火等级粮食平房仓的最大允许占地面积不应大于12000m²，每个防火分区的最大允许建筑面积不应大于3000m²；三级耐火等级粮食平房仓的最大允许占地面积不应大于3000m²，每个防火分区的最大允许建筑面积不应大于1000m²。

6 一、二级耐火等级且占地面积不大于2000m²的单层棉花库房，其防火分区的最大允许建筑面积不应大于2000m²。

7 一、二级耐火等级冷库的最大允许占地面积和防火分区的最大允许建筑面积，应符合现行国家标准《冷库设计规范》GB 50072的规定。

8 "—"表示不允许。

3.3.4 甲、乙类生产场所（仓库）不应设置在地下或半地下。

3.3.5 员工宿舍严禁设置在厂房内。

办公室、休息室等不应设置在甲、乙类厂房内，确需贴邻本厂房时，其耐火等级不应低于二级，并应采用耐火极限不低于3.00h的防爆墙与厂房分隔，且应设置独立的安全出口。

办公室、休息室设置在丙类厂房内时，应采用耐火极限不低于2.50h的防火隔墙和1.00h的楼板与其他部位分隔，并应至少设置1个独立的安全出口。如隔墙上需开设相互连通的门时，应采用乙级防火门。

3.3.6 厂房内设置中间仓库时，应符合下列规定：

2 甲、乙、丙类中间仓库应采用防火墙和耐火极限不低于1.50h的不燃性楼板与其他部位分隔；

3.3.8 变、配电站不应设置在甲、乙类厂房内或贴邻，且不应设置在爆炸性气体、粉尘环境的危险区域内。供甲、乙类厂房专用的10kV及以下的变、配电站，当采用无门、窗、洞口的防火墙分隔时，可一面贴邻，并应符合现行国家标准《爆炸危险环境电力装置设计规范》GB 50058等标准的规定。

乙类厂房的配电站确需在防火墙上开窗时，应采用甲级防火窗。

3.3.9 员工宿舍严禁设置在仓库内。

办公室、休息室等严禁设置在甲、乙类仓库内，也不应贴邻。

办公室、休息室设置在丙、丁类仓库内时，应采用耐火极限不低于2.50h的防火隔墙和1.00h的楼板与其他部位分隔，并应设置独立的安全出口。隔墙上需开设相互连通的门时，应采用乙级防火门。

3.4.1 除本规范另有规定外，厂房之间及与乙、丙、丁、戊类仓库、民用建筑等的防火间距不应小于表3.4.1的规定，与甲类仓库的防火间距应符合本规范第3.5.1条的规定。

表3.4.1　厂房之间及与乙、丙、丁、戊类仓库、民用建筑等的防火间距(m)

名　称		甲类厂房	乙类厂房(仓库)			丙,丁,戊类厂房(仓库)				民用建筑				
		单,多层	单,多层		高层	单,多层			高层	裙房,单,多层			高层	
		一、二级	一、二级	三级	一、二级	一、二级	三级	四级	一、二级	一、二级	三级	四级	一类	二类
甲类厂房	单,多层 一、二级	12	12	14	13	12	14	16	13	25			50	
乙类厂房	单,多层 一、二级	12	10	12	13	10	12	14	13					
	单,多层 三级	14	12	14	15	12	14	16	15					
	高层 一、二级	13	13	15	13	13	15	17	13					
丙类厂房	单,多层 一、二级	12	10	12	13	10	12	14	13	10	12	14	20	15
	单,多层 三级	14	12	14	15	12	14	16	15	12	14	16	25	20
	单,多层 四级	16	14	16	17	14	16	18	17	14	16	18		
	高层 一、二级	13	13	15	13	13	15	17	13	13	15	17	20	15
丁、戊类厂房	单,多层 一、二级	12	10	12	13	10	12	14	13	10	12	14	15	13
	单,多层 三级	14	12	14	15	12	14	16	15	12	14	16	18	15
	单,多层 四级	16	14	16	17	14	16	18	17	14	16	18		
	高层 一、二级	13	13	15	13	13	15	17	13	13	15	17	15	13

续表3.4.1

名称		甲类厂房 单、多层 一、二级	乙类厂房(仓库) 单、多层 一、二级	乙类厂房(仓库) 高层 一、二级	丙、丁、戊类厂房(仓库) 单、多层 一、二级	三级	四级	高层 一、二级	民用建筑 裙房、单、多层 一、二级	三级	四级	高层 一类	二类
室外变配电站	变压器总油量(t) ≥5,≤10	25	25	25	12	15	20	12	15	20	25	20	
	>10,≤50	25	25	25	15	20	25	15	20	25	30	25	
	>50	25	25	25	20	25	30	20	25	30	35	30	

注:1 乙类厂房与重要公共建筑的防火间距不宜小于50m;与明火或散发火花地点,不宜小于30m。单、多层戊类厂房之间及与戊类仓库的防火间距可按本表减少2m,与民用建筑的防火间距可将戊类厂房等同民用建筑按本规范第5.2.2条的规定执行。为丙、丁、戊类厂房服务而单独设置的生活用房应按民用建筑确定。与所属厂房的防火间距不应小于6m。确需相邻布置时,应符合本表注2、3的规定。

2 两座厂房相邻两面外墙为防火墙,或相邻两座建筑高度相同的一、二级耐火等级建筑中相邻任一侧外墙为防火墙且屋顶的耐火极限不低于1.00h时,其防火间距不限,但甲类厂房之间不应小于4m。两座丙、丁、戊类厂房相邻两面外墙均为不燃性墙体,当无外露的可燃性屋檐,每面外墙上的门、窗、洞口面积之和各不大于外墙面积的5%,且门、窗、洞口不正对开设时,其防火间距可按本表的规定减少25%。甲、乙类厂房(仓库)不应与本规范第3.3.5条规定外的其他建筑贴邻。

3 两座一、二级耐火等级的厂房,当相邻较低一面外墙为防火墙且较低一座厂房的屋顶无天窗,屋顶的耐火极限不低于1.00h,或相邻较高一面外墙的门、窗等开口部位设置甲级防火门、窗或防火分隔水幕或本规范第6.5.3条规定的防火卷帘时,甲、乙类厂房之间的防火间距不应小于6m;丙、丁、戊类厂房之间的防火间距不应小于4m。

4 发电厂内的主变压器,其油量可按单台确定。

5 耐火等级低于四级的既有厂房,其耐火等级可按四级确定。

6 当丙、丁、戊类厂房与丙、丁、戊类仓库相邻时,应符合本表注2、3的规定。

3.4.2 甲类厂房与重要公共建筑的防火间距不应小于50m，与明火或散发火花地点的防火间距不应小于30m。

3.4.4 高层厂房与甲、乙、丙类液体储罐，可燃、助燃气体储罐，液化石油气储罐，可燃材料堆场（除煤和焦炭场外）的防火间距，应符合本规范第4章的规定，且不应小于13m。

3.4.9 一级汽车加油站、一级汽车加气站和一级汽车加油加气合建站不应布置在城市建成区内。

3.5.1 甲类仓库之间及与其他建筑、明火或散发火花地点、铁路、道路等的防火间距不应小于表3.5.1的规定。

表3.5.1 甲类仓库之间及与其他建筑、明火或散发火花地点、铁路、道路等的防火间距 （m）

名 称		甲类仓库（储量，t）			
		甲类储存物品第3、4项		甲类储存物品第1、2、5、6项	
		≤5	>5	≤10	>10
高层民用建筑、重要公共建筑		50			
裙房、其他民用建筑、明火或散发火花地点		30	40	25	30
甲类仓库		20	20	20	20
厂房和乙、丙、丁、戊类仓库	一、二级	15	20	12	15
	三级	20	25	15	20
	四级	25	30	20	25
电力系统电压为35kV～500kV且每台变压器容量不小于10MV·A的室外变、配电站，工业企业的变压器总油量大于5t的室外降压变电站		30	40	25	30
厂外铁路线中心线		40			
厂内铁路线中心线		30			
厂外道路路边		20			
厂内道路路边	主要	10			
	次要	5			

注：甲类仓库之间的防火间距，当第3、4项物品储量不大于2t，第1、2、5、6项物品储量不大5t时，不应小于12m。甲类仓库与高层仓库的防火间距不应小于13m。

3.5.2 除本规范另有规定外，乙、丙、丁、戊类仓库之间及与民用建筑的防火间距，不应小于表 3.5.2 的规定。

表 3.5.2 乙、丙、丁、戊类仓库之间及与民用建筑的防火间距 （m）

名 称			乙类仓库			丙类仓库				丁、戊类仓库			
			单、多层		高层	单、多层			高层	单、多层			高层
			一、二级	三级	一、二级	一、二级	三级	四级	一、二级	一、二级	三级	四级	一、二级
乙、丙、丁、戊类仓库	单、多层	一、二级	10	12	13	10	12	14	13	10	12	14	13
		三级	12	14	15	12	14	16	15	12	14	16	15
		四级	14	16	17	14	16	18	17	14	16	18	17
	高层	一、二级	13	15	13	13	15	17	13	13	15	17	13
民用建筑	裙房、单、多层	一、二级	25			10	12	14	13	10	12	14	13
		三级				12	14	16	15	12	14	16	15
		四级				14	16	18	17	14	16	18	17
	高层	一类	50			20	25	25	20	15	18	18	15
		二类				15	20	20	15	13	15	15	13

注：1 单、多层戊类仓库之间的防火间距，可按本表的规定减少 2m。

　　2 两座仓库的相邻外墙均为防火墙时，防火间距可以减小，但丙类仓库，不应小于 6m；丁、戊类仓库，不应小于 4m。两座仓库相邻较高一面外墙为防火墙，或相邻两座高度相同的一、二级耐火等级建筑中相邻任一侧外墙为防火墙且屋顶的耐火极限不低于 1.00h，且总占地面积不大于本规范第 3.3.2 条一座仓库的最大允许占地面积规定时，其防火间距不限。

　　3 除乙类第 6 项物品外的乙类仓库，与民用建筑的防火间距不宜小于 25m，与重要公共建筑的防火间距不应小于 50m，与铁路、道路等的防火间距不宜小于表 3.5.1 中甲类仓库与铁路、道路等的防火间距。

3.6.2 有爆炸危险的厂房或厂房内有爆炸危险的部位应设置泄压设施。

3.6.6 散发较空气重的可燃气体、可燃蒸气的甲类厂房和有粉尘、纤维爆炸危险的乙类厂房，应符合下列规定：

　　1　应采用不发火花的地面。采用绝缘材料作整体面层时，应采取防静电措施。

　　2　散发可燃粉尘、纤维的厂房，其内表面应平整、光滑，并易于清扫。

　　3　厂房内不宜设置地沟，确需设置时，其盖板应严密；地沟应采取防止可燃气体、可燃蒸气和粉尘、纤维在地沟积聚的有效措施，且应在与相邻厂房连通处采用防火材料密封。

3.6.8　有爆炸危险的甲、乙类厂房的总控制室应独立设置。

3.6.11　使用和生产甲、乙、丙类液体的厂房，其管、沟不应与相邻厂房的管、沟相通，下水道应设置隔油设施。

3.6.12　甲、乙、丙类液体仓库应设置防止液体流散的设施。遇湿会发生燃烧爆炸的物品仓库应采取防止水浸渍的措施。

3.7.2　厂房内每个防火分区或一个防火分区内的每个楼层，其安全出口的数量应经计算确定，且不应少于 2 个；当符合下列条件时，可设置 1 个安全出口：

　　1　甲类厂房，每层建筑面积不大于 100m²，且同一时间的作业人数不超过 5 人；

　　2　乙类厂房，每层建筑面积不大于 150m²，且同一时间的作业人数不超过 10 人；

　　3　丙类厂房，每层建筑面积不大于 250m²，且同一时间的作业人数不超过 20 人；

　　4　丁、戊类厂房，每层建筑面积不大于 400m²，且同一时间的作业人数不超过 30 人；

　　5　地下或半地下厂房（包括地下或半地下室），每层建筑面积不大于 50m²，且同一时间的作业人数不超过 15 人。

3.7.3　地下或半地下厂房（包括地下或半地下室），当有多个防火分区相邻布置，并采用防火墙分隔时，每个防火分区可利用防火墙上通向相邻防火分区的甲级防火门作为第二安全出口，但每个防火分区必须至少有 1 个直通室外的独立安全出口。

3.7.6 高层厂房和甲、乙、丙类多层厂房的疏散楼梯应采用封闭楼梯间或室外楼梯。建筑高度大于 32m 且任一层人数超过 10 人的厂房，应采用防烟楼梯间或室外楼梯。

3.8.2 每座仓库的安全出口不应少于 2 个，当一座仓库的占地面积不大于 300m² 时，可设置 1 个安全出口。仓库内每个防火分区通向疏散走道、楼梯或室外的出口不宜少于 2 个，当防火分区的建筑面积不大于 100m² 时，可设置 1 个出口。通向疏散走道或楼梯的门应为乙级防火门。

3.8.3 地下或半地下仓库（包括地下或半地下室）的安全出口不应少于 2 个；当建筑面积不大于 100m² 时，可设置 1 个安全出口。

地下或半地下仓库（包括地下或半地下室），当有多个防火分区相邻布置并采用防火墙分隔时，每个防火分区可利用防火墙上通向相邻防火分区的甲级防火门作为第二安全出口，但每个防火分区必须至少有 1 个直通室外的安全出口。

3.8.7 高层仓库的疏散楼梯应采用封闭楼梯间。

4.1.2 桶装、瓶装甲类液体不应露天存放。

4.1.3 液化石油气储罐组或储罐区的四周应设置高度不小于 1.0m 的不燃性实体防护墙。

4.2.1 甲、乙、丙类液体储罐（区）和乙、丙类液体桶装堆场与其他建筑的防火间距，不应小于表 4.2.1 的规定。

表 4.2.1 甲、乙、丙类液体储罐（区），乙、丙类液体桶装堆场与其他建筑的防火间距（m）

类别	一个罐区或堆场的总容量 V（m³）	建筑物				室外变、配电站
		一、二级		三级	四级	
		高层民用建筑	裙房，其他建筑			
甲、乙类液体储罐（区）	$1 \leqslant V < 50$	40	12	15	20	30
	$50 \leqslant V < 200$	50	15	20	25	35
	$200 \leqslant V < 1000$	60	20	25	30	40
	$1000 \leqslant V < 5000$	70	25	30	40	50

续表 4.2.1

类别	一个罐区或堆场的总容量 V（m³）	建筑物				室外变、配电站
		一、二级		三级	四级	
		高层民用建筑	裙房，其他建筑			
丙类液体储罐（区）	5≤V＜250	40	12	15	20	24
	250≤V＜1000	50	15	20	25	28
	1000≤V＜5000	60	20	25	30	32
	5000≤V＜25000	70	25	30	40	40

注：1 当甲、乙类液体储罐和丙类液体储罐布置在同一储罐区时，罐区的总容量可按 1m³ 甲、乙类液体相当于 5m³ 丙类液体折算。

2 储罐防火堤外侧基脚线至相邻建筑的距离不应小于 10m。

3 甲、乙、丙类液体的固定顶储罐区或半露天堆场，乙、丙类液体桶装堆场与甲类厂房（仓库）、民用建筑的防火间距，应按本表的规定增加 25%，且甲、乙类液体的固定顶储罐区或半露天堆场，乙、丙类液体桶装堆场与甲类厂房（仓库）、裙房、单、多层民用建筑的防火间距不应小于 25m，与明火或散发火花地点的防火间距应按本表有关四级耐火等级建筑物的规定增加 25%。

4 浮顶储罐区或闪点大于 120℃ 的液体储罐区与其他建筑的防火间距，可按本表的规定减少 25%。

5 当数个储罐区布置在同一库区内时，储罐区之间的防火间距不应小于本表相应容量的储罐区与四级耐火等级建筑物防火间距的较大值。

6 直埋地下的甲、乙、丙类液体卧式罐，当单罐容量不大于 50m³，总容量不大于 200m³ 时，与建筑物的防火间距可按本表规定减少 50%。

7 室外变、配电站指电力系统电压为 35kV～500kV 且每台变压器容量不小于 10MV·A 的室外变、配电站和工业企业的变压器总油量大于 5t 的室外降压变电站。

4.2.2 甲、乙、丙类液体储罐之间的防火间距不应小于表 4.2.2 的规定。

4.2.3 甲、乙、丙类液体储罐成组布置时，应符合下列规定：

　　1 组内储罐的单罐容量和总容量不应大于表 4.2.3 的规定。

表 4.2.2 甲、乙、丙类液体储罐之间的防火间距（m）

类别		固定顶储罐			浮顶储罐或设置充氮保护设备的储罐	卧式储罐
		地上式	半地下式	地下式		
甲、乙类液体储罐	单罐容量 V (m²)	$V{\leqslant}1000$	0.75D	0.5D	0.4D	0.4D	$\geqslant0.8\mathrm{m}$
		$V{>}1000$	0.6D				
丙类液体储罐		不限	0.4D	不限	不限	—	

注：1 D 为相邻较大立式储罐的直径（m），矩形储罐的直径为长边与短边之和的一半。

2 不同液体、不同形式储罐之间的防火间距不应小于本表规定的较大值。

3 两排卧式储罐之间的防火间距不应小于3m。

4 当单罐容量不大于1000m³且采用固定冷却系统时，甲、乙类液体的地上式固定顶储罐之间的防火间距不应小于0.6D。

5 地上式储罐同时设置液下喷射泡沫灭火系统、固定冷却水系统和扑救防火堤内液体火灾的泡沫灭火设施时，储罐之间的防火间距可适当减小，但不宜小于0.4D。

6 闪点大于120℃的液体，当单罐容量大于1000m³时，储罐之间的防火间距不应小于5m；当单罐容量不大于1000m³时，储罐之间的防火间距不应小于2m。

表 4.2.3 甲、乙、丙类液体储罐分组布置的最大容量

类别	单罐最大容量（m³）	一组罐最大容量（m³）
甲、乙类液体	200	1000
丙类液体	500	3000

2 组内储罐的布置不应超过两排。甲、乙类液体立式储罐之间的防火间距不应小于2m，卧式储罐之间的防火间距不应小于0.8m；丙类液体储罐之间的防火间距不限。

3 储罐组之间的防火间距应根据组内储罐的形式和总容量折算为相同类别的标准单罐，按本规范第4.2.2条的规定确定。

4.2.5 甲、乙、丙类液体的地上式、半地下式储罐或储罐组，其四周应设置不燃性防火堤。防火堤的设置应符合下列规定：

3　防火堤内侧基脚线至立式储罐外壁的水平距离不应小于罐壁高度的一半。防火堤内侧基脚线至卧式储罐的水平距离不应小于 3m。

4　防火堤的设计高度应比计算高度高出 0.2m，且应为 1.0m～2.2m，在防火堤的适当位置应设置便于灭火救援人员进出防火堤的踏步。

5　沸溢性油品的地上式、半地下式储罐，每个储罐均应设置一个防火堤或防火隔堤。

6　含油污水排水管应在防火堤的出口处设置水封设施，雨水排水管应设置阀门等封闭、隔离装置。

4.3.1　可燃气体储罐与建筑物、储罐、堆场等的防火间距应符合下列规定：

1　湿式可燃气体储罐与建筑物、储罐、堆场等的防火间距不应小于表 4.3.1 的规定。

表 4.3.1　湿式可燃气体储罐与建筑物、储罐、
堆场等的防火间距（m）

名称		湿式可燃气体储罐（总容积 V，m^3）				
		$V<1000$	$1000{\leqslant}V<10000$	$10000{\leqslant}V<50000$	$50000{\leqslant}V<100000$	$100000{\leqslant}V<300000$
甲类仓库 甲、乙、丙类液体储罐 可燃材料堆场 室外变、配电站 明火或散发火花的地点		20	25	30	35	40
高层民用建筑		25	30	35	40	45
裙房，单、多层民用建筑		18	20	25	30	35
其他建筑	一、二级	12	15	20	25	30
	三级	15	20	25	30	35
	四级	20	25	30	35	40

注：固定容积可燃气体储罐的总容积按储罐几何容积（m^3）和设计储存压力（绝对压力，10^5Pa）的乘积计算。

2 固定容积的可燃气体储罐与建筑物、储罐、堆场等的防火间距不应小于表4.3.1的规定。

3 干式可燃气体储罐与建筑物、储罐、堆场等的防火间距：当可燃气体的密度比空气大时，应按表4.3.1的规定增加25%；当可燃气体的密度比空气小时，可按表4.3.1的规定确定。

4 湿式或干式可燃气体储罐的水封井、油泵房和电梯间等附属设施与该储罐的防火间距，可按工艺要求布置。

5 容积不大于20m³的可燃气体储罐与其使用厂房的防火间距不限。

4.3.2 可燃气体储罐（区）之间的防火间距应符合下列规定：

1 湿式可燃气体储罐或干式可燃气体储罐之间及湿式与干式可燃气体储罐的防火间距，不应小于相邻较大罐直径的1/2。

2 固定容积的可燃气体储罐之间的防火间距不应小于相邻较大罐直径的2/3。

3 固定容积的可燃气体储罐与湿式或干式可燃气体储罐的防火间距，不应小于相邻较大罐直径的1/2。

4 数个固定容积的可燃气体储罐的总容积大于200000m³时，应分组布置。卧式储罐组之间的防火间距不应小于相邻较大罐长度的一半；球形储罐组之间的防火间距不应小于相邻较大罐直径，且不应小于20m。

4.3.3 氧气储罐与建筑物、储罐、堆场等的防火间距应符合下列规定：

1 湿式氧气储罐与建筑物、储罐、堆场等的防火间距不应小于表4.3.3的规定。

表4.3.3 湿式氧气储罐与建筑物、储罐、堆场等的防火间距（m）

名　　称	湿式氧气储罐（总容积V，m³）		
	V≤1000	1000<V≤50000	V>50000
明火或散发火花地点	25	30	35
甲、乙、丙类液体储罐，可燃材料堆场，甲类仓库，室外变、配电站	20	25	30

续表 4.3.3

名 称		湿式氧气储罐（总容积V，m³）		
		V≤1000	1000<V≤50000	V>50000
民用建筑		18	20	25
其他建筑	一、二级	10	12	14
	三级	12	14	16
	四级	14	16	18

注：固定容积氧气储罐的总容积按储罐几何容积（m³）和设计储存压力（绝对压力，10^5Pa）的乘积计算。

2 氧气储罐之间的防火间距不应小于相邻较大罐直径的 1/2。

3 氧气储罐与可燃气体储罐的防火间距不应小于相邻较大罐的直径。

4 固定容积的氧气储罐与建筑物、储罐、堆场等的防火间距不应小于表 4.3.3 的规定。

5 氧气储罐与其制氧厂房的防火间距可按工艺布置要求确定。

6 容积不大于 50m³ 的氧气储罐与其使用厂房的防火间距不限。

注：1m³ 液氧折合标准状态下 800m³ 气态氧。

4.3.8 液化天然气气化站的液化天然气储罐（区）与站外建筑等的防火间距不应小于表 4.3.8 的规定，与表 4.3.8 未规定的其他建筑的防火间距，应符合现行国家标准《城镇燃气设计规范》GB 50028 的规定。

4.4.1 液化石油气供应基地的全压式和半冷冻式储罐（区），与明火或散发火花地点和基地外建筑的防火间距不应小于表 4.4.1 的规定，与表 4.4.1 未规定的其他建筑的防火间距应符合现行国家标准《城镇燃气设计规范》GB 50028 的规定。

表 4.3.8　液化天然气气化站的液化天然气储罐（区）
与站外建筑等的防火间距（m）

名称		液化天然气储罐（区）（总容积 V，m^3）							集中放散装置的天然气放散总管
		$V\leqslant10$	$10<V$ $\leqslant30$	$30<V$ $\leqslant50$	$50<V$ $\leqslant200$	$200<V$ $\leqslant500$	$500<V$ $\leqslant1000$	$1000<V$ $\leqslant2000$	
单罐容积 V（m^3）		$V\leqslant10$	$V\leqslant30$	$V\leqslant50$	$V\leqslant200$	$V\leqslant500$	$V\leqslant1000$	$V\leqslant2000$	
居住区、村镇和重要公共建筑（最外侧建筑物的外墙）		30	35	45	50	70	90	110	45
工业企业（最外侧建筑物的外墙）		22	25	27	30	35	40	50	20
明火或散发火花地点，室外变、配电站		30	35	45	50	55	60	70	30
其他民用建筑，甲、乙类液体储罐，甲、乙类仓库，甲、乙类厂房，秸秆、芦苇、打包废纸等材料堆场		27	32	40	45	50	55	65	25
丙类液体储罐，可燃气体储罐，丙、丁类厂房，丙、丁类仓库		25	27	32	35	40	45	55	20
公路（路边）	高速，Ⅰ、Ⅱ级，城市快速	20				25		15	
	其他	15				20		10	
架空电力线（中心线）		1.5 倍杆高					1.5 倍杆高，但 35kV 及以上架空电力线不应小于 40m		2.0 倍杆高
架空通信线（中心线）	Ⅰ、Ⅱ级	1.5 倍杆高		30			40		1.5 倍杆高
	其他	1.5 倍杆高							

续表4.3.8

名称	液化天然气储罐（区）（总容积V, m³)							集中放散装置的天然气放散总管
	V≤10	10<V≤50	30<V≤50	50<V≤50	200<V≤500	500<V≤1000	1000<V≤2000	
单罐容积V（m³)	V≤10	V≤30	V≤50	V≤200	V≤500	V≤1000	V≤2000	
铁路（中心线）国家线	40	50	60	70		80		40
铁路（中心线）企业专用线	25			30		35		30

注：居住区、村镇指1000人或300户及以上者；当少于1000人或300户时，相应防火间距应按本表有关其他民用建筑的要求确定。

表4.4.1　液化石油气供应基地的全压式和半冷冻式储罐（区）与明火或散发火花地点和基地外建筑的防火间距（m）

名　　称	液化石油气储罐（区）（总容积V, m³)						
	30<V≤50	50<V≤200	200<V≤500	500<V≤1000	1000<V≤2500	2500<V≤5000	5000<V≤10000
单罐容积V（m³)	V≤20	V≤50	V≤100	V≤200	V≤400	V≤1000	V>1000
居住区、村镇和重要公共建筑（最外侧建筑物的外墙）	45	50	70	90	110	130	150
工业企业（最外侧建筑物的外墙）	27	30	35	40	50	60	75
明火或散发火花地点、室外变、配电站	45	50	55	60	70	80	120
其他民用建筑，甲、乙类液体储罐，甲、乙类仓库，甲、乙类厂房，秸秆、芦苇、打包废纸等材料堆场	40	45	50	55	65	75	100

续表 4.4.1

名　　称		液化石油气储罐（区）（总容积 V，m^3）						
		$30<$ $V\leqslant$ 50	$50<V$ $\leqslant200$	$200<V$ $\leqslant500$	$500<V$ $\leqslant1000$	$1000<V$ $\leqslant2500$	$2500<$ $V\leqslant$ 5000	$5000<$ $V\leqslant$ 10000
丙类液体储罐，可燃气体储罐，丙、丁类厂房，丙、丁类仓库		32	35	40	45	55	65	80
助燃气体储罐，木材等材料堆场		27	30	35	40	50	60	75
其他建筑	一、二级	18	20	22	25	30	40	50
	三级	22	25	27	30	40	50	60
	四级	27	30	35	40	50	60	75
公路（路边）	高速，Ⅰ、Ⅱ级	20		25				30
	Ⅲ、Ⅳ级	15		20				25
架空电力线（中心线）		应符合本规范第 10.2.1 条的规定						
架空通信线（中心线）	Ⅰ、Ⅱ级	30			40			
	Ⅲ、Ⅳ级	1.5 倍杆高						
铁路（中心线）	国家线	60	70		80		100	
	企业专用线	25	30		35		40	

注：1 防火间距应按本表储罐区的总容积或单罐容积的较大者确定。

2 当地下液化石油气储罐的单罐容积不大于 $50m^3$，总容积不大于 $400m^3$ 时，其防火间距可按本表的规定减少 50%。

3 居住区、村镇指 1000 人或 300 户及以上者；当少于 1000 人或 300 户时，相应防火间距应按本表有关其他民用建筑的要求确定。

4.4.2 液化石油气储罐之间的防火间距不应小于相邻较大罐的直径。

数个储罐的总容积大于 $3000m^3$ 时，应分组布置，组内储罐宜采用单排布置。组与组相邻储罐之间的防火间距不应小于 20m。

4.4.5 Ⅰ、Ⅱ级瓶装液化石油气供应站瓶库与站外建筑等的防火间距不应小于表 4.4.5 的规定。瓶装液化石油气供应站的分级及总存瓶容积不大于 1m³ 的瓶装供应站瓶库的设置，应符合现行国家标准《城镇燃气设计规范》GB 50028 的规定。

表 4.4.5 Ⅰ、Ⅱ级瓶装液化石油气供应站瓶库与
站外建筑等的防火间距 (m)

名　　称	Ⅰ 级		Ⅱ 级	
瓶库的总存瓶容积 V (m³)	6<V≤10	10<V≤20	1<V≤3	3<V≤6
明火或散发火花地点	30	35	20	25
重要公共建筑	20	25	12	15
其他民用建筑	10	15	6	8
主要道路路边	10	10	8	8
次要道路路边	5	5	5	5

注：总存瓶容积应按实瓶个数与单瓶几何容积的乘积计算。

5.1.3 民用建筑的耐火等级应根据其建筑高度、使用功能、重要性和火灾扑救难度等确定，并应符合下列规定：

1 地下或半地下建筑（室）和一类高层建筑的耐火等级不应低于一级；

2 单、多层重要公共建筑和二类高层建筑的耐火等级不应低于二级。

5.1.4 建筑高度大于 100m 的民用建筑，其楼板的耐火极限不应低于 2.00h。

一、二级耐火等级建筑的上人平屋顶，其屋面板的耐火极限分别不应低于 1.50h 和 1.00h。

5.2.2 民用建筑之间的防火间距不应小于表 5.2.2 的规定，与其他建筑的防火间距，除应符合本节的规定外，尚应符合本规范其他章的有关规定。

5.2.6 建筑高度大于 100m 的民用建筑与相邻建筑的防火间距，当符合本规范第 3.4.5 条、第 3.5.3 条、第 4.2.1 条和第 5.2.2 条允许减小的条件时，仍不应减小。

5.3.1 除本规范另有规定外，不同耐火等级建筑的允许建筑高度或层数、防火分区最大允许建筑面积应符合表 5.3.1 的规定。

表 5.2.2 民用建筑之间的防火间距（m）

建筑类别		高层民用建筑	裙房和其他民用建筑		
		一、二级	一、二级	三级	四级
高层民用建筑	一、二级	13	9	11	14
裙房和其他民用建筑	一、二级	9	6	7	9
	三级	11	7	8	10
	四级	14	9	10	12

注：1 相邻两座单、多层建筑，当相邻外墙为不燃性墙体且无外露的可燃性屋檐，每面外墙上无防火保护的门、窗、洞口不正对开设且该门、窗、洞口的面积之和不大于外墙面积的 5% 时，其防火间距可按本表的规定减少 25%。

2 两座建筑相邻较高一面外墙为防火墙，或高出相邻较低一座一、二级耐火等级建筑的屋面 15m 及以下范围内的外墙为防火墙时，其防火间距不限。

3 相邻两座高度相同的一、二级耐火等级建筑中相邻任一侧墙为防火墙，屋顶的耐火极限不低于 1.00h 时，其防火间距不限。

4 相邻两座建筑中较低一座建筑的耐火等级不低于二级，相邻较高一面外墙为防火墙且屋顶无天窗，屋顶的耐火极限不低于 1.00h 时，其防火间距不应小于 3.5m；对于高层建筑，不应小于 4m。

5 相邻两座建筑中较低一座建筑的耐火等级不低于二级且屋顶无天窗，相邻较高一面外墙高出较低一座建筑的屋面 15m 及以下范围内的开口部位设置甲级防火门、窗，或设置符合现行国家标准《自动喷水灭火系统设计规范》GB 50084 规定的防火分隔水幕或本规范第 6.5.3 条规定的防火卷帘时，其防火间距不应小于 3.5m；对于高层建筑，不应小于 4m。

6 相邻建筑通过连廊、天桥或底部的建筑物等连接时，其间距不应小于本表的规定。

7 耐火等级低于四级的既有建筑，其耐火等级可按四级确定。

5.3.2 建筑内设置自动扶梯、敞开楼梯等上、下层相连通的开口时，其防火分区的建筑面积应按上、下层相连通的建筑面积叠加计算；当叠加计算后的建筑面积大于本规范第 5.3.1 条的规定时，应划分防火分区。

表 5.3.1　不同耐火等级建筑的允许建筑高度或层数、防火分区最大允许建筑面积

名称	耐火等级	允许建筑高度或层数	防火分区的最大允许建筑面积（m²）	备　注
高层民用建筑	一、二级	按本规范第5.1.1条确定	1500	对于体育馆、剧场的观众厅，防火分区的最大允许建筑面积可适当增加。
单、多层民用建筑	一、二级	按本规范第5.1.1条确定	2500	
	三级	5层	1200	——
	四级	2层	600	——
地下或半地下建筑（室）	一级	——	500	设备用房的防火分区最大允许建筑面积不应大于1000m²

注：1　表中规定的防火分区最大允许建筑面积，当建筑内设置自动灭火系统时，可按本表的规定增加1.0倍；局部设置时，防火分区的增加面积可按该局部面积的1.0倍计算。

　　2　裙房与高层建筑主体之间设置防火墙时，裙房的防火分区可按单、多层建筑的要求确定。

建筑内设置中庭时，其防火分区的建筑面积应按上、下层相连通的建筑面积叠加计算；当叠加计算后的建筑面积大于本规范第5.3.1条的规定时，应符合下列规定：

1　与周围连通空间应进行防火分隔：采用防火隔墙时，其耐火极限不应低于1.00h；采用防火玻璃墙时，其耐火隔热性和耐火完整性不应低于1.00h，采用耐火完整性不低于1.00h的非隔热性防火玻璃墙时，应设置自动喷水灭火系统进行保护；采用防火卷帘时，其耐火极限不应低于3.00h，并应符合本规范第6.5.3条的规定；与中庭相连通的门、窗，应采用火灾时能自行关闭的甲级防火门、窗；

2　高层建筑内的中庭回廊应设置自动喷水灭火系统和火灾自动报警系统；

3　中庭应设置排烟设施；

4　中庭内不应布置可燃物。

5.3.4 一、二级耐火等级建筑内的商店营业厅、展览厅，当设置自动灭火系统和火灾自动报警系统并采用不燃或难燃装修材料时，其每个防火分区的最大允许建筑面积应符合下列规定：

1 设置在高层建筑内时，不应大于 $4000m^2$；

2 设置在单层建筑或仅设置在多层建筑的首层内时，不应大于 $10000m^2$；

3 设置在地下或半地下时，不应大于 $2000m^2$。

5.3.5 总建筑面积大于 $20000m^2$ 的地下或半地下商店、应采用无门、窗、洞口的防火墙、耐火极限不低于 2.00h 的楼板分隔为多个建筑面积不大于 $20000m^2$ 的区域。相邻区域确需局部连通时，应采用下沉式广场等室外开敞空间、防火隔间、避难走道、防烟楼梯间等方式进行连通，并应符合下列规定：

1 下沉式广场等室外开敞空间应能防止相邻区域的火灾蔓延和便于安全疏散，并应符合本规范第 6.4.12 条的规定；

2 防火隔间的墙应为耐火极限不低于 3.00h 的防火隔墙，并应符合本规范第 6.4.13 条的规定；

3 避难走道应符合本规范第 6.4.14 条的规定；

4 防烟楼梯间的门应采用甲级防火门。

5.4.2 除为满足民用建筑使用功能所设置的附属库房外，民用建筑内不应设置生产车间和其他库房。

经营、存放和使用甲、乙类火灾危险性物品的商店、作坊和储藏间，严禁附设在民用建筑内。

5.4.3 商店建筑、展览建筑采用三级耐火等级建筑时，不应超过 2 层；采用四级耐火等级建筑时，应为单层。营业厅、展览厅设置在三级耐火等级的建筑内时，应布置在首层或二层；设置在四级耐火等级的建筑内时，应布置在首层。

营业厅、展览厅不应设置在地下三层及以下楼层。地下或半地下营业厅、展览厅不应经营、储存和展示甲、乙类火灾危险性物品。

5.4.4 托儿所、幼儿园的儿童用房，老年人活动场所和儿童游乐厅等儿童活动场所宜设置在独立的建筑内，且不应设置在地下或半地下；当采用一、二级耐火等级的建筑时，不应超过3层；采用三级耐火等级的建筑时，不应超过2层；采用四级耐火等级的建筑时，应为单层；确需设置在其他民用建筑内时，应符合下列规定：

1 设置在一、二级耐火等级的建筑内时，应布置在首层、二层或三层；

2 设置在三级耐火等级的建筑内时，应布置在首层或二层；

3 设置在四级耐火等级的建筑内时，应布置在首层；

4 设置在高层建筑内时，应设置独立的安全出口和疏散楼梯；

5.4.5 医院和疗养院的住院部分不应设置在地下或半地下。

医院和疗养院的住院部分采用三级耐火等级建筑时，不应超过2层；采用四级耐火等级建筑时，应为单层；设置在三级耐火等级的建筑内时，应布置在首层或二层；设置在四级耐火等级建筑内时，应布置在首层。

医院和疗养院的病房楼内相邻护理单元之间应采用耐火极限不低于2.00h的防火隔墙分隔，隔墙上的门应采用乙级防火门，设置在走道上的防火门应采用常开防火门。

5.4.6 教学建筑、食堂、菜市场采用三级耐火等级建筑时，不应超过2层；采用四级耐火等级建筑时，应为单层；设置在三级耐火等级的建筑内时，应布置在首层或二层；设置在四级耐火等级的建筑内时，应布置在首层。

5.4.9 歌舞厅、录像厅、夜总会、卡拉OK厅（含具有卡拉OK功能的餐厅）、游艺厅（含电子游艺厅）、桑拿浴室（不包括洗浴部分）、网吧等歌舞娱乐放映游艺场所（不含剧场、电影院）的布置应符合下列规定：

1 不应布置在地下二层及以下楼层；

4 确需布置在地下一层时，地下一层的地面与室外出入口地坪的高差不应大于10m；

5 确需布置在地下或四层及以上楼层时，一个厅、室的建筑面积不应大于 200m²；

6 厅、室之间及与建筑的其他部位之间，应采用耐火极限不低于 2.00h 的防火隔墙和 1.00h 的不燃性楼板分隔，设置在厅、室墙上的门和该场所与建筑内其他部位相通的门均应采用乙级防火门。

5.4.10 除商业服务网点外，住宅建筑与其他使用功能的建筑合建时，应符合下列规定：

1 住宅部分与非住宅部分之间，应采用耐火极限不低于 2.00h 且无门、窗、洞口的防火隔墙和 1.50h 的不燃性楼板完全分隔；当为高层建筑时，应采用无门、窗、洞口的防火墙和耐火极限不低于 2.00h 的不燃性楼板完全分隔。建筑外墙上、下层开口之间的防火措施应符合本规范第 6.2.5 条的规定。

2 住宅部分与非住宅部分的安全出口和疏散楼梯应分别独立设置；为住宅部分服务的地上车库应设置独立的疏散楼梯或安全出口，地下车库的疏散楼梯应按本规范第 6.4.4 条的规定进行分隔。

5.4.11 设置商业服务网点的住宅建筑，其居住部分与商业服务网点之间应采用耐火极限不低于 2.00h 且无门、窗、洞口的防火隔墙和 1.50h 的不燃性楼板完全分隔，住宅部分和商业服务网点部分的安全出口和疏散楼梯应分别独立设置。

商业服务网点中每个分隔单元之间应采用耐火极限不低于 2.00h 且无门、窗、洞口的防火隔墙相互分隔，当每个分隔单元任一层建筑面积大于 200m² 时，该层应设置 2 个安全出口或疏散门。每个分隔单元内的任一点至最近直通室外的出口的直线距离不应大于本规范表 5.5.17 中有关多层其他建筑位于袋形走道两侧或尽端的疏散门至最近安全出口的最大直线距离。

注：室内楼梯的距离可按其水平投影长度的 1.50 倍计算。

5.4.12 燃油或燃气锅炉、油浸变压器、充有可燃油的高压电容器和多油开关等，宜设置在建筑外的专用房间内；确需贴邻民用建筑布置时，应采用防火墙与所贴邻的建筑分隔，且不应贴邻人员密集场所，该专用房间的耐火等级不应低于二级；确需布置在民用建筑内时，不应布置在人员密集场所的上一层、下一层或贴邻，并应符合下列规定：

1 燃油或燃气锅炉房、变压器室应设置在首层或地下一层的靠外墙部位，但常（负）压燃油或燃气锅炉可设置在地下二层或屋顶上。设置在屋顶上的常（负）压燃气锅炉，距离通向屋面的安全出口不应小于 6m。

采用相对密度（与空气密度的比值）不小于 0.75 的可燃气体为燃料的锅炉，不得设置在地下或半地下。

2 锅炉房、变压器室的疏散门均应直通室外或安全出口。

3 锅炉房、变压器室等与其他部位之间应采用耐火极限不低于 2.00h 的防火隔墙和 1.50h 的不燃性楼板分隔。在隔墙和楼板上不应开设洞口，确需在隔墙上设置门、窗时，应采用甲级防火门、窗。

4 锅炉房内设置储油间时，其总储存量不应大于 1m³，且储油间应采用耐火极限不低于 3.00h 的防火隔墙与锅炉间分隔；确需在防火隔墙上设置门时，应采用甲级防火门。

5 变压器室之间、变压器室与配电室之间，应设置耐火极限不低于 2.00h 的防火隔墙。

6 油浸变压器、多油开关室、高压电容器室，应设置防止油品流散的设施。油浸变压器下面应设置能储存变压器全部油量的事故储油设施。

7 应设置火灾报警装置。

8 应设置与锅炉、变压器、电容器和多油开关等的容量及建筑规模相适应的灭火设施，当建筑内其他部位设置自动喷水灭火系统时，应设置自动喷水灭火系统。

9 锅炉的容量应符合现行国家标准《锅炉房设计规范》GB 50041 的规定。油浸变压器的总容量不应大于 1260kV・A，单台容量不应大于 630kV・A。

10 燃气锅炉房应设置爆炸泄压设施。燃油或燃气锅炉房应设置独立的通风系统，并应符合本规范第 9 章的规定。

5.4.13 布置在民用建筑内的柴油发电机房应符合下列规定：

2 不应布置在人员密集场所的上一层、下一层或贴邻。

3 应采用耐火极限不低于 2.00h 的防火隔墙和 1.50h 的不燃性楼板与其他部位分隔，门应采用甲级防火门。

4 机房内设置储油间时，其总储存量不应大于 1m³，储油间应采用耐火极限不低于 3.00h 的防火隔墙与发电机间分隔；确需在防火隔墙上开门时，应设置甲级防火门。

5 应设置火灾报警装置。

6 应设置与柴油发电机容量和建筑规模相适应的灭火设施，当建筑内其他部位设置自动喷水灭火系统时，机房内应设置自动喷水灭火系统。

5.4.15 设置在建筑内的锅炉、柴油发电机，其燃料供给管道应符合下列规定：

1 在进入建筑物前和设备间内的管道上均应设置自动和手动切断阀；

2 储油间的油箱应密闭且应设置通向室外的通气管，通气管应设置带阻火器的呼吸阀，油箱的下部应设置防止油品流散的设施；

5.4.17 建筑采用瓶装液化石油气瓶组供气时，应符合下列规定：

1 应设置独立的瓶组间；

2 瓶组间不应与住宅建筑、重要公共建筑和其他高层公共建筑贴邻，液化石油气气瓶的总容积不大于 1m³ 的瓶组间与所服务的其他建筑贴邻时，应采用自然气化方式供气；

3 液化石油气气瓶的总容积大于 1m³、不大于 4m³ 的独立瓶组间，与所服务建筑的防火间距应符合本规范表 5.4.17 的规定；

表 5.4.17　液化石油气气瓶的独立瓶组间与所服务建筑的防火间距（m）

名　　称		液化石油气气瓶的独立瓶组间的总容积 V（m³）	
		$V \leqslant 2$	$2 < V \leqslant 4$
明火或散发火花地点		25	30
重要公共建筑、一类高层民用建筑		15	20
裙房和其他民用建筑		8	10
道路（路边）	主要	10	
	次要	5	

注：气瓶总容积应按配置气瓶个数与单瓶几何容积的乘积计算。

4　在瓶组间的总出气管道上应设置紧急事故自动切断阀；

5　瓶组间应设置可燃气体浓度报警装置；

5.5.8　公共建筑内每个防火分区或一个防火分区的每个楼层，其安全出口的数量应经计算确定，且不应少于 2 个。符合下列条件之一的公共建筑，可设置 1 个安全出口或 1 部疏散楼梯：

1　除托儿所、幼儿园外，建筑面积不大于 200m²，且人数不超过 50 人的单层公共建筑或多层公共建筑的首层；

2　除医疗建筑，老年人建筑，托儿所、幼儿园的儿童用房，儿童游乐厅等儿童活动场所和歌舞娱乐放映游艺场所等外，符合表 5.5.8 规定的公共建筑。

表 5.5.8　可设置 1 部疏散楼梯的公共建筑

耐火等级	最多层数	每层最大建筑面积（m²）	人　　数
一、二级	3 层	200	第二、三层的人数之和不超过 50 人
三级	3 层	200	第二、三层的人数之和不超过 25 人
四级	2 层	200	第二层人数不超过 15 人

5.5.12　一类高层公共建筑和建筑高度大于 32m 的二类高层公共建筑，其疏散楼梯应采用防烟楼梯间。

裙房和建筑高度不大于 32m 的二类高房公共建筑，其疏散楼梯应采用封闭楼梯间。

注：当裙房与高层建筑主体之间设置防火墙时，裙房的疏散楼梯可按本规范有关单、多层建筑的要求确定。

5.5.13 下列多层公共建筑的疏散楼梯，除与敞开式外廊直接相连的楼梯间外，均应采用封闭楼梯间：

1 医疗建筑、旅馆、老年人建筑及类似使用功能的建筑；

2 设置歌舞娱乐放映游艺场所的建筑；

3 商店、图书馆、展览建筑、会议中心及类似使用功能的建筑；

4 6 层及以上的其他建筑。

5.5.15 公共建筑内房间的疏散门数量应经计算确定且不应少于 2 个。除托儿所、幼儿园、老年人建筑、医疗建筑、教学建筑内位于走道尽端的房间外，符合下列条件之一的房间可设置 1 个疏散门：

1 位于两个安全出口之间或袋形走道两侧的房间，对于托儿所、幼儿园、老年人建筑，建筑面积不大于 $50m^2$；对于医疗建筑、教学建筑，建筑面积不大于 $75m^2$；对于其他建筑或场所，建筑面积不大于 $120m^2$。

2 位于走道尽端的房间，建筑面积小于 $50m^2$ 且疏散门的净宽度不小于 0.90m，或由房间内任一点至疏散门的直线距离不大于 15m、建筑面积不大于 $200m^2$ 且疏散门的净宽度不小于 1.40m。

3 歌舞娱乐放映游艺场所内建筑面积不大于 $50m^2$ 且经常停留人数不超过 15 人的厅、室。

5.5.16 剧场、电影院、礼堂和体育馆的观众厅或多功能厅，其疏散门的数量应经计算确定且不应少于 2 个，并应符合下列规定：

1 对于剧场、电影院、礼堂的观众厅或多功能厅，每个疏散门的平均疏散人数不应超过 250 人；当容纳人数超过 2000 人时，其超过 2000 人的部分，每个疏散门的平均疏散人数不应超过 400 人。

5.5.17 公共建筑的安全疏散距离应符合下列规定：

1 直通疏散走道的房间疏散门至最近安全出口的直线距离

不应大于表 5.5.17 的规定。

2 楼梯间应在首层直通室外,确有困难时,可在首层采用扩大的封闭楼梯间或防烟楼梯间前室。当层数不超过 4 层且未采用扩大的封闭楼梯间或防烟楼梯间前室时,可将直通室外的门设置在离楼梯间不大于 15m 处。

3 房间内任一点至房间直通疏散走道的疏散门的直线距离,不应大于表 5.5.17 规定的袋形走道两侧或尽端的疏散门至最近安全出口的直线距离。

表 5.5.17 直通疏散走道的房间疏散门至最近安全出口的直线距离（m）

名 称			位于两个安全出口之间的疏散门			位于袋形走道两侧或尽端的疏散门		
			一、二级	三级	四级	一、二级	三级	四级
托儿所、幼儿园老年人建筑			25	20	15	20	15	10
歌舞娱乐放映游艺场所			25	20	15	9	—	—
医疗建筑	单、多层		35	30	25	20	15	10
	高层	病房部分	24	—	—	12	—	—
		其他部分	30	—	—	15	—	—
教学建筑	单、多层		35	30	25	22	20	10
	高层		30	—	—	15	—	—
高层旅馆展览建筑			30	—	—	15	—	—
其他建筑	单、多层		40	35	25	22	20	15
	高层		40	—	—	20	—	—

注：1 建筑内开向敞开式外廊的房间疏散门至最近安全出口的直线距离可按本表的规定增加 5m。

2 直通疏散走道的房间疏散门至最近敞开楼梯间的直线距离,当房间位于两个楼梯间之间时,应按本表的规定减少 5m;当房间位于袋形走道两侧或尽端时,应按本表的规定减少 2m。

3 建筑物内全部设置自动喷水灭火系统时,其安全疏散距离可按本表的规定增加 25%。

4 一、二级耐火等级建筑内疏散门或安全出口不少于 2 个的观众厅、展览厅、多功能厅、餐厅、营业厅等,其室内任一点至最近疏散门或安全出口的直线距离不应大于30m；当疏散门不能直通室外地面或疏散楼梯间时，应采用长度不大于10m的疏散走道通至最近的安全出口。当该场所设置自动喷水灭火系统时，室内任一点至最近安全出口的安全疏散距离可分别增加25%。

5.5.18 除本规范另有规定外，公共建筑内疏散门和安全出口的净宽度不应小于0.90m，疏散走道和疏散楼梯的净宽度不应小于1.10m。

高层公共建筑内楼梯间的首层疏散门、首层疏散外门、疏散走道和疏散楼梯的最小净宽度应符合表5.5.18的规定。

表5.5.18　高层公共建筑内楼梯间的首层疏散门、首层疏散外门、
疏散走道和疏散楼梯的最小净宽度（m）

建筑类别	楼梯间的首层疏散门、首层疏散外门	走道		疏散楼梯
		单面布房	双面布房	
高层医疗建筑	1.30	1.40	1.50	1.30
其他高层公共建筑	1.20	1.30	1.40	1.20

5.5.21 除剧场、电影院、礼堂、体育馆外的其他公共建筑、其房间疏散门、安全出口、疏散走道和疏散楼梯的各自总净宽度，应符合下列规定：

1 每层的房间疏散门、安全出口、疏散走道和疏散楼梯的各自总净宽度，应根据疏散人数按每100人的最小疏散净宽度不小于表5.5.21-1的规定计算确定。当每层疏散人数不等时，疏散楼梯的总净宽度可分层计算，地上建筑内下层楼梯的总净宽度应按该层及以上疏散人数最多一层的人数计算；地下建筑内上层楼梯的总净宽度应按该层及以下疏散人数最多一层的人数计算。

2 地下或半地下人员密集的厅、室和歌舞娱乐放映游艺场所，其房间疏散门、安全出口、疏散走道和疏散楼梯的各自总净宽度，应根据疏散人数按每100人不小于1.00m计算确定。

3 首层外门的总净宽度应按该建筑疏散人数最多一层的人

数计算确定，不供其他楼层人员疏散的外门，可按本层的疏散人数计算确定。

4 歌舞娱乐放映游艺场所中录像厅的疏散人数，应根据厅、室的建筑面积按 1.0 人/m^2 计算；其他歌舞娱乐放映游艺场所的疏散人数，应根据厅、室的建筑面积按 0.5 人/m^2 计算。

表 5.5.21-1   每层的房间疏散门、安全出口、疏散走道和疏散楼梯
的每 100 人最小疏散净宽度（m/百人）

建筑层数		建筑的耐火等级		
		一、二级	三级	四级
地上楼层	1~2层	0.65	0.75	1.00
	3层	0.75	1.00	—
	≥4层	1.00	1.25	—
地下楼层	与地面出入口地面的高差 $\Delta H \leqslant 10m$	0.75	—	—
	与地面出入口地面的高差 $\Delta H > 10m$	1.00	—	—

5.5.23 建筑高度大于 100m 的公共建筑，应设置避难层（间）。避难层（间）应符合下列规定：

1 第一个避难层（间）的楼地面至灭火救援场地地面的高度不应大于 50m，两个避难层（间）之间的高度不宜大于 50m。

2 通向避难层（间）的疏散楼梯应在避难层分隔、同层错位或上下层断开。

3 避难层（间）的净面积应能满足设计避难人数避难的要求，并宜按 5.0 人/m^2 计算。

4 避难层可兼作设备层。设备管理宜集中布置，其中的易燃、可燃液体或气体管道应集中布置，设备管道区应采用耐火极限不低于 3.00h 的防火隔墙与避难区分隔。管道井和设备间应采用耐火极限不低于 2.00h 的防火隔墙与避难区分隔，管道井和设备间的门不应直接开向避难区；确需直接开向避难区时，与避难层区出入口的距离不应小于 5m，且应采用甲级防火门。

避难间内不应设置易燃、可燃液体或气体管道，不应开设除

外窗、疏散门之外的其他开口。

5 避难层应设置消防电梯出口。

6 应设置消火栓和消防软管卷盘。

7 应设置消防专线电话和应急广播。

8 在避难层（间）进入楼梯间的入口处和疏散楼梯通向避难层（间）的出口处，应设置明显的指示标志。

9 应设置直接对外的可开启窗口或独立的机械防烟设施，外窗应采用乙级防火窗。

5.5.24 高层病房楼应在二层及以上的病房楼层和洁净手术部设置避难间。避难间应符合下列规定：

1 避难间服务的护理单元不应超过 2 个，其净面积应按每个护理单元不小于 25.0m² 确定。

2 避难间兼作其他用途时，应保证人员的避难安全，且不得减少可供避难的净面积。

3 应靠近楼梯间，并应采用耐火极限不低于 2.00h 的防火隔墙和甲级防火门与其他部位分隔。

4 应设置消防专线电话和消防应急广播。

5 避难间的入口处应设置明显的指示标志。

6 应设置直接对外的可开启窗口或独立的机械防烟设施，外窗应采用乙级防火窗。

5.5.25 住宅建筑安全出口的设置应符合下列规定：

1 建筑高度不大于 27m 的建筑，当每个单元任一层的建筑面积大于 650m²，或任一户门至最近安全出口的距离大于 15m 时，每个单元每层的安全出口不应少于 2 个；

2 建筑高度大于 27m、不大于 54m 的建筑，当每个单元任一层的建筑面积大于 650m²，或任一户门至最近安全出口的距离大于 10m 时，每个单元每层的安全出口不应少于 2 个；

3 建筑高度大于 54m 的建筑，每个单元每层的安全出口不应少于 2 个。

5.5.26 建筑高度大于 27m，但不大于 54m 的住宅建筑，每个单元设置一座疏散楼梯时，疏散楼梯应通至屋面，且单元之间的疏散楼梯应能通过屋面连通，户门应采用乙级防火门。当不能通至屋面或不能通过屋面连通时，应设置 2 个安全出口。

5.5.29 住宅建筑的安全疏散距离应符合下列规定。

1 直通疏散走道的户门至最近安全出口的直线距离不应大于表 5.5.29 的规定。

表 5.5.29 　住宅建筑直通疏散走道的户门至最
近安全出口的直线距离（m）

住宅建筑 类别	位于两个安全 出口之间的户门			位于袋形走道两 侧或尽端的户门		
	一、二级	三级	四级	一、二级	三级	四级
单、多层	40	35	25	22	20	15
高层	40	—	—	20	—	—

注：1 开向敞开式外廊的户门至最近安全出口的最大直线距离可按本表的规定增加 5m。
　　2 直通疏散走道的户门至最近敞开楼梯间的直线距离，当户门位于两个楼梯间之间时，应按本表的规定减少 5m；当户门位于袋形走道两侧或尽端时，应按本表的规定减少 2m。
　　3 住宅建筑内全部设置自动喷水灭火系统时，其安全疏散距离可按本表的规定增加 25%。
　　4 跃廊式住宅的户门至最近安全出口的距离，应从户门算起，小楼梯的一段距离可按其水平投影长度的 1.50 倍计算。

2 楼梯间应在首层直通室外，或在首层采用扩大的封闭楼梯间或防烟楼梯间前室。层数不超过 4 层时，可将直通室外的门设置在离楼梯间不大于 15m 处。

3 户内任一点至直通疏散走道的户门的直线距离不应大于表 5.5.29 规定的袋形走道两侧或尽端的疏散门至最近安全出口的最大直线距离。

注：跃层式住宅，户内楼梯的距离可按其梯段水平投影长度的 1.50 倍计算。

5.5.30 住宅建筑的户门、安全出口、疏散走道和疏散楼梯的各自总净宽度应经计算确定，且户门和安全出口的净宽度不应小于 0.90m，疏散走道、疏散楼梯和首层疏散外门的净宽度不应小于

1.10m。建筑高度不大于 18m 的住宅中一边设置栏杆的疏散楼梯，其净宽度不应小于 1.0m。

5.5.31 建筑高度大于 100m 的住宅建筑应设置避难层，并应符合本规范第 5.5.23 条有关避难层的要求。

6.1.1 防火墙应直接设置在建筑的基础或框架、梁等承重结构上，框架、梁等承重结构的耐火极限不应低于防火墙的耐火极限。

防火墙应从楼地面基层隔断至梁、楼板或屋面板的底面基层。当高层厂房（仓库）屋顶承重结构和屋面板的耐火极限低于 1.00h，其他建筑屋顶承重结构和屋面板的耐火极限低于 0.50h 时，防火墙应高出屋面 0.5m 以上。

6.1.2 防火墙横截面中心线水平距离天窗端面小于 4.0m，且天窗端面为可燃性墙体时，应采取防止火势蔓延的措施。

6.1.5 防火墙上不应开设门、窗、洞口，确需开设时，应设置不可开启或火灾时能自动关闭的甲级防火门、窗。

可燃气体和甲、乙、丙类液体的管道严禁穿过防火墙。防火墙内不应设置排气道。

6.1.7 防火墙的构造应能在防火墙任意一侧的屋架、梁、楼板等受到火灾的影响而破坏时，不会导致防火墙倒塌。

6.2.2 医疗建筑内的手术室或手术部、产房、重症监护室、贵重精密医疗装备用房、储藏间、实验室、胶片室等，附设在建筑内的托儿所、幼儿园的儿童用房和儿童游乐厅等儿童活动场所、老年人活动场所，应采用耐火极限不低于 2.00h 的防火隔墙和 1.00h 的楼板与其他场所或部位分隔，墙上必须设置的门、窗应采用乙级防火门、窗。

6.2.4 建筑内的防火隔墙应从楼地面基层隔断至梁、楼板或屋面板的底面基层。住宅分户墙和单元之间的墙应隔断至梁、楼板或屋面板的底面基层，屋面板的耐火极限不应低于 0.50h。

6.2.5 除本规范另有规定外，建筑外墙上、下层开口之间应设置高度不小于 1.2m 的实体墙或挑出宽度不小于 1.0m、长度不小于开口宽度的防火挑檐；当室内设置自动喷水灭火系统时，上、下层开口之间的实体墙高度不应小于 0.8m。当上、下层开口之间设置实体墙确有困难时，可设置防火玻璃墙，但高层建筑的防火玻璃墙的耐火完整性不应低于 1.00h，多层建筑的防火玻璃墙的耐火完整性不应低于 0.50h。外窗的耐火完整性不应低于防火玻璃墙的耐火完整性要求。

住宅建筑外墙上相邻户开口之间的墙体宽度不应小于 1.0m；小于 1.0m 时，应在开口之间设置突出外墙不小于 0.6m 的隔板。

实体墙、防火挑檐和隔板的耐火极限和燃烧性能，均不应低于相应耐火等级建筑外墙的要求。

6.2.6　建筑幕墙应在每层楼板外沿处采取符合本规范第 6.2.5 条规定的防火措施，幕墙与每层楼板、隔墙处的缝隙应采用防火封堵材料封堵。

6.2.7　附设在建筑物内的消防控制室、灭火设备室、消防水泵房和通风空气调节机房、变配电室等，应采用耐火极限不低于 2.00h 的防火隔墙和 1.50h 的楼板与其他部位分隔。

设置在丁、戊类厂房中的通风机房，应采用耐火极限不低于 1.00h 的防火隔墙和 0.50h 的楼板与其他部位分隔。

通风、空气调节机房和变配电室开向建筑内的门应采用甲级防火门，消防控制室和其他设备房开向建筑内的门应采用乙级防火门。

6.2.9　建筑内的电梯井等竖井应符合下列规定：

1　电梯井应独立设置，井内严禁敷设可燃气体和甲、乙、丙类液体管道，不应敷设与电梯无关的电缆、电线等。电梯井的井壁除设置电梯门、安全逃生门和通气孔洞外，不应设置其他开口。

2　电缆井、管道井、排烟道、排气道、垃圾道等竖向井道，应分别独立设置。井壁的耐火极限不应低于 1.00h，井壁上的检查门应采用丙级防火门。

3　建筑内的电缆井、管道井应在每层楼板处采用不低于楼板耐火极限的不燃材料或防火封堵材料封堵。

建筑内的电缆井、管道井与房间、走道等相连通的孔隙应采用防火封堵材料封堵。

6.3.5　防烟、排烟、供暖、通风和空气调节系统中的管道及建筑内的其他管道，在穿越防火隔墙、楼板和防火墙处的孔隙应采用防火封堵材料封堵。

风管穿过防火隔墙、楼板及防火墙处时，风管上的防火阀、排烟防火阀两侧各 2.0m 范围内的风管应采用耐火风管或风管外壁应采取防火保护措施，且耐火极限不应低于该防火分隔体的耐火极限。

6.4.1　疏散楼梯间应符合下列规定：

　　2　楼梯间内不应设置烧水间、可燃材料储藏室、垃圾道。

　　3　楼梯间内不应有影响疏散的凸出物或其他障碍物。

　　4　封闭楼梯间、防烟楼梯间及其前室，不应设置卷帘。

　　5　楼梯间内不应设置甲、乙、丙类液体管道。

　　6　封闭楼梯间、防烟楼梯间及其前室内禁止穿过或设置可燃气体管道。敞开楼梯间内不应设置可燃气体管道，当住宅建筑的敞开楼梯间内确需设置可燃气体管道和可燃气体计量表时，应采用金属管和设置切断气源的阀门。

6.4.2　封闭楼梯间除应符合本规范第 6.4.1 条的规定外，尚应符合下列规定：

　　1　不能自然通风或自然通风不能满足要求时，应设置机械加压送风系统或采用防烟楼梯间。

　　2　除楼梯间的出入口和外窗外，楼梯间的墙上不应开设其他门、窗、洞口。

　　3　高层建筑、人员密集的公共建筑、人员密集的多层丙类厂房、甲、乙类厂房，其封闭楼梯间的门应采用乙级防火门，并应向疏散方向开启；其他建筑，可采用双向弹簧门。

　　4　楼梯间的首层可将走道和门厅等包括在楼梯间内形成扩大的封闭楼梯间，但应采用乙级防火门等与其他走道和房间分隔。

6.4.3 防烟楼梯间除应符合本规范第 6.4.1 条的规定外，尚应符合下列规定：

1 应设置防烟设施。

3 前室的使用面积：公共建筑、高层厂房（仓库），不应小于 6.0m²；住宅建筑，不应小于 4.5m²。

与消防电梯间前室合用时，合用前室的使用面积：公共建筑、高层厂房（仓库），不应小于 10.0m²；住宅建筑，不应小于 6.0m²。

4 疏散走道通向前室以及前室通向楼梯间的门应采用乙级防火门。

5 除住宅建筑的楼梯间前室外，防烟楼梯间和前室内的墙上不应开设除疏散门和送风口外的其他门、窗、洞口。

6 楼梯间的首层可将走道和门厅等包括在楼梯间前室内形成扩大的前室，但应采用乙级防火门等与其他走道和房间分隔。

6.4.4 除通向避难层错位的疏散楼梯外，建筑内的疏散楼梯间在各层的平面位置不应改变。

除住宅建筑套内的自用楼梯外，地下或半地下建筑（室）的疏散楼梯间，应符合下列规定：

1 室内地面与室外出入口地坪高差大于 10m 或 3 层及以上的地下、半地下建筑（室），其疏散楼梯应采用防烟楼梯间；其他地下或半地下建筑（室），其疏散楼梯应采用封闭楼梯间。

2 应在首层采用耐火极限不低于 2.00h 的防火隔墙与其他部位分隔并应直通室外，确需在隔墙上开门时，应采用乙级防火门。

3 建筑的地下或半地下部分与地上部分不应共用楼梯间，确需共用楼梯间时，应在首层采用耐火极限不低于 2.00h 的防火隔墙和乙级防火门将地下或半地下部分与地上部分的连通部位完全分隔，并应设置明显的标志。

6.4.5 室外疏散楼梯应符合下列规定：

1 栏杆扶手的高度不应小于 1.10m，楼梯的净宽度不应小于 0.90m。

2 倾斜角度不应大于 45°。

3 梯段和平台均应采用不燃材料制作。平台的耐火极限不应低于 1.00h，梯段的耐火极限不应低于 0.25h。

4 通向室外楼梯的门应采用乙级防火门，并应向外开启。

5 除疏散门外，楼梯周围 2m 内的墙面上不应设置门、窗、洞口。疏散门不应正对梯段。

6.4.10 疏散走道在防火分区处应设置常开甲级防火门。

6.4.11 建筑内的疏散门应符合下列规定：

1 民用建筑和厂房的疏散门，应采用向疏散方向开启的平开门，不应采用推拉门、卷帘门、吊门、转门和折叠门。除甲、乙类生产车间外，人数不超过 60 人且每樘门的平均疏散人数不超过 30 人的房间，其疏散门的开启方向不限。

2 仓库的疏散门应采用向疏散方向开启的平开门，但丙、丁、戊类仓库首层靠墙的外侧可采用推拉或卷帘门。

3 开向疏散楼梯或疏散楼梯间的门，当其完全开启时，不应减少楼梯平台的有效宽度。

4 人员密集场所内平时需要控制人员随意出入的疏散门和设置门禁系统的住宅、宿舍、公寓建筑的外门，应保证火灾时不需使用钥匙等任何工具即能从内部易于打开，并应在显著位置设置具有使用提示的标识。

6.6.2 输送有火灾、爆炸危险物质的栈桥不应兼作疏散通道。

6.7.2 建筑外墙采用内保温系统时，保温系统应符合下列规定：

1 对于人员密集场所，用火、燃油、燃气等具有火灾危险性的场所以及各类建筑内的疏散楼梯间、避难走道、避难间、避难层等场所或部位，应采用燃烧性能为 A 级的保温材料。

2 对于其他场所，应采用低烟、低毒且燃烧性能不低于 B_1 级的保温材料。

3 保温系统应采用不燃材料做防护层。采用燃烧性能为 B_1

级的保温材料时，防护层的厚度不应小于 10mm。

6.7.4 设置人员密集场所的建筑，其外墙外保温材料的燃烧性能应为 A 级。

6.7.5 与基层墙体、装饰层之间无空腔的建筑外墙外保温系统，其保温材料应符合下列规定：

    1 住宅建筑：

        1） 建筑高度大于 100m 时，保温材料的燃烧性能应为 A 级；

        2） 建筑高度大于 17m，但不大于 100m 时，保温材料的燃烧性能不应低于 B_1 级；

        3） 建筑高度不大于 27m 时，保温材料的燃烧性能不应低于 B_2 级。

    2 除住宅建筑和设置人员密集场所的建筑外，其他建筑：

        1） 建筑高度大于 50m 时，保温材料的燃烧性能应为 A 级；

        2） 建筑高度大于 24m，但不大于 50m 时，保温材料的燃烧性能不应低于 B_1 级；

        3） 建筑高度不大于 24m 时，保温材料的燃烧性能不应低于 B_2 级。

6.7.6 除设置人员密集场所的建筑外，与基层墙体、装饰层之间有空腔的建筑外墙外保温系统，其保温材料应符合下列规定：

    1 建筑高度大于 24m 时，保温材料的燃烧性能应为 A 级；

    2 建筑高度不大于 24m 时，保温材料的燃烧性能不应低于 B_1 级。

7.1.2 高层民用建筑，超过 3000 个座位的体育馆，超过 2000 个座位的会堂，占地面积大于 300m² 的商店建筑、展览建筑等单、多层公共建筑应设置环形消防车道，确有困难时，可沿建筑的两个长边设置消防车道；对于住宅建筑和山坡地或河道边临空建造的高层建筑，可沿建筑的一个长边设置消防车道，但该长边所在建筑立面应为消防车登高操作面。

7.1.3 工厂、仓库区内应设置消防车道。

高层厂房，占地面积大于 3000m² 的甲、乙、丙类厂房和占地面积大于 1500m² 的乙、丙类仓库，应设置环形消防车道，确有困难时，应沿建筑物的两个长边设置消防车道。

7.1.8 消防车道应符合下列要求：

　　1 车道的净宽度和净空高度均不应小于 4.0m；

　　2 转弯半径应满足消防车转弯的要求；

　　3 消防车道与建筑之间不应设置妨碍消防车操作的树木、架空管线等障碍物；

7.2.1 高层建筑应至少沿一个长边或周边长度的 1/4 且不小于一个长边长度的底边连续布置消防车登高操作场地，该范围内的裙房进深不应大于 4m。

建筑高度不大于 50m 的建筑，连续布置消防车登高操作场地确有困难时，可间隔布置，但间隔距离不宜大于 30m，且消防车登高操作场地的总长度仍应符合上述规定。

7.2.2 消防车登高操作场地应符合下列规定：

　　1 场地与厂房、仓库、民用建筑之间不应设置妨碍消防车操作的树木、架空管线等障碍物和车库出入口。

　　2 场地的长度和宽度分别不应小于 15m 和 10m。对于建筑高度大于 50m 的建筑，场地的长度和宽度分别不应小于 20m 和 10m。

　　3 场地及其下面的建筑结构、管道和暗沟等，应能承受重型消防车的压力。

7.2.3 建筑物与消防车登高操作场地相对应的范围内，应设置直通室外的楼梯或直通楼梯间的入口。

7.2.4 厂房、仓库、公共建筑的外墙应在每层的适当位置设置可供消防救援人员进入的窗口。

7.3.1 下列建筑应设置消防电梯：

　　1 建筑高度大于 33m 的住宅建筑；

　　2 一类高层公共建筑和建筑高度大于 32m 的二类高层公共

建筑；

  3 设置消防电梯的建筑的地下或半地下室，埋深大于 10m 且总建筑面积大于 3000m² 的其他地下或半地下建筑（室）。

7.3.2 消防电梯应分别设置在不同防火分区内，且每个防火分区不应少于 1 台。

7.3.5 除设置在仓库连廊、冷库穿堂或谷物筒仓工作塔内的消防电梯外，消防电梯应设置前室，并应符合下列规定：

  2 前室的使用面积不应小于 6.0m²；与防烟楼梯间合用的前室，应符合本规范第 5.5.28 条和第 6.4.3 条的规定；

  3 除前室的出入口、前室内设置的正压送风口和本规范第 5.5.27 条规定的户门外，前室内不应开设其他门、窗、洞口；

  4 前室或合用前室的门应采用乙级防火门，不应设置卷帘。

7.3.6 消防电梯井、机房与相邻电梯井、机房之间应设置耐火极限不低于 2.00h 的防火隔墙，隔墙上的门应采用甲级防火门。

8.1.2 城镇（包括居住区、商业区、开发区、工业区等）应沿可通行消防车的街道设置市政消火栓系统。

  民用建筑、厂房、仓库、储罐（区）和堆场周围应设置室外消火栓系统。

  用于消防救援和消防车停靠的屋面上，应设置室外消火栓系统。

  注：耐火等级不低于二级且建筑体积不大于 3000m³ 的戊类厂房，居住区人数不超过 500 人且建筑层数不超过两层的居住区，可不设置室外消火栓系统。

8.1.3 自动喷水灭火系统、水喷雾灭火系统、泡沫灭火系统和固定消防炮灭火系统等系统以及下列建筑的室内消火栓给水系统应设置消防水泵接合器：

  1 超过 5 层的公共建筑；

  2 超过 4 层的厂房或仓库；

  3 其他高层建筑；

  4 超过 2 层或建筑面积大于 10000m² 地下建筑（室）。

8.1.6 消防水泵房的设置应符合下列规定：

    1 单独建造的消防水泵房，其耐火等级不应低于二级；

    2 附设在建筑内的消防水泵房，不应设置在地下三层及以下或室内地面与室外出入口地坪高差大于 10m 的地下楼层；

    3 疏散门应直通室外或安全出口。

8.1.7 设置火灾自动报警系统和需要联动控制的消防设备的建筑（群）应设置消防控制室。消防控制室的设置应符合下列规定：

    1 单独建造的消防控制室，其耐火等级不应低于二级；

    3 不应设置在电磁场干扰较强及其他可能影响消防控制设备正常工作的房间附近；

    4 疏散门应直通室外或安全出口。

8.1.8 消防水泵房和消防控制室应采取防水淹的技术措施。

8.2.1 下列建筑或场所应设置室内消火栓系统：

    1 建筑占地面积大于 300㎡ 的厂房和仓库；

    2 高层公共建筑和建筑高度大于 21m 的住宅建筑；

    注：建筑高度不大于 27m 的住宅建筑，设置室内消火栓系统确有困难时，可只设置干式消防竖管和不带消火栓箱的 DN65 的室内消火栓。

    3 体积大于 5000㎥ 的车站、码头、机场的候车（船、机）建筑、展览建筑、商店建筑、旅馆建筑、医疗建筑和图书馆建筑等单、多层建筑；

    4 特等、甲等剧场，超过 800 个座位的其他等级的剧场和电影院等以及超过 1200 个座位的礼堂、体育馆等单、多层建筑；

    5 建筑高度大于 15m 或体积大于 10000㎥ 的办公建筑、教学建筑和其他单、多层民用建筑。

8.3.1 除本规范另有规定和不宜用水保护或灭火的场所外，下列厂房或生产部位应设置自动灭火系统，并宜采用自动喷水灭火系统：

    1 不小于 50000 纱锭的棉纺厂的开包、清花车间，不小于

5000 锭的麻纺厂的分级、梳麻车间,火柴厂的烤梗、筛选部位;

2 占地面积大于 1500m² 或总建筑面积大于 3000m² 的单、多层制鞋、制衣、玩具及电子等类似生产的厂房;

3 占地面积大于 1500m² 的木器厂房;

4 泡沫塑料厂的预发、成型、切片、压花部位;

5 高层乙、丙类厂房;

6 建筑面积大于 500m² 的地下或半地下丙类厂房。

8.3.2 除本规范另有规定和不宜用水保护或灭火的仓库外,下列仓库应设置自动灭火系统,并宜采用自动喷水灭火系统:

1 每座占地面积大于 1000m² 的棉、毛、丝、麻、化纤、毛皮及其制品的仓库;

注:单层占地面积不大于 2000m² 的棉花库房,可不设置自动喷水灭火系统。

2 每座占地面积大于 600m² 的火柴仓库;

3 邮政建筑内建筑面积大于 500m² 的空邮袋库;

4 可燃、难燃物品的高架仓库和高层仓库;

5 设计温度高于 0℃ 的高架冷库,设计温度高于 0℃ 且每个防火分区建筑面积大于 1500m² 的非高架冷库;

6 总建筑面积大于 500m² 的可燃物品地下仓库;

7 每座占地面积大于 1500m² 或总建筑面积大于 3000m² 的其他单层或多层丙类物品仓库。

8.3.3 除本规范另有规定和不宜用水保护或灭火的场所外,下列高层民用建筑或场所应设置自动灭火系统,并宜采用自动喷水灭火系统:

1 一类高层公共建筑(除游泳池、溜冰场外)及其地下、半地下室;

2 二类高层公共建筑及其地下、半地下室的公共活动用房、走道、办公室和旅馆的客房、可燃物品库房、自动扶梯底部;

3 高层民用建筑内的歌舞娱乐放映游艺场所;

4 建筑高度大于 100m 的住宅建筑。

8.3.4 除本规范另有规定和不宜用水保护或灭火的场所外，下列单、多层民用建筑或场所应设置自动灭火系统，并宜采用自动喷水灭火系统：

    1 特等、甲等剧场，超过 1500 个座位的其他等级的剧场，超过 2000 个座位的会堂或礼堂，超过 3000 个座位的体育馆，超过 5000 人的体育场的室内人员休息室与器材间等；

    2 任一层建筑面积大于 $1500m^2$ 或总建筑面积大于 $3000m^2$ 的展览、商店、餐饮和旅馆建筑以及医院中同样建筑规模的病房楼、门诊楼和手术部；

    3 设置送回风道（管）的集中空气调节系统且总建筑面积大于 $3000m^2$ 的办公建筑等；

    4 藏书量超过 50 万册的图书馆；

    5 大、中型幼儿园，总建筑面积大于 $500m^2$ 的老年人建筑；

    6 总建筑面积大于 $500m^2$ 的地下或半地下商店；

    7 设置在地下或半地下或地上四层及以上楼层的歌舞娱乐放映游艺场所（除游泳场所外），设置在首层、二层和三层且任一层建筑面积大于 $300m^2$ 的地上歌舞娱乐放映游艺场所（除游泳场所外）。

8.3.5 根据本规范要求难以设置自动喷水灭火系统的展览厅、观众厅等人员密集的场所和丙类生产车间、库房等高大空间场所，应设置其他自动灭火系统，并宜采用固定消防炮等灭火系统。

8.3.7 下列建筑或部位应设置雨淋自动喷水灭火系统，

    1 火柴厂的氯酸钾压碾厂房，建筑面积大于 $100m^2$ 且生产或使用硝化棉、喷漆棉、火胶棉、赛璐珞胶片、硝化纤维的厂房；

    2 乒乓球厂的轧坯、切片、磨球、分球检验部位；

    3 建筑面积大于 $60m^2$ 或储存量大于 2t 的硝化棉、喷漆棉、火胶棉、赛璐珞胶片、硝化纤维的仓库；

    4 日装瓶数量大于 3000 瓶的液化石油气储配站的灌瓶间、

实瓶库;

　　5　特等、甲等剧场、超过 1500 个座位的其他等级剧场和超过 2000 个座位的会堂或礼堂的舞台葡萄架下部;

　　6　建筑面积不小于 400m² 的演播室,建筑面积不小于 500m² 的电影摄影棚。

8.3.8　下列场所应设置自动灭火系统,并宜采用水喷雾灭火系统:

　　1　单台容量在 40MV·A 及以上的厂矿企业油浸变压器,单台容量在 90MV·A 及以上的电厂油浸变压器,单台容量在 125MV·A 及以上的独立变电站油浸变压器;

　　2　飞机发动机试验台的试车部位;

　　3　充可燃油并设置在高层民用建筑内的高压电容器和多油开关室。

　　注:设置在室内的油浸变压器、充可燃油的高压电容器和多油开关室,
　　可采用细水雾灭火系统。

8.3.9　下列场所应设置自动灭火系统,并宜采用气体灭火系统:

　　1　国家、省级或人口超过 100 万的城市广播电视发射塔内的微波机房、分米波机房、米波机房、变配电室和不间断电源(UPS)室;

　　2　国际电信局、大区中心、省中心和一万路以上的地区中心内的长途程控交换机房、控制室和信令转接点室;

　　3　两万线以上的市话汇接局和六万门以上的市话端局内的程控交换机房、控制室和信令转接点室;

　　4　中央及省级公安、防灾和网局级及以上的电力等调度指挥中心内的通信机房和控制室;

　　5　A、B 级电子信息系统机房内的主机房和基本工作间的已记录磁(纸)介质库;

　　6　中央和省广播电视中心内建筑面积不小于 120m² 的音像制品库房;

　　7　国家、省级或藏书量超过 100 万册的图书馆内的特藏库;

中央和省级档案馆内的珍藏库和非纸质档案库；大、中型博物馆内的珍品库房；一级纸绢质文物的陈列室；

8 其他特殊重要设备室。

注：1 本条第1、4、5、8款规定的部位，可采用细水雾灭火系统。

2 当有备用主机和备用已记录磁（纸）介质，且设置在不同建筑内或同一建筑内的不同防火分区内时，本条第5款规定的部位可采用预作用自动喷水灭火系统。

8.3.10 甲、乙、丙类液体储罐的灭火系统设置应符合下列规定：

1 单罐容量大于1000m³的固定顶罐应设置固定式泡沫灭火系统；

2 罐壁高度小于7m或容量不大于200m³的储罐可采用移动式泡沫灭火系统；

3 其他储罐宜采用半固定式泡沫灭火系统；

4 石油库、石油化工、石油天然气工程中甲、乙、丙类液体储罐的灭火系统设置，应符合现行国家标准《石油库设计规范》GB 50074等标准的规定。

8.4.1 下列建筑或场所应设置火灾自动报警系统：

1 任一层建筑面积大于1500m²或总建筑面积大于3000m²的制鞋、制衣、玩具、电子等类似用途的厂房；

2 每座占地面积大于1000m²的棉、毛、丝、麻、化纤及其制品的仓库，占地面积大于500m²或总建筑面积大于1000m²的卷烟仓库；

3 任一层建筑面积大于1500m²或总建筑面积大于3000m²的商店、展览、财贸金融、客运和货运等类似用途的建筑，总建筑面积大于500m²的地下或半地下商店；

4 图书或文物的珍藏库，每座藏书超过50万册的图书馆，重要的档案馆；

5 地市级及以上广播电视建筑、邮政建筑、电信建筑，城市或区域性电力、交通和防灾等指挥调度建筑；

6　特等、甲等剧场，座位数超过 1500 个的其他等级的剧场或电影院，座位数超过 2000 个的会堂或礼堂，座位数超过 3000 个的体育馆；

7　大、中型幼儿园的儿童用房等场所，老年人建筑，任一层建筑面积大于 1500m² 或总建筑面积大于 3000m² 的疗养院的病房楼、旅馆建筑和其他儿童活动场所，不少于 200 床位的医院门诊楼、病房楼和手术部等；

8　歌舞娱乐放映游艺场所；

9　净高大于 2.6m 且可燃物较多的技术夹层，净高大于 0.8m 且有可燃物的闷顶或吊顶内；

10　电子信息系统的主机房及其控制室、记录介质库，特殊贵重或火灾危险性大的机器、仪表、仪器设备室、贵重物品库房；

11　二类高层公共建筑内建筑面积大于 50m² 的可燃物品库房和建筑面积大于 500m² 的营业厅；

12　其他一类高层公共建筑；

13　设置机械排烟、防烟系统，雨淋或预作用自动喷水灭火系统，固定消防水炮灭火系统、气体灭火系统等需与火灾自动报警系统联锁动作的场所或部位。

8.4.3　建筑内可能散发可燃气体、可燃蒸气的场所应设置可燃气体报警装置。

8.5.1　建筑的下列场所或部位应设置防烟设施：

1　防烟楼梯间及其前室；

2　消防电梯间前室或合用前室；

3　避难走道的前室、避难层（间）。

建筑高度不大于 50m 的公共建筑、厂房、仓库和建筑高度不大于 100m 的住宅建筑，当其防烟楼梯间的前室或合用前室符合下列条件之一时，楼梯间可不设置防烟系统：

1　前室或合用前室采用敞开的阳台、凹廊；

2　前室或合用前室具有不同朝向的可开启外窗，且可开启外窗的面积满足自然排烟口的面积要求。

8.5.2 厂房或仓库的下列场所或部位应设置排烟设施：

1 人员或可燃物较多的丙类生产场所，丙类厂房内建筑面积大于300m²且经常有人停留或可燃物较多的地上房间；

2 建筑面积大于5000m²的丁类生产车间；

3 占地面积大于1000m²的丙类仓库；

4 高度大于32m的高层厂房（仓库）内长度大于20m的疏散走道，其他厂房（仓库）内长度大于40m的疏散走道。

8.5.3 民用建筑的下列场所或部位应设置排烟设施：

1 设置在一、二、三层且房间建筑面积大于100m²的歌舞娱乐放映游艺场所，设置在四层及以上楼层、地下或半地下的歌舞娱乐放映游艺场所；

2 中庭；

3 公共建筑内建筑面积大于100m²且经常有人停留的地上房间；

4 公共建筑内建筑面积大于300m²且可燃物较多的地上房间；

5 建筑内长度大于20m的疏散走道。

8.5.4 地下或半地下建筑（室）、地上建筑内的无窗房间，当总建筑面积大于200m²或一个房间建筑面积大于50m²，且经常有人停留或可燃物较多时，应设置排烟设施。

9.1.2 甲、乙类厂房内的空气不应循环使用。

丙类厂房内含有燃烧或爆炸危险粉尘、纤维的空气，在循环使用前应经净化处理，并应使空气中的含尘浓度低于其爆炸下限的25%。

9.1.3 为甲、乙类厂房服务的送风设备与排风设备应分别布置在不同通风机房内，且排风设备不应和其他房间的送、排风设备布置在同一通风机房内。

9.1.4 民用建筑内空气中含有容易起火或爆炸危险物质的房间，应设置自然通风或独立的机械通风设施，且其空气不应循环使用。

9.2.2 甲、乙类厂房（仓库）内严禁采用明火和电热散热器供暖。

9.2.3 下列厂房应采用不循环使用的热风供暖：

　　1 生产过程中散发的可燃气体、蒸气、粉尘或纤维与供暖管道、散热器表面挤触能引起燃烧的厂房；

　　2 生产过程中散发的粉尘受到水、水蒸气的作用能引起自燃、爆炸或产生爆炸性气体的厂房。

9.3.2 厂房内有爆炸危险场所的排风管道，严禁穿过防火墙和有爆炸危险的房间隔墙。

9.3.5 含有燃烧和爆炸危险粉尘的空气，在进入排风机前应采用不产生火花的除尘器进行处理。对于遇水可能形成爆炸的粉尘，严禁采用湿式除尘器。

9.3.8 净化或输送有爆炸危险粉尘和碎屑的除尘器、过滤器或管道，均应设置泄压装置。

　　净化有爆炸危险粉尘的干式除尘器和过滤器应布置在系统的负压段上。

9.3.9 排除有燃烧或爆炸危险气体、蒸气和粉尘的排风系统，应符合下列规定：

　　1 排风系统应设置导除静电的接地装置；

　　2 排风设备不应布置在地下或半地下建筑（室）内；

　　3 排风管应采用金属管道，并应直接通向室外安全地点，不应暗设。

9.3.11 通风、空气调节系统的风管在下列部位应设置公称动作温度为 70℃的防火阀：

　　1 穿越防火分区处；

　　2 穿越通风、空气调节机房的房间隔墙和楼板处；

　　3 穿越重要或火灾危险性大的场所的房间隔墙和楼板处；

　　4 穿越防火分隔处的变形缝两侧；

　　5 竖向风管与每层水平风管交接处的水平管段上。

注：当建筑内每个防火分区的通风、空气调节系统均独立设置时，水平风管与竖向总管的交接处可不设置防火阀。

9.3.16 燃油或燃气锅炉房应设置自然通风或机械通风设施。燃气锅炉房应选用防爆型的事故排风机。当采取机械通风时，机械通风设施应设置导除静电的接地装置，通风量应符合下列规定：

    1 燃油锅炉房的正常通风量应按换气次数不少于 3 次/h 确定，事故排风量应按换气次数不少于 6 次/h 确定；

    2 燃气锅炉房的正常通风量应按换气次数不少于 6 次/h 确定，事故排风量应按换气次数不少于 12 次/h 确定。

10.1.1 下列建筑物的消防用电应按一级负荷供电：

    1 建筑高度大于 50m 的乙、丙类厂房和丙类仓库；

    2 一类高层民用建筑。

10.1.2 下列建筑物、储罐（区）和堆场的消防用电应按二级负荷供电：

    1 室外消防用水量大于 30L/s 的厂房（仓库）；

    2 室外消防用水量大于 35L/s 的可燃材料堆场、可燃气体储罐（区）和甲、乙类液体储罐（区）；

    3 粮食仓库及粮食筒仓；

    4 二类高层民用建筑；

    5 座位数超过 1500 个的电影院、剧场，座位数超过 3000 个的体育馆，任一层建筑面积大于 3000m² 的商店和展览建筑，省（市）级及以上的广播电视、电信和财贸金融建筑，室外消防用水量大于 25L/s 的其他公共建筑。

10.1.5 建筑丙消防应急照明和灯光疏散指示标志的备用电源的连续供电时间应符合下列规定：

    1 建筑高度大于 100m 的民用建筑，不应小于 1.5h；

    2 医疗建筑、老年人建筑、总建筑面积大于 100000m² 的公共建筑和总建筑面积大于 20000m² 的地下、半地下建筑，不应少于 1.0h；

3 其他建筑，不应少于 0.5h。

10.1.6 消防用电设备应采用专用的供电回路，当建筑内的生产、生活用电被切断时，应仍能保证消防用电。

备用消防电源的供电时间和容量，应满足该建筑火灾延续时间内各消防用电设备的要求。

10.1.8 消防控制室、消防水泵房、防烟和排烟风机房的消防用电设备及消防电梯等的供电，应在其配电线路的最末一级配电箱处设置自动切换装置。

10.1.10 消防配电线路应满足火灾时连续供电的需要，其敷设应符合下列规定：

1 明敷时（包括敷设在吊顶内），应穿金属导管或采用封闭式金属槽盒保护，金属导管或封闭式金属槽盒应采取防火保护措施；当采用阻燃或耐火电缆并敷设在电缆井、沟内时，可不穿金属导管或采用封闭式金属槽盒保护；当采用矿物绝缘类不燃性电缆时，可直接明敷。

2 暗敷时，应穿管并应敷设在不燃性结构内且保护层厚度不应小于 30mm。

10.2.1 架空电力线与甲、乙类厂房（仓库），可燃材料堆垛，甲、乙、丙类液体储罐，液化石油气储罐，可燃、助燃气体储罐的最近水平距离应符合表 10.2.1 的规定。

35kV 及以上架空电力线与单罐容积大于 200m³ 或总容积大于 1000m³ 液化石油气储罐（区）的最近水平距离不应小于 40m。

表 10.2.1 架空电力线与甲、乙类厂房（仓库）、可燃材料堆垛等的最近水平距离（m）

名　　称	架空电力线
甲、乙类厂房（仓库），可燃材料堆垛，甲、乙类液体储罐，液化石油气储罐，可燃、助燃气体储罐	电杆（塔）高度的 1.5 倍
直埋地下的甲、乙类液体储罐和可燃气体储罐	电杆（塔）高度的 0.75 倍

续表 10.2.1

名　　称	架空电力线
丙类液体储罐	电杆（塔）高度的 1.2 倍
直埋地下的丙类液体储罐	电杆（塔）高度的 0.6 倍

10.2.4 开关、插座和照明灯具靠近可燃物时，应采取隔热、散热等防火措施。

卤钨灯和额定功率不小于 100W 的白炽灯泡的吸顶灯、槽灯、嵌入式灯，其引入线应采用瓷管、矿棉等不燃材料作隔热保护。

额定功率不小于 60W 的白炽灯、卤钨灯、高压钠灯、金属卤化物灯、荧光高压汞灯（包括电感镇流器）等，不应直接安装在可燃物体上或采取其他防火措施。

10.3.1 除建筑高度小于 27m 的住宅建筑外，民用建筑、厂房和丙类仓库的下列部位应设置疏散照明：

　1　封闭楼梯间、防烟楼梯间及其前室、消防电梯间的前室或合用前室、避难走道、避难层（间）；

　2　观众厅、展览厅、多功能厅和建筑面积大于 200m² 的营业厅、餐厅、演播室等人员密集的场所；

　3　建筑面积大于 100m² 的地下或半地下公共活动场所；

　4　公共建筑内的疏散走道；

　5　人员密集的厂房内的生产场所及疏散走道。

10.3.2 建筑内疏散照明的地面最低水平照度应符合下列规定：

　1　对于疏散走道，不应低于 1.0lx。

　2　对于人员密集场所、避难层（间），不应低于 3.0lx；对于病房楼或手术部的避难间，不应低于 10.0lx。

　3　对于楼梯间、前室或合用前室、避难走道，不应低于 5.0lx。

10.3.3 消防控制室、消防水泵房、自备发电机房、配电室、防排烟机房以及发生火灾时仍需正常工作的消防设备房应设置备用照明，其作业面的最低照度不应低于正常照明的照度。

11.0.3　甲、乙、丙类厂房（库房）不应采用木结构建筑或木结构组合建筑。丁、戊类厂房（库房）和民用建筑，当采用木结构建筑或木结构组合建筑时，其允许层数和允许建筑高度应符合表11.0.3-1的规定，木结构建筑中防火墙间的允许建筑长度和每层最大允许建筑面积应符合表11.0.3-2的规定。

表 11.0.3-1　木结构建筑或木结构组合建筑的允许层数和允许建筑高度

木结构建筑 的形式	普通木 结构建筑	轻型木 结构建筑	胶合木 结构建筑		木结构 组合建筑
允许层数（层）	2	3	1	3	7
允许建筑高度(m)	10	10	不限	15	24

表 11.0.3-2　木结构建筑中防火墙间的允许建筑
长度和每层最大允许建筑面积

层数（层）	防火墙间的允许 建筑长度（m）	防火墙间的每层最 大允许建筑面积（m²）
1	100	1800
2	80	900
3	60	600

注：1　当设置自动喷水灭火系统时，防火墙间的允许建筑长度和每层最大允许建筑面积可按本表的规定增加1.0倍，对于丁、戊类地上厂房，防火墙间的每层最大允许建筑面积不限。

　　2　体育场馆等高大空间建筑，其建筑高度和建筑面积可适当增加。

11.0.4　老年人建筑的住宿部分，托儿所、幼儿园的儿童用房和活动场所设置在木结构建筑内时，应布置在首层或二层。

　　商店、体育馆和丁、戊类厂房（库房）应采用单层木结构建筑。

11.0.7　民用木结构建筑的安全疏散设计应符合下列规定。

　　2　房间直通疏散走道的疏散门至最近安全出口的直线距离

不应大于表 11.0.7-1 的规定。

表 11.0.7-1　房间直通疏散走道的疏散门至安全出口的直线距离（m）

名称	位于两个安全出口之间的疏散门	位于袋形走道两侧或尽端的疏散门
托儿所、幼儿园、老年人建筑	15	10
歌舞娱乐放映游艺场所	15	6
医院和疗养院建筑教学建筑	25	12
其他民用建筑	30	15

　　3　房间内任一点至该房间直通疏散走道的疏散门的直线距离，不应大于表 11.0.7-1 中有关袋形走道两侧或尽端的疏散门至最近安全出口的直线距离。

　　4　建筑内疏散走道、安全出口、疏散楼梯和房间疏散门的净宽度，应根据疏散人数按每 100 人的最小疏散净宽度不小于表 11.0.7-2 的规定计算确定。

表 11.0.7-2　疏散走道、安全出口、疏散楼梯和房间疏散门每 100 人
的最小疏散净宽度（m/百人）

层数	地上 1~2 层	地上 3 层
每 100 人的疏散净宽度	0.75	1.00

11.0.9　管道、电气线路敷设在墙体内或穿过楼板、墙体时，应采取防火保护措施，与墙体、楼板之间的缝隙应采用防火封堵材料填塞密实。

　　住宅建筑内厨房的明火或高温部位及排油烟管道等，应采用防火隔热措施。

11.0.10　木结构建筑之间及其与其他民用建筑的防火间距不应小于表 11.0.10 的规定。

　　民用木结构建筑与厂房（仓库）等建筑的防火间距、木结构厂房（仓库）之间及其与其他民用建筑的防火间距，应符合本规范第 3、4 章有关四级耐火等级建筑的规定。

表 11.0.10 民用木结构建筑之间及其与其他民用建筑的防火间距（m）

建筑耐火等级或类别	一、二级	三级	木结构建筑	四级
木结构建筑	8	9	10	11

注：1 两座木结构建筑之间或木结构建筑与其他民用建筑之间，外墙均无任何门、窗、洞口时，防火间距可为 4m；外墙上的门、窗、洞口不正对且开口面积之和不大于外墙面积的 10% 时，防火间距可按本表的规定减少 25%。

   2 当相邻建筑外墙有一面为防火墙，或建筑物之间设置防火墙且墙体截断不燃性屋面或高出难燃性、可燃性屋面不低于 0.5m 时，防火间距不限。

12.1.3 隧道承重结构体的耐火极限应符合下列规定：

1 一、二类隧道和通行机动车的三类隧道，其承重结构体耐火极限的测定应符合本规范附录 C 的规定；对于一、二类隧道，火灾升温曲线应采用本规范附录 C 第 C.0.1 条规定的 RABT 标准升温曲线，耐火极限分别不应低于 2.00h 和 1.50h；对于通行机动车的三类隧道，火灾升温曲线应采用本规范附录 C 第 C.0.1 条规定的 HC 标准升温曲线，耐火极限不应低于 2.00h。

2 其他类别隧道承重结构体耐火极限的测定应符合现行国家标准《建筑构件耐火试验方法 第 1 部分：通用要求》GB/T 9978.1 的规定；对于三类隧道，耐火极限不应低于 2.00h；对于四类隧道，耐火极限不限。

12.1.4 隧道内的地下设备用房、风井和消防救援出入口的耐火等级应为一级，地面的重要设备用房、运营管理中心及其他地面附属用房的耐火等级不应低于二级。

12.3.1 通行机动车的一、二、三类隧道应设置排烟设施。

12.5.1 一、二类隧道的消防用电应按一级负荷要求供电；三类隧道的消防用电应按二级负荷要求供电。

12.5.4 隧道内严禁设置可燃气体管道；电缆线槽应与其他管道分开敷设。当设置 10kV 及以上的高压电缆时，应采用耐火极限不低于 2.00h 的防火分隔体与其他区域分隔。

二、《建筑内部装修设计防火规范》GB 50222—95

3.1.2 除地下建筑外，无窗房间的内部装修材料的燃烧性能等级，除 A 级外，应在本规范规定的基础上提高一级。

3.1.5 消防水泵房、排烟机房、固定灭火系统钢瓶间、配电室、变压器室、通风和空调机房等，其内部所有装修均应采用 A 级装修材料。

3.1.6 无自然采光楼梯间、封闭楼梯间、防烟楼梯间的顶棚、墙面和地面均应采用 A 级装修材料。

3.1.13 地上建筑的水平疏散走道和安全出口的门厅，其顶棚装修材料应采用 A 级装修材料，其他部位应采用不低于 B_1 级的装修材料。

3.1.15 A 建筑内部装修不应减少安全出口、疏散出口或疏散走道的设计疏散所需净宽度和数量。

3.1.18 当歌舞厅、卡拉 OK 厅（含具有卡拉 OK 功能的餐厅）、夜总会、录像厅、放映厅、桑拿浴（除洗浴部分外）、游艺厅（含电子游艺厅）、网吧等歌舞娱乐放映游艺场所（以下简称歌舞娱乐放映游艺场所）设置在一、二级耐火等级建筑的四层及四层以上时，室内装修的顶棚材料应采用 A 级装修材料，其它部位应采用不低于 B_1 级的装修材料；设置在地下一层时，室内装修的顶棚、墙面材料应采用 A 级装修材料，其它部位应采用不低于 B_1 级的装修材料。

3.2.3 除第 3.1.18 条的规定外，当单层、多层民用建筑需做内部装修的空间内装有自动灭火系统时，除顶棚外，其内部装修材料的燃烧性能等级可在表 3.2.1 规定的基础上降低一级；当同时装有火灾自动报警装置和自动灭火系统时，其顶棚装修材料的燃烧性能等级可在表 3.2.1 规定的基础上降低一级，其它装修材料的燃烧性能等级可不限制。

3.4.2 地下民用建筑的疏散走道和安全出口的门厅，其顶棚、墙面和地面的装修材料应采用 A 级装修材料。

三、《农村防火规范》GB 50039—2010

1.0.4 农村的消防规划应根据其区划类别，分别纳入镇总体规划、镇详细规划、乡规划和村庄规划，并应与其他基础设施统一规划、同步实施。

3.0.2 甲、乙、丙类生产、储存场所应布置在相对独立的安全区域，并应布置在集中居住区全年最小频率风向的上风侧。

可燃气体和可燃液体的充装站、供应站、调压站和汽车加油加气站等应根据当地的环境条件和风向等因素合理布置，与其他建（构）筑物等的防火间距应符合国家现行有关标准的要求。

3.0.4 甲、乙、丙类生产、储存场所不应布置在学校、幼儿园、托儿所、影剧院、体育馆、医院、养老院、居住区等附近。

3.0.9 既有的厂（库）房和堆场、储罐等，不满足消防安全要求的，应采取隔离、改造、搬迁或改变使用性质等防火保护措施。

3.0.13 消防车道应保持畅通，供消防车通行的道路严禁设置隔离桩、栏杆等障碍设施，不得堆放土石、柴草等影响消防车通行的障碍物。

5.0.5 农村应设置消防水源。消防水源应由给水管网、天然水源或消防水池供给。

5.0.11 农村应根据给水管网、消防水池或天然水源等消防水源的形式，配备相应的消防车、机动消防泵、水带、水枪等消防设施。

5.0.13 农村应设火灾报警电话。农村消防站与城市消防指挥中心、供水、供电、供气等部门应有可靠的通信联络方式。

6.1.12 燃放烟花爆竹、吸烟、动用明火应当远离易燃易爆危险品存放地和柴草、饲草、农作物等可燃物堆放地。

6.2.1 2 架空电力线路不应跨越易燃易爆危险品仓库、有爆炸危险的场所、可燃液体储罐、可燃、助燃气体储罐和易燃、可燃材料堆场等，与这些场所的间距不应小于电杆高度的 1.5 倍；1kV 及 1kV 以上的架空电力线路不应跨越可燃屋面的建筑；

6.2.2 3 严禁使用铜丝、铁丝等代替保险丝，且不得随意增加保险丝的截面积；

6.3.2 1 严禁在地下室存放和使用；

4 严禁使用超量罐装的液化石油气钢瓶，严禁敲打、倒置、碰撞钢瓶，严禁随意倾倒残液和私自灌气；

6.4.1 汽油、煤油、柴油、酒精等可燃液体不应存放在居室内，且应远离火源、热源。

6.4.2 使用油类等可燃液体燃料的炉灶、取暖炉等设备必须在熄火降温后充装燃料。

6.4.3 严禁对盛装或盛装过可燃液体且未采取安全置换措施的存储容器进行电焊等明火作业。

四、《汽车库、修车库、停车场设计防火规范》GB 50067—97

3.0.2 汽车库、修车库的耐火等级应分为三级。各级耐火等级建筑物构件的燃烧性能和耐火极限均不应低于表 3.0.2 的规定。

表 3.0.2 建筑物构件的燃烧性能和耐火极限

燃烧性能和耐火极限（h） 耐火等级 构件名称		一 级	二 级	三 级
墙	防火墙	不燃烧体 3.00	不燃烧体 3.00	不燃烧体 3.00
	承重墙、楼梯间的墙、防火隔墙	不燃烧体 2.00	不燃烧体 2.00	不燃烧体 2.00
	隔墙、框架填充墙	不燃烧体 0.75	不燃烧体 0.50	不燃烧体 0.50
柱	支承多层的柱	不燃烧体 3.00	不燃烧体 2.50	不燃烧体 2.50
	支承单层的柱	不燃烧体 2.50	不燃烧体 2.00	不燃烧体 2.00
梁		不燃烧体 2.00	不燃烧体 1.50	不燃烧体 1.00
楼 板		不燃烧体 1.50	不燃烧体 1.00	不燃烧体 0.50

续表 3.0.2

耐火等级 燃烧性能和耐火极限（h） 构件名称	一 级	二 级	三 级
疏散楼梯、坡道	不燃烧体 1.50	不燃烧体 1.00	不燃烧体 1.00
屋顶承重构件	不燃烧体 1.50	不燃烧体 1.50	燃烧体
吊顶（包括吊顶搁栅）	不燃烧体 0.25	不燃烧体 0.25	难燃烧体 0.15

注：预制钢筋混凝土构件的节点缝隙或金属承重构件的外露部位应加设防火保护层，其耐火极限不应低于本表相应构件的规定。

3.0.3 地下汽车库的耐火等级应为一级。

甲、乙类物品运输车的汽车库、修车库和Ⅰ、Ⅱ、Ⅲ类的汽车库、修车库的耐火等级不应低于二级。Ⅳ类汽车库、修车库的耐火等级不应低于三级。

注：甲、乙类物品的火灾危险性分类应按现行的国家标准《建筑设计防火规范》的规定执行。

4.1.1 车库不应布置在易燃、可燃液体或可燃气体的生产装置区和贮存区内。

4.1.2 汽车库不应与甲、乙类生产厂房、库房以及托儿所、幼儿园、养老院组合建造；当病房楼与汽车库有完全的防火分隔时，病房楼的地下可设置汽车库。

4.1.3 甲、乙类物品运输车的汽车库、修车库应为单层、独立建造。当停车数量不超过 3 辆时，可与一、二级耐火等级的Ⅳ类汽车库贴邻建造，但应采用防火墙隔开。

4.1.4 Ⅰ类修车库应单独建造；Ⅱ、Ⅲ、Ⅳ类修车库可设置在一、二级耐火等级的建筑物的首层或与其贴邻建造，但不得与甲、乙类生产厂房、库房、明火作业的车间或托儿所、幼儿园、养老院、病房楼及人员密集的公共活动场所组合或贴邻建造。

4.1.6 地下汽车库内不应设置修理车位、喷漆间、充电间、乙炕间和甲、乙类物品贮存室。

4.1.7　汽车库和修车库内不应设置汽油罐、加油机。

4.1.8　停放易燃液体、液化石油气罐车的汽车库内，严禁设置地下室和地沟。

4.1.10　车库区内的加油站、甲类危险物品仓库、乙炔发生器间不应布置在架空电力线的下面。

4.2.1　车库之间以及车库与除甲类物品库房外的其他建筑物之间的防火间距不应小于表 4.2.1 的规定。

**表 4.2.1　车库之间以及车库与除甲类物品的库房外的
其他建筑物之间的防火间距**

防火间距（m） 车库名称和耐火等级		汽车库、修车库、厂房、库房、民用建筑耐火等级		
		一、二级	三级	四级
汽车库、修车库	一、二级	10	12	14
	三级	12	14	16
停车场		6	8	10

注：1　防火间距应按相邻建筑物外墙的最近距离算起，如外墙有凸出的可燃物构件时，则应从其凸出部分边缘算起。

2　高层汽车库其他建筑物之间，汽车库、修车库与高层工业、民用建筑之间的防火间距应按本表规定值增加 3m。

3　汽车库、修车库与甲类厂房之间的防火间距应按本表规定值增加 2m。

4.2.5　甲、乙类物品运输车的车库与民用建筑之间的防火间距不应小于 25m，与重要公共建筑的防火间距不应小于 50m。甲类物品运输车的车库与明火或散发火花地点的防火间距不应小于 30m，与厂房、库房的防火间距应按本规范表 4.2.1 的规定值增加 2m。

4.2.6　车库与易燃、可燃液体储罐，可燃气体储罐，液化石油气储罐的防火间距，不应小于表 4.2.6 的规定。

**表 4.2.6　车库与易燃、可燃液体储罐，可燃气体储罐，
液化石油气储罐的防火间距**

名　称	总贮量 (m³)	防火间距（m）汽车库、修车库		停车场
		一、二级	三级	
易燃液 体储罐	1～50	12	15	12
	51～200	15	20	15
	201～1000	20	25	20
	1001～5000	25	30	25
可燃液 体储罐	5～250	12	15	12
	251～1000	15	20	15
	1001～5000	20	25	20
	5001～25000	25	30	25
水槽式可燃 气体储罐	≤1000	12	15	12
	1001～10000	15	20	15
	＞10000	20	25	20
液化石 油气储罐	1～30	18	20	18
	31～200	20	25	20
	201～500	25	30	25
	＞500	30	40	30

注：1　防火间距应从距车库最近的储罐外壁算起，但设有防火堤的储罐，其防火
堤外侧基脚线距车库的距离不应小于 10m。

2　计算易燃、可燃液体储罐区总贮量时，1m³ 的易燃液体按 5m³ 的可燃液体
计算。

3　干式可燃气体储罐与车库的防火间距按本表规定值增加 25％。

4.2.8　车库与甲类物品库房的防火间距不应小于表 4.2.8 的
规定。

4.2.9　车库与可燃材料露天、半露天堆场的防火间距不应小于
表 4.2.9 的规定。

5.1.1　汽车库应设防火墙划分防火分区。每个防火分区的最大
允许建筑面积应符合表 5.1.1 的规定。

表 4.2.8　车库与甲类物品库房的防火间距

名　　称	总贮量（t）	防火间距（m）	汽车库、修车库		停车场
			一、二级	三级	
甲类物品库房	3、4项	≤5	15	20	15
		>5	20	25	20
	1、2、5、6项	≤10	12	15	12
		>10	15	20	15

表 4.2.9　汽车库与可燃材料露天、半露天堆场的防火间距

名　　称		总贮量（t） 防火间距（m）	汽车库、修车库		停车场
			一、二级	三级	
稻草、麦秸、芦苇等		10～500	15	20	15
		501～10000	20	25	20
		10001～20000	25	30	25
棉麻、毛、化纤、百货		10～500	10	15	10
		501～1000	15	20	15
		1001～5000	20	25	20
煤和焦炭		1000～5000	6	8	6
		>5000	8	10	8
粮食	筒仓	10～5000	10	15	10
		5001～20000	15	20	15
	席穴囤	10～5000	15	20	15
		5001～20000	20	25	20
木材等可燃材料		50～1000m³	10	15	10
		1001～10000m³	15	20	15

表 5.1.1　汽车库防火分区最大允许建筑面积（m²）

耐火等级	单层汽车库	多层汽车库	地下汽车库或高层汽车库
一、二级	3000	2500	2000
三级	1000		

注：1　敞开式、错层式、斜楼板式的汽车库的上下连通层面积应叠加计算，其防火分区最大允许建筑面积可按本表规定值增加一倍。

2　室内地坪低于室外地坪面高度超过该层汽车库净高 1/3 且不超过净高 1/2 的汽车库，或设在建筑物首层的汽车库的防火分区最大允许建筑面积不应超过 25000m²。

3　复式汽车库的防火分区最大允许建筑面积应按本表规定值减少 35%

5.1.4　甲、乙类物品运输车的汽车库、修车库，其防火分区最大允许建筑面积不应超过 500m²。

5.1.5　修车库防火分区最大允许建筑面积不应超过 2000m²，当修车部位与相邻的使用有机溶剂的清洗和喷漆工段采用防火墙分隔时，其防火分区最大允许建筑面积不应超过 4000m²。

5.1.6　汽车库、修车库贴邻其他建筑物时，必须采用防火墙隔开。

　　设在其他建筑内的汽车库（包括屋顶的汽车库）、修车库与其他部分应采用耐火极限不低于 3.00h 的不燃烧体隔墙和 2.00h 的不燃烧体楼板分隔，汽车库、修车库的外墙门、窗、洞口的上方应设置不燃烧体的防火挑檐。外墙的上、下窗间墙高度不应小于 1.2m。防火挑檐的宽度不应小于 1m，耐火极限不应低于 1.00h。

5.1.7　汽车库内设置修理车位时，停车部位与修车部位之间应设耐火极限不低于 3.00h 的不燃烧体隔墙和 2.00h 的不燃烧体楼板分隔。

5.1.10　自动灭火系统的设备室、消防水泵房应采用防火隔墙和耐火极限不低于 1.50h 的不燃烧体楼板与相邻部位分隔。

6.0.1　汽车库、修车库的人员安全出口和汽车疏散出口应分开设置。设在民用建筑内的汽车库，其车辆疏散出口应与其他部分的人员安全出口分开设置。

6.0.3　汽车库、修车库的室内疏散楼梯应设置封闭楼梯间。建筑高度超过 32m 的高层汽车库的室内疏散楼梯应设置防烟楼梯间。

6.0.5　汽车库室内最远工作地点至楼梯间的距离不应超过 45m，当设有自动灭火系统时，其距离不应超过 60m。单层或设在建筑物首层的汽车库，室内最远工作地点至室外出口的距离不应超过 60m。

6.0.6　汽车库、修车库的汽车疏散出口不应少于两个，但符合下列条件之一的可设一个：

1　Ⅳ类汽车库；

2　汽车疏散坡道为双车道的Ⅲ类地上汽车库和停车数少于 100 辆的地下汽车库；

3　Ⅱ、Ⅲ、Ⅳ类修车库。

6.0.7　Ⅰ、Ⅱ类地上汽车库和停车数大于 100 辆的地下汽车库，当采用错层或斜楼板式且车道、坡道为双车道时，其首层或地下一层至室外的汽车疏散出口不应少于两个，汽车库内的其他楼层汽车疏散坡道可设一个。

7.1.5　车库应设室外消火栓给水系统，其室外消防用水量应按消防用水量最大的一座汽车库、修车库、停车场计算，并不应小于下列规定：

7.1.5.1　Ⅰ、Ⅱ类车库 20L/s；

7.1.5.2　Ⅲ类车库 15L/s；

7.1.5.3　Ⅳ类车库 10L/s。

7.1.8　汽车库、修车库应设室内消火栓给水系统，其消防用水量不应小于下列要求：

7.1.8.1　Ⅰ、Ⅱ、Ⅲ、类汽车库及Ⅰ、Ⅱ类修车库的用水量不应小于 10L/s，且应保证相邻两个消火栓的水枪充实水柱同时达到室内任何部位。

7.1.8.2　Ⅳ类汽车库及Ⅲ、Ⅳ类修车库的用水量不应小于 5L/s，且应保证一个消火栓的水枪充实水柱到达室内任何部位。

7.1.12　四层以上多层汽车库和高层汽车库及地下汽车库，其室内消防给水管网应设水泵接合器。

7.2.1 Ⅰ、Ⅱ、Ⅲ类地上汽车库、停车数超过 10 辆的地下汽车库、机械式立体汽车库或复式汽车库以及采用垂直升降梯作汽车疏散出口的汽车库、Ⅰ类修车库，均应设置自动喷水灭火系统。

9.0.7 除敞开式汽车库以外的Ⅰ类汽车库、Ⅱ类地下汽车库和高层汽车库以及机械式立体汽车库、复式汽车库、采用升降梯作汽车疏散出口的汽车库，应设置火灾自动报警系统。

9.8.3 12 层及 12 层以上的住宅应设置消防电梯。

五、《人民防空工程设计防火规范》 GB 50098—2009

3.1.2 人防工程内不得使用和储存液化石油气、相对密度（与空气密度比值）大于或等于 0.75 的可燃气体和闪点小于 60℃的液体燃料。

3.1.6 1 不应经营和储存火灾危险性为甲、乙类储存物品属性的商品；

　　2 营业厅不应设置在地下三层及三层以下；

3.1.10 柴油发电机房和燃油或然气锅炉房的设置除应符合现行国家标准《建筑设计防火规范》GB 50016 的有关规定外，尚应符合下列规定：

　　1 防火分区的划分应符合本规范第 4.1.1 条第 3 款的规定；

　　2 柴油发电机房与电站控制室之间的密闭观察窗除应符合密闭要求外，还应达到甲级防火窗的性能；

　　3 柴油发电机房与电站控制室之间的连接通道处，应设置一道具有甲级防火门耐火性能的门，并应常闭；

　　4 储油间的设置应符合本规范第 4.2.4 条的规定。

4.1.1 5 工程内设置有旅店、病房、员工宿舍时，不得设置在地下二层及以下层，并应划分为独立的防火分区，且疏散楼梯不得与其他防火分区的疏散楼梯共用。

4.1.6 当人防工程地面建有建筑物，且与地下一、二层有中庭相通或地下一、二层有中庭相通时，防火分区面积应按上下多层相连通的面积叠加计算；当超过本规范规定的防火分区最大允许建筑面积时，应符合下列规定：

　　1　房间与中庭相通的开口部位应设置火灾时能自行关闭的甲级防火门窗；

　　2　与中庭相通的过厅、通道等处，应设置甲级防火门或耐火极限不低于3h的防火卷帘；防火门或防火卷帘应能在火灾时自动关闭或降落；

　　3　中庭应按本规范第6.3.1条的规定设置排烟设施。

4.3.3　本规范允许使用的可燃气体和丙类液体管道，除可穿过柴油发电机房、燃油锅炉房的储油间与机房间的防火墙外，严禁穿过防火分区之间的防火墙；当其他管道需要穿过防火墙时，应采用防火封堵材料将管道周围的空隙紧密填塞，通风和空气调节系统的风管还应符合本规范第6.7.6条的规定。

4.3.4　通过防火墙或设置有防火门的隔墙处的管道和管线沟，应采用不燃材料将通过处的空隙紧密填塞。

4.4.2　**1**　位于防火分区分隔处安全出口的门应为甲级防火门；当使用功能上确实需要采用防火卷帘分隔时，应在其旁设置与相邻防火分区的疏散走道相通的甲级防火门；

　　2　公共场所的疏散门应向疏散方向开启，并在关闭后能从任何一侧手动开启；

　　4　用防护门、防护密闭门、密闭门代替甲级防火门时，其耐火性能应符合甲级防火门的要求；且不得用于平战结合公共场所的安全出口处；

　　5　常开的防火门应具有信号反馈的功能。

5.2.1　设有下列公共活动场所的人防工程，当底层室内地面与室外出入口地坪高差大于10m时，应设置防烟楼梯间；当地下为两层，且地下第二层的室内地面与室外出入口地坪高差不大于10m时，应设置封闭楼梯间。

　　1　电影院、礼堂；

2 建筑面积大于 500m² 的医院、旅馆；

3 建筑面积大于 1000m² 的商场、餐厅、展览厅、公共娱乐场所、健身体育场所。

6.1.1 人防工程下列部位应设置机械加压送风防烟设施：

1 防烟楼梯间及其前室或合用前室；

2 避难走道的前室。

6.4.1 每个防烟分区内必须设置排烟口，排烟口应设置在顶棚或墙面的上部。

6.5.2 机械加压送风防烟管道、排烟管道、排烟口和排烟阀等必须采用不燃材料制作。

排烟管道与可燃物的距离不应小于 0.15m，或应采取隔热防火措施。

7.2.6 人防工程应配置灭火器，灭火器的配置设计应符合现行国家标准《建筑灭火器配置设计规范》GB 50140 的有关规定。

7.8.1 设置有消防给水的人防工程，必须设置消防排水设施。

8.1.2 消防控制室、消防水泵、消防电梯、防烟风机、排烟风机等消防用电设备应采用两路电源或两回路供电线路供电，并应在最末一级配电箱处自动切换。

当采用柴油发电机组作备用电源时，应设置自动启动装置，并应能在 30s 内供电。

8.1.5 1 当采用暗敷设时，应穿在金属管中，并应敷设在不燃烧体结构内，且保护层厚度不应小于 30mm；

2 当采用明敷设时，应敷设在金属管或封闭式金属线槽内，并应采取防火保护措施；

8.1.6 消防用电设备、消防配电柜、消防控制箱等应设置有明显标志。

8.2.6 消防疏散照明和消防备用照明在工作电源断电后，应能自动投合备用电源。

六、《消防给水及消火栓系统技术规范》GB 50974—2014

4.1.5 严寒、寒冷等冬季结冰地区的消防水池、水塔和高位消防水池等应采取防冻措施。

4.1.6 雨水清水池、中水清水池、水景和游泳池必须作为消防水源时，应有保证在任何情况下均能满足消防给水系统所需的水量和水质的技术措施。

4.3.4 当消防水池采用两路消防供水且在火灾情况下连续补水能满足消防要求时，消防水池的有效容积应根据计算确定，但不应小于100m³，当仅设有消火栓系统时不应小于50m³。

4.3.8 消防用水与其他用水共用的水池，应采取确保消防用水量不作他用的技术措施。

4.3.9 消防水池的出水、排水和水位应符合下列规定：

　　1 消防水池的出水管应保证消防水池的有效容积能被全部利用；

　　2 消防水池应设置就地水位显示装置，并应在消防控制中心或值班室等地点设置显示消防水池水位的装置，同时应有最高和最低报警水位；

　　3 消防水池应设置溢流水管和排水设施，并应采用间接排水。

4.3.11 高位消防水池的最低有效水位应能满足其所服务的水灭火设施所需的工作压力和流量，且其有效容积应满足火灾延续时间内所需消防用水量，并应符合下列规定：

　　1 高位消防水池的有效容积、出水、排水和水位，应符合本规范第4.3.8条和第4.3.9条的规定；

4.4.4 当室外消防水源采用天然水源时，应采取防止冰凌、漂浮物、悬浮物等物质堵塞消防水泵的技术措施，并应采取确保安全取水的措施。

4.4.5 当天然水源等作为消防水源时，应符合下列规定：

　　1 当地表水作为室外消防水源时，应采取确保消防车、固定和移动消防水泵在枯水位取水的技术措施；当消防车取水时，最大吸水高度不应超过6.0m；

　　2 当井水作为消防水源时，还应设置探测水井水位的水位测试装置。

4.4.7 设有消防车取水口的天然水源，应设置消防车到达取水口的消防车道和消防车回车场或回车道。

5.1.6 消防水泵的选择和应用应符合下列规定：

1 消防水泵的性能应满足消防给水系统所需流量和压力的要求；

2 消防水泵所配驱动器的功率应满足所选水泵流量扬程性能曲线上任何一点运行所需功率的要求；

3 当采用电动机驱动的消防水泵时，应选择电动机干式安装的消防水泵；

5.1.8 当采用柴油机消防水泵时应符合下列规定：

1 柴油机消防水泵应采用压缩式点火型柴油机；

2 柴油机的额定功率应校核海拔高度和环境温度对柴油机功率的影响；

3 柴油机消防水泵应具备连续工作的性能，试验运行时间不应小于 24h；

4 柴油机消防水泵的蓄电池应保证消防水泵随时自动启泵的要求；

5.1.9 轴流深井泵宜安装于水井、消防水池和其他消防水源上，并应符合下列规定：

1 轴流深井泵安装于水井时，其淹没深度应满足其可靠运行的要求，在水泵出流量为 15% 设计流量时，其最低淹没深度应是第一个水泵叶轮底部水位线以上不少于 3.20m，且海拔高度每增加 300m，深井泵的最低淹没深度应至少增加 0.30m；

2 轴流深井泵安装在消防水池等消防水源上时，其第一个水泵叶轮底部应低于消防水池的最低有效水位线，且淹没深度应根据水力条件经计算确定，并应满足消防水池等消防水源有效储水量或有效水位能全部被利用的要求；当水泵设计流量大于 125L/s 时，应根据水泵性能确定淹没深度，并应满足水泵气蚀余量的要求；

3 轴流深井泵的出水管与消防给水管网连接应符合本规范第 5.1.13 条第 3 款的规定;

5.1.12 消防水泵吸水应符合下列规定:

1 消防水泵应采取自灌式吸水;

2 消防水泵从市政管网直接抽水时,应在消防水泵出水管上设置有空气隔断的倒流防止器;

5.1.13 离心式消防水泵吸水管、出水管和阀门等,应符合下列规定:

1 一组消防水泵,吸水管不应少于两条,当其中一条损坏或检修时,其余吸水管应仍能通过全部消防给水设计流量;

2 消防水泵吸水管布置应避免形成气囊;

3 一组消防水泵应设不少于两条的输水干管与消防给水环状管网连接,当其中一条输水管检修时,其余输水管应仍能供应全部消防给水设计流量;

4 消防水泵吸水口的淹没深度应满足消防水泵在最低水位运行安全的要求,吸水管喇叭口在消防水池最低有效水位下的淹没深度应根据吸水管喇叭口的水流速度和水力条件确定,但不应小于 600mm,当采用旋流防止器时,淹没深度不应小于 200mm;

5.2.4 高位消防水箱的设置应符合下列规定:

1 当高位消防水箱在屋顶露天设置时,水箱的入孔以及进出水管的阀门等应采取锁具或阀门箱等保护措施;

5.2.5 高位消防水箱间应通风良好,不应结冰,当必须设置在严寒、寒冷等冬季结冰地区的非采暖房间时,应采取防冻措施,环境温度或水温不应低于5℃。

5.2.6 高位消防水箱应符合下列规定:

1 高位消防水箱的有效容积、出水、排水和水位等,应符合本规范第 4.3.8 条和第 4.3.9 条的规定;

2 高位消防水箱的最低有效水位应根据出水管喇叭口和防止旋流器的淹没深度确定,当采用出水管喇叭口时,应符合本规范第5.1.13条第4款的规定；当采用防止旋流器时应根据产品确定，且不应小于150mm的保护高度；

5.3.2 稳压泵的设计流量应符合下列规定：

1 稳压泵的设计流量不应小于消防给水系统管网的正常泄漏量和系统自动启动流量；

5.3.3 稳压泵的设计压力应符合下列要求：

1 稳压泵的设计压力应满足系统自动启动和管网充满水的要求；

5.4.1 下列场所的室内消火栓给水系统应设置消防水泵接合器：

1 高层民用建筑；

2 设有消防给水的住宅、超过五层的其他多层民用建筑；

3 超过2层或建筑面积大于10000m² 的地下或半地下建筑（室）、室内消火栓设计流量大于10L/s平战结合的人防工程；

4 高层工业建筑和超过四层的多层工业建筑；

5 城市交通隧道。

5.4.2 自动喷水灭火系统、水喷雾灭火系统、泡沫灭火系统和固定消防炮灭火系统等水灭火系统，均应设置消防水泵接合器。

5.5.9 消防水泵房的设计应根据具体情况设计相应的采暖、通风和排水设施，并应符合下列规定：

1 严寒、寒冷等冬季结冰地区采暖温度不应低于10℃，但当无人值守时不应低于5℃；

5.5.12 消防水泵房应符合下列规定：

1 独立建造的消防水泵房耐火等级不应低于二级；

2 附设在建筑物内的消防水泵房，不应设置在地下三层及以下，或室内地面与室外出入口地坪高差大于10m的地下楼层；

3 附设在建筑物内的消防水泵房，应采用耐火极限不低于2.0h的隔墙和1.50h的楼板与其他部位隔开，其疏散门应直通安全出口，且开向疏散走道的门应采用甲级防火门。

6.1.9 室内采用临时高压消防给水系统时，高位消防水箱的设置应符合下列规定：

1 高层民用建筑、总建筑面积大于 $10000m^2$ 且层数超过 2 层的公共建筑和其他重要建筑，必须设置高位消防水箱；

6.2.5 采用减压水箱减压分区供水时应符合下列规定：

1 减压水箱的有效容积、出水、排水、水位和设置场所，应符合本规范第 4.3.8 条、第 4.3.9 条、第 5.2.5 条和第 5.2.6 条第 2 款的规定；

7.1.2 室内环境温度不低于 4℃，且不高于 70℃ 的场所，应采用湿式室内消火栓系统。

7.2.8 当市政给水管网设有市政消火栓时，其平时运行工作压力不应小于 0.14MPa，火灾时水力最不利市政消火栓的出流量不应小于 15L/s，且供水压力从地面算起不应小于 0.10MPa。

7.3.10 室外消防给水引入管当设有倒流防止器，且火灾时因其水头损失导致室外消火栓不能满足本规范第 7.2.8 条的要求时，应在该倒流防止器前设置一个室外消火栓。

7.4.3 设置室内消火栓的建筑，包括设备层在内的各层均应设置消火栓。

8.3.5 室内消防给水系统由生活、生产给水系统管网直接供水时，应在引入管处设置倒流防止器。当消防给水系统采用有空气隔断的倒流防止器时，该倒流防止器应设置在清洁卫生的场所，其排水口应采取防止被水淹没的技术措施。

9.2.3 消防电梯的井底排水设施应符合下列规定：

1 排水泵集水井的有效容量不应小于 $2.00m^3$；

2 排水泵的排水量不应小于 10L/s。

9.3.1 消防给水系统试验装置处应设置专用排水设施，排水管径应符合下列规定：

1 自动喷水灭火系统等自动水灭火系统末端试水装置处的排水立管管径，应根据末端试水装置的泄流量确定，并不宜小于 DN75；

2 报警阀处的排水立管宜为 DN100；

3 减压阀处的压力试验排水管道直径应根据减压阀流量确

定，但不应小于 DN100。

11.0.1 消防水泵控制柜应设置在消防水泵房或专用消防水泵控制室内，并应符合下列要求：

1 消防水泵控制柜在平时应使消防水泵处于自动启泵状态；

11.0.2 消防水泵不应设置自动停泵的控制功能，停泵应由具有管理权限的工作人员根据火灾扑救情况确定。

11.0.5 消防水泵应能手动启停和自动启动。

11.0.7 消防控制室或值班室，应具有下列控制和显示功能：

1 消防控制柜或控制盘应设置专用线路连接的手动直接启泵按钮；

11.0.9 消防水泵控制柜设置在专用消防水泵控制室时，其防护等级不应低于 IP30；与消防水泵设置在同一空间时，其防护等级不应低于 IP55。

11.0.12 消防水泵控制柜应设置机械应急启泵功能，并应保证在控制柜内的控制线路发生故障时有管理权限的人员在紧急时启动消防水泵。机械应急启动时，应确保消防水泵在报警后5.0min 内正常工作。

12.1.1 消防给水及消火栓系统的施工必须由具有相应等级资质的施工队伍承担。

12.4.1 消防给水及消火栓系统试压和冲洗应符合下列要求：

1 管网安装完毕后，应对其进行强度试验、冲洗和严密性试验；

13.2.1 系统竣工后，必须进行工程验收，验收应由建设单位组织质检、设计、施工、监理参加，验收不合格不应投入使用。

七、《汽车加油加气站设计与施工规范》GB 50156—2012 (2014 年版，节选)

4.0.4 加油站、加油加气合建站的汽油设备与站外建（构）筑物的安全间距，不应小于表 4.0.4 的规定。

表 4.0.4 汽油设备与站外建（构）筑物的安全间距（m）

站外建（构）筑物	站内汽油设备											
	埋地油罐									加油机、通气管管口		
	一级站			二级站			三级站					
	无油气回收系统	有卸油油气回收系统	有卸油和加油油气回收系统	无油气回收系统	有卸油油气回收系统	有卸油和加油油气回收系统	无油气回收系统	有卸油油气回收系统	有卸油和加油油气回收系统	无油气回收系统	有卸油回收系统	有卸油和加油油气回收系统
重要公共建筑物	50	40	35	50	40	35	50	40	35	50	40	35
明火地点或散发火花地点	30	24	21	25	20	17.5	18	14.5	12.5	18	14.5	12.5
民用建筑物保护类别 一类保护物	25	20	17.5	20	16	14	16	13	11	16	13	11
民用建筑物保护类别 二类保护物	20	16	14	16	13	11	12	9.5	8.5	12	9.5	8.5
民用建筑物保护类别 三类保护物	16	13	11	12	9.5	8.5	10	8	7	10	8	7
甲、乙类物品生产厂房、库房和甲、乙类液体储罐	25	20	17.5	22	17.5	15.5	18	14.5	12.5	18	14.5	12.5
丙、丁、戊类物品生产厂房、库房和丙类液体储罐以及单罐容积不大于50m³的埋地甲、乙类液体储罐	18	14.5	12.5	16	13	11	15	12	10.5	15	12	10.5

续表4.0.4

站外建（构）筑物	埋地油罐 一级站 无油气回收系统	埋地油罐 一级站 有卸油和加油油气回收系统	埋地油罐 二级站 无油气回收系统	埋地油罐 二级站 有卸油油气回收系统	埋地油罐 二级站 有卸油和加油油气回收系统	埋地油罐 三级站 无油气回收系统	埋地油罐 三级站 有卸油油气回收系统	埋地油罐 三级站 有卸油和加油油气回收系统	加油机、通气管口 无油气回收系统	加油机、通气管口 有卸油油气回收系统	加油机、通气管口 有卸油和加油油气回收系统
室外变配电站	25	20	22	18	15.5	18	14.5	12.5	18	14.5	12.5
铁路	22	17.5	22	17.5	15.5	22	17.5	15.5	22	17.5	15.5
城市道路 快速路、主干路	10	8	8	6.5	5.5	8	6.5	5.5	6	5	5
城市道路 次干路、支路	8	6.5	6	5	5	6	5	5	5	5	5
架空通信线	1.5倍杆高，且不应小于5m		1倍杆高，且不应小于5m								
架空电力线路 无绝缘层	1.5倍杆（塔）高，且不应小于6.5m		1倍杆（塔）高，且不应小于6.5m								
架空电力线路 有绝缘层	1倍杆（塔）高，且不应小于5m		0.75倍杆（塔）高，且不应小于5m								

注：1. 室外变、配电站指电力系统电压为35kV～500kV、且每台变压器容量在10MV·A以上的室外变、配电站。其他规格的室外变、配电站或变压器应按丙类物品生产厂房确定，以及工业企业的变压器总容量大于5t的室外降压变电站。

2. 表中道路系指按城市快速路、主干路、次干路、支路划分的道路。油罐、加油机和通气管通气管口与郊区公路的安全间距应按公路等级确定。高速公路、一级和二级公路应按城市快速路、主干路确定；三级和四级公路应按城市次干路、支路确定。

3. 与重要公共建筑物的主要出入口（包括铁路、地铁和二级及以上公路的隧道出入口）尚不应小于50m。

4. 一、二级耐火等级民用建筑物面向加油站一侧的墙为无门窗洞口的实体墙时，油罐、加油机和通气管管口与该民用建筑物的距离，不应低于本表规定的70%，并不得小于6m。

4.0.5 加油站、加油加气合建站的柴油设备与站外建（构）筑物的安全间距，不应小于表 4.0.5 的规定。

表 4.0.5 柴油设备与站外建（构）筑物的安全间距（m）

站外建（构）筑物		站内柴油设备			
		埋地油罐			加油机、通气管管口
		一级站	二级站	三级站	
重要公共建筑物		25	25	25	25
明火地点或散发火花地点		12.5	12.5	10	10
民用建筑物保护类别	一类保护物	6	6	6	6
	二类保护物	6	6	6	6
	三类保护物	6	6	6	6
甲、乙类物品生产厂房、库房和甲、乙类液体储罐		12.5	11	9	9
丙、丁、戊类物品生产厂房、库房和丙类液体储罐，以及单罐容积不大于$50m^3$的埋地甲、乙类液体储罐		9	9	9	9
室外变配电站		15	12.5	12.5	12.5
铁路		15	15	15	15
城市道路	快速路、主干路	3	3	3	3
	次干路、支路	3	3	3	3
架空通信线		0.75 倍杆高，且不应小于5m	5	5	5

续表 4.0.5

站外建（构）筑物		站内柴油设备			加油机、通气管管口
		埋地油罐			
		一级站	二级站	三级站	
架空电力线路	无绝缘层	0.75 倍杆（塔）高，且不应小于 6.5m	0.75 倍杆（塔）高，且不应小于 6.5m	6.5	6.5
	有绝缘层	0.5 倍杆（塔）高，且不应小于 5m	0.5 倍杆（塔）高，且不应小于 5m	5	5

注：1. 室外变、配电站指电力系统电压为 35kV～500kV，且每台变压器容量在 10MV·A 以上的室外变、配电站，以及工业企业的变压器总油量大于 5t 的室外降压变电站。其他规格的室外变、配电站或变压器应按丙类物品生产厂房确定。

2. 表中道路指机动车道路。油罐、加油机和油罐通气管管口与郊区公路的安全间距应按城市道路确定，高速公路、一级和二级公路应按城市快速路、主干路确定；三级和四级公路应按城市次干路、支路确定。

4.0.6 LPG 加气站、加油加气合建站的 LPG 储罐与站外建（构）筑物的安全间距，不应小于表 4.0.6 的规定。

表 4.0.6 LPG 储罐与站外建（构）筑物的安全间距（m）

站外建（构）筑物		地上 LPG 储罐			埋地 LPG 储罐		
		一级站	二级站	三级站	一级站	二级站	三级站
重要公共建筑物		100	100	100	100	100	100
明火地点或散发火花地点		45	38	33	30	25	18
民用建筑物保护类别	一类保护物						
	二类保护物	35	28	22	20	16	14
	三类保护物	25	22	18	15	13	11
甲、乙类物品生产厂房、库房和甲、乙类液体储罐		45	45	40	25	22	18
丙、丁、戊类物品生产厂房、库房和丙类液体储罐，以及单罐容积不大于 50m³ 的埋地甲、乙类液体储罐		32	32	28	18	16	15

续表 4.0.6

站外建（构）筑物		地上 LPG 储罐			埋地 LPG 储罐		
		一级站	二级站	三级站	一级站	二级站	三级站
室外变配电站		45	45	40	25	22	18
铁路		45	45	45	22	22	22
城市道路	快速路、主干路	15	13	11	10	8	8
	次干路、支路	12	11	10	8	6	6
架空通信线		1.5 倍杆高	1 倍杆高		0.75 倍杆高		
架空电力线路	无绝缘层	1.5 倍杆（塔）高	1.5 倍杆（塔）高		1 倍杆（塔）高		
	有绝缘层		1 倍杆（塔）高		0.75 倍杆（塔）高		

注：1. 室外变、配电站指电力系统电压为 35 kV～500kV，且每台变压器容量在 10MV·A 以上的室外变、配电站，以及工业企业的变压器总油量大于 5t 的室外降压变电站。其他规格的室外变、配电站或变压器应按丙类物品生产厂房确定。

2. 表中道路指机动车道路。油罐、加油机和油罐通气管管口与郊区公路的安全间距应按城市道路确定，高速公路、一级和二级公路应按城市快速路、主干路确定；三级和四级公路应按城市次干路、支路确定。

3. 液化石油气罐与站外一、二、三类保护物地下室的出入口、门窗的距离，应按本表一、二、三类保护物的安全间距增加 50%。

4. 一、二级耐火等级民用建筑物面向加气站一侧的墙为无门窗洞口实体墙时，LPG 储罐与该民用建筑物的距离不应低于本表规定的安全间距的 70%。

5. 容量小于或等于 10m³ 的地上 LPG 储罐整体装配式的加气站，其罐与站外建（构）筑物的距离，不应低于本表三级站的地上罐安全间距的 80%。

6. LPG 储罐与站外建筑面积不超过 200m² 的独立民用建筑物的距离，不应低于本表三类保护物安全间距的 80%，并不应小于三级站的安全间距。

4.0.7 LPG 加气站、加油加气合建站的 LPG 卸车点、加气机、放散管管口与站外建（构）筑物的安全间距，不应小于表 4.0.7 的规定。

表 4.0.7 LPG 卸车点、加气机、放散管管口与站外建
（构）筑物的安全间距（m）

站外建（构）筑物		站内 LPG 设备		
		LPG 卸车点	放散管管口	加气机
重要公共建筑物		100	100	100
明火地点或散发火花地点		25	18	18
民用建筑物 保护类别	一类保护物			
	二类保护物	16	14	14
	三类保护物	13	11	11
甲、乙类物品生产厂房、库房和甲、乙类液体储罐		22	20	20
丙、丁、戊类物品生产厂房、库房和丙类液体储罐以及单罐容积不大于 50m³ 的埋地甲、乙类液体储罐		16	14	14
室外变配电站		22	20	20
铁路		22	22	22
城市道路	快速路、主干路	8	8	6
	次干路、支路	6	6	5
架空通信线		0.75 倍杆高		
架空电力线路	无绝缘层	1 倍杆（塔）高		
	有绝缘层	0.75 倍杆（塔）高		

注：1. 室外变、配电站指电力系统电压为 35kV～500kV，且每台变压器容量在 10MV·A 以上的室外变、配电站，以及工业企业的变压器总油量大于 5t 的室外降压变电站。其他规格的室外变、配电站或变压器应按丙类物品生产厂房确定。

2. 表中道路指机动车道路。油罐、加油机和油罐通气管管口与郊区公路的安全间距应按城市道路确定，高速公路、一级和二级公路应按城市快速路、主干路确定；三级和四级公路应按城市次干路、支路确定。

3. LPG 卸车点、加气机、放散管管口与站外一、二、三类保护物地下室的出入口、门窗的距离，应按本表一、二、三类保护物的安全间距增加 50%。

4. 一、二级耐火等级民用建筑物面向加气站一侧的墙为无门窗洞口实体墙时，站内 LPG 设备与该民用建筑物的距离不应低于本表规定的安全间距的 70%。

5. LPG 卸车点、加气机、放散管管口与站外建筑面积不超过 200m² 独立的民用建筑物的距离，不应低于本表的三类保护物的安全间距的 80%，并不应小于 11m。

4.0.8 CNG 加气站和加油加气合建站的压缩天然气工艺设备与站外建（构）筑物的安全间距，不应小于表 4.0.8 的规定。

表 4.0.8 CNG 工艺设备与站外建（构）筑物的安全间距（m）

站外建（构）筑物		站内 CNG 工艺设备		
		储气瓶	集中放散管管口	储气井、加（卸）气设备、脱硫脱水设备、压缩机（间）
重要公共建筑物		50	30	30
明火地点或散发火花地点		30	25	20
民用建筑物保护类别	一类保护物	30	25	20
	二类保护物	20	20	14
	三类保护物	18	15	12
甲、乙类物品生产厂房、库房和甲、乙类液体储罐		25	25	18
丙、丁、戊类物品生产厂房、库房和丙类液体储罐以及单罐容积不大于 50m³ 的埋地甲、乙类液体储罐		18	18	13
室外变配电站		25	25	18
铁路		30	30	22
城市道路	快速路、主干路	12	10	6
	次干路、支路	10	8	5
架空通信线		1 倍杆高	0.75 倍杆高	0.75 倍杆高
架空电力线路	无绝缘层	1.5 倍杆（塔）高	1.5 倍杆（塔）高	1 倍杆（塔）高
	有绝缘层	1 倍杆（塔）高	1 倍杆（塔）高	

注：1. 室外变、配电站指电力系统电压为 35kV～500kV，且每台变压器容量在 10MV·A 以上的室外变、配电站，以及工业企业的变压器总油量大于 5t 的室外降压变电站。其他规格的室外变、配电站或变压器应按丙类物品生产厂房确定。

2. 表中道路指机动车道路。油罐、加油机和油罐通气管管口与郊区公路的安全间距应按城市道路确定，高速公路、一级和二级公路应按城市快速路、主干路确定；三级和四级公路应按城市次干路、支路确定。

3. 与重要公共建筑物的主要出入口（包括铁路、地铁和二级及以上公路的隧道出入口）尚不应小于 50m。

4. 储气瓶拖车固定停车位与站外建（构）筑物的防火间距，应按本表储气瓶的安全间距确定。

5. 一、二级耐火等级民用建筑物面向加气站一侧的墙为无门窗洞口实体墙时，站内 CNG 工艺设备与该民用建筑物的距离，不应低于本表规定的安全间距的 70%。

4.0.9 加气站、加油加气合建站的 LNG 储罐、放散管管口、LNG 卸车点、LNG 橇装设备与站外建（构）筑物的安全间距，不应小于表 4.0.9 的规定。

表 4.0.9 LNG 设备与站外建（构）筑物的安全间距（m）

站外建（构）筑物		站内 LNG 设备				
		地上 LNG 储罐			放散管管口、加气机	LNG 卸车点
		一级站	二级站	三级站		
重要公共建筑物		80	80	80	50	50
明火地点或散发火花地点		35	30	25	25	25
民用建筑保护物类别	一类保护物	35	30	25	25	25
	二类保护物	25	20	16	16	16
	三类保护物	18	16	14	14	14
甲、乙类生产厂房、库房和甲、乙类液体储罐		35	30	25	25	25
丙、丁、戊类物品生产厂房、库房和丙类液体储罐，以及单罐容积不大于 50 m³ 的埋地甲、乙类液体储罐		25	22	20	20	20
室外变配电站		40	35	30	30	30
铁路		80	60	50	50	50
城市道路	快速路、主干路	12	10	8	8	8
	次干路、支路	10	8	8	6	6
架空通信线		1 倍杆高	0.75 倍杆高		0.75 倍杆高	
架空电力线	无绝缘层	1.5 倍杆(塔)高	1.5 倍杆(塔)高		1 倍杆(塔)高	
	有绝缘层		1 倍杆(塔)高		0.75 倍杆(塔)高	

注：1. 室外变、配电站指电力系统电压为 35kV～500kV，且每台变压器容量在 10MV·A 以上的室外变、配电站，以及工业企业的变压器总油量大于 5t 的室外降压变电站。其他规格的室外变、配电站或变压器应按丙类物品生产厂房确定。

2. 表中道路指机动车道路。油罐、加油机和油罐通气管管口与郊区公路的安全间距应按城市道路确定，高速公路、一级和二级公应路按城市快速路、主干路确定；三级和四级公路应按城市次干路、支路确定。

3. 埋地 LNG 储罐、地下 LNG 储罐和半地下 LNG 储罐与站外建（构）筑物的距离，分别不应低于本表地上 LNG 储罐的安全间距的 50%、70% 和 80%，且最小不应小于 6m。

4. 一、二级耐火等级民用建筑物面向加气站一侧的墙为无门窗洞口实体墙时，站内 LNG 设备与该民用建筑物的距离，不应低于本表规定的安全间距的 70%。

5. LNG 储罐、放散管管口、加气机、LNG 卸车点与站外建筑面积不超过 200m² 的独立民用建筑物的距离，不应低于本表的三类保护物安全间距的 80%。

5.0.13 加油加气站内设施之间的防火距离，不应小于表

5.0.13-1 和表 5.0.13-2 的规定。

八、《火灾自动报警系统设计规范》GB 50116—2013

3.1.6 系统总线上应设置总线短路隔离器，每只总线短路隔离器保护的火灾探测器、手动火灾报警按钮和模块等消防设备的总数不应超过 32 点；总线穿越防火分区时，应在穿越处设置总线短路隔离器。

3.1.7 高度超过 100m 的建筑中，除消防控制室内设置的控制器外，每台控制器直接控制的火灾探测器、手动报警按钮和模块等设备不应跨越避难层。

3.4.1 具有消防联动功能的火灾自动报警系统的保护对象中应设置消防控制室。

3.4.4 消防控制室应有相应的竣工图纸、各分系统控制逻辑关系说明、设备使用说明书、系统操作规程、应急预案、值班制度、维护保养制度及值班记录等文件资料。

3.4.6 消防控制室内严禁穿过与消防设施无关的电气线路及管路。

4.1.1 消防联动控制器应能按设定的控制逻辑向各相关的受控制设备发出联动控制信号，并接受相关设备的联动反馈信号。

4.1.3 各受控设备接口的特性参数应与消防联动控制器发出的联动控制信号相匹配。

4.1.4 消防水泵、防烟和排烟风机的控制设备，除应采用联动控制方式外，还应在消防控制室设置手动直接控制装置。

4.1.6 需要火灾自动报警系统联动控制的消防设备，其联动触发信号应采用两个独立的报警触发装置报警信号的"与"逻辑组合。

4.8.1 火灾自动报警系统应设置火灾声光警报器，并应在确认火灾后启动建筑内的所有火灾声光警报器。

4.8.4 火灾声警报器设置带有语音提示功能时，应同时设置语音同步器。

4.8.5　同一建筑内设置多个火灾声警报器时，火灾自动报警系统应能同时启动和停止所有火灾声警报器工作。

4.8.7　集中报警系统和控制中心报警系统应设置消防应急广播。

4.8.12　消防应急广播与普通广播或背景音乐广播合用时，应具有强制切入消防应急广播的功能。

6.5.2　每个报警区域内应均匀设置火灾警报器，其声压级不应小于 60dB；在环境噪声大于 60dB 的场所，其声压级应高于背景噪声 15dB。

6.7.1　消防专用电话网络应为独立的消防通信系统。

6.7.5　消防控制室、消防值班室或企业消防站等处，应设置可直接报警的外线电话。

6.8.2　模块严禁设置在配电（控制）柜（箱）内。

6.8.3　本报警区域内的模块不应控制其他报警区域的设备。

10.1.1　火灾自动报警系统应设置交流电源和蓄电池备用电源。

11.2.2　火灾自动报警系统的供电线路、消防联动控制线路程应采用耐火铜芯电线电缆，报警总线、消防应急广播和消防专用电话等传输线路应采用阻燃耐火电线电缆。

11.2.5　不同电压等级的线缆不应穿入同一根保护管内，当合用同一线槽时，线槽内应有隔板分隔。

12.1.11　隧道内设置的消防设备的防护等级不应低于 IP65。

12.2.3　采用光栅光纤感温火灾探测器保护外浮顶油罐时，两个相邻光栅间距离不应大于 3m。

第二章　灭火系统设计

一、《建筑灭火器配置设计规范》GB 50140—2005

4.1.3　在同一灭火器配置场所，当选用两种或两种以上类型灭火器时，应采用灭火剂相容的灭火器。

4.2.1　A 类火灾场所应选择水型灭火器、磷酸铵盐干粉灭火器、泡沫灭火器或卤代烷灭火器。

4.2.2　B 类火灾场所应选择泡沫灭火器、碳酸氢钠干粉灭火器、磷酸铵盐干粉灭火器、二氧化碳灭火器、灭 B 类火灾的水型灭火器或卤代烷灭火器。极性溶剂的 B 类火灾场所应选择灭 B 类火灾的抗溶性灭火器。

4.2.3　C 类火灾场所应选择磷酸铵盐干粉灭火器、碳酸氢钠干粉灭火器、二氧化碳灭火器或卤代烷灭火器。

4.2.4　D 类火灾场所应选择扑灭金属火灾的专用灭火器。

4.2.5　E 类火灾场所应选择磷酸铵盐干粉灭火器、碳酸氢钠干粉灭火器、卤代烷灭火器或二氧化碳灭火器，但不得选用装有金属喇叭喷筒的二氧化碳灭火器。

5.1.1　灭火器应设置在位置明显和便于取用的地点，且不得影响安全疏散。

5.1.5　灭火器不得设置在超出其使用温度范围的地点。

5.2.1　设置在 A 类火灾场所的灭火器，其最大保护距离应符合表 5.2.1 的规定。

表 5.2.1　**A 类火灾场所的灭火器最大保护距离**（m）

灭火器型式 危险等级	手提式灭火器	推车式灭火器
严重危险级	15	30

续表 5.2.1

危险等级 \ 灭火器型式	手提式灭火器	推车式灭火器
中危险级	20	40
轻危险级	25	50

5.2.2 设置在 B、C 类火灾场所的灭火器，其最大保护距离应符合表 5.2.2 的规定。

表 5.2.2 **B、C 类火灾场所的灭火器最大保护距离（m）**

危险等级 \ 灭火器型式	手提式灭火器	推车式灭火器
严重危险级	9	18
中危险级	12	24
轻危险级	15	30

6.1.1 一个计算单元内配置的灭火器数量不得少于 2 具。

6.2.1 A 类火灾场所灭火器的最低配置基准应符合表 6.2.1 的规定。

表 6.2.1 **A 类火灾场所灭火器的最低配置基准**

危险等级	严重危险级	中危险级	轻危险级
单具灭火器最小配置灭火级别	3A	2A	1A
单位灭火级别最大保护面积（m²/A）	50	75	100

6.2.2 B、C 类火灾场所灭火器的最低配置基准应符合表 6.2.2 的规定。

表 6.2.2 **B、C 类火灾场所灭火器的最低配置基准**

危险等级	严重危险级	中危险级	轻危险级
单具灭火器最小配置灭火级别	88B	55B	21B
单位灭火级别最大保护面积（m²/B）	0.5	1.0	1.5

7.1.2 每个灭火器设置点实配灭火器的灭火级别和数量不得小

于最小需配灭火级别和数量的计算值。

7.1.3 灭火器设置点的位置和数量应根据灭火器的最大保护距离确定，并应保证最不利点至少在 1 具灭火器的保护范围内。

二、《自动喷水灭火系统设计规范》GB 50084—2001(2005 年版)

5.0.1 民用建筑和工业厂房的系统设计参数不应低于表 5.0.1 的规定。

表 5.0.1　民用建筑和工业厂房的系统设计参数

火灾危险等级		净空高度 (m)	喷水强度 [L/ (min・m²)]	作用面积 (m²)
轻危险级		≤8	4	160
中危险级	Ⅰ级		6	160
中危险级	Ⅱ级		8	160
严重危险级	Ⅰ级		12	260
严重危险级	Ⅱ级		16	260

注：系统最不利点处喷头的工作压力不应低于 0.05MPa。

5.0.1A 非仓库类高大净空场所设置自动喷水灭火系统时，湿式系统的设计基本参数不应低于表 5.0.1A 的规定。

表 5.0.1A　非仓库类高大净空场所的系统设计基本参数

适用场所	净空 高度 (m)	喷水强度 [L/(min・m²)]	作用 面积 (m²)	喷头 选型	喷头最 大间距 (m)
中庭、影剧院、 音乐厅、单一功 能体育馆等	8~12	6	260	$K=80$	3
会展中心、多功 能体育馆、 自选商场等	8~12	12	300	$K=115$	3

注：1　喷头溅水盘与顶板的距离应符合 7.1.3 条的规定。
　　2　最大储物高度超过 3.5m 的自选商场应按 16L/min・m² 确定喷水强度。
　　3　表中"~"两侧的数据，左侧为"大于"，右侧为"不大于"。

5.0.5 设置自动喷水灭火系统的仓库，系统设计基本参数应符合下列规定：

　　1 堆垛储物仓库不应低于表 5.0.5-1、表 5.0.5-2 的规定；

　　2 货架储物仓库不应低于表 5.0.5-3～表 5.0.5-5 的规定；

　　3 当Ⅰ级、Ⅱ级仓库中混杂储存Ⅲ级仓库的货品时，不应低于表 5.0.5-6 的规定。

　　4 货架储物仓库应采用钢制货架，并应采用通透层板，层板中通透部分的面积不应小于层板总面积的 50%。

　　5 采用木制货架及采用封闭层板货架的仓库，应按堆垛储物仓库设计。

表 5.0.5-1　堆垛储物仓库的系统设计基本参数

火灾危险等级	储物高度 (m)	喷水强度 [L/(min·m²)]	作用面积 (m²)	持续喷水时间 (h)
仓库危险级 Ⅰ级	3.0～3.5	8	160	1.0
	3.5～4.5	8	200	1.5
	4.5～6.0	10		
	6.0～7.5	14		
仓库危险级 Ⅱ级	3.0～3.5	10	200	2.0
	3.5～4.5	12		
	4.5～6.0	16		
	6.0～7.5	22		

注：本表及表 5.0.5-3、表 5.0.5-4 适用于室内最大净空高度不超过 9.0m 的仓库。

表 5.0.5-2　分类堆垛储物的Ⅲ级仓库的系统
设计基本参数

最大储物高度 (m)	最大净空高度 (m)	喷水强度 [L/(min·m²)]			
		A	B	C	D
1.5	7.5	8.0			
3.5	4.5	16.0	16.0	12.0	12.0
	6.0	24.5	22.0	20.5	16.5
	9.5	32.5	28.5	24.5	18.5

续表 5.0.5-2

最大储物高度 (m)	最大净空高度 (m)	喷水强度〔L/（min·m²）〕			
		A	B	C	D
4.5	6.0	20.5	18.5	16.5	12.0
	7.5	32.5	28.5	24.5	18.5
6.0	7.5	24.5	22.5	18.5	14.5
	9.0	36.5	34.5	28.5	22.5
7.5	9.0	30.5	28.5	22.5	18.5

注：1 A—袋装与无包装的发泡塑料橡胶；B—箱装的发泡塑料橡胶；
　　　C—箱装与袋装的不发泡塑料橡胶；D—无包装的不发泡塑料橡胶。
　　2 作用面积不应小于 240m²。

表 5.0.5-3　单、双排货架储物仓库的系统设计基本参数

火灾危险等级	储物高度 (m)	喷水强度 〔L/(min·m²)〕	作用面积 (m²)	持续喷水时间 (h)
仓库危险级 Ⅰ级	3.0～3.5	8	200	1.5
	3.5～4.5	12		
	4.5～6.0	18		
仓库危险级 Ⅱ级	3.0～3.5	12	240	1.5
	3.5～4.5	15	280	2.0

表 5.0.5-4　多排货架储物仓库的系统设计基本参数

火灾危险等级	储物高度 (m)	喷水强度 〔L/(min·m²)〕	作用面积 (m²)	持续喷水时间 (h)
仓库危险级 Ⅰ级	3.5～4.5	12	200	1.5
	4.5～6.0	18		
	6.0～7.5	12+1J		
仓库危险级 Ⅱ级	3.0～3.5	12	200	1.5
	3.5～4.5	18		2.0
	4.5～6.0	12+1J		
	6.0～7.5	12+2J		

表 5.0.5-5 货架储物Ⅲ级仓库的系统设计基本参数

序号	室内最大净高(m)	货架类型	储物高度(m)	货顶上方净空(m)	顶板下喷头喷水强度[L/(min·m²)]	货架内置喷头		
						层数	高度(m)	流量系数
1	—	单、双排	3.0~6.0	<1.5	24.5	—	—	—
2	≤6.5	单、双排	3.0~4.5	—	18.0	—	—	—
3	—	单、双、多排	3.0	<1.5	12.0	—	—	—
4	—	单、双、多排	3.0	1.5~3.0	18.0	—	—	—
5	—	单、双、多排	3.0~4.5	1.5~3.0	12.0	1	3.0	80
6	—	单、双、多排	4.5~6.0	<1.5	24.5	—	—	—
7	≤8.0	单、双、多排	4.5~6.0	—	24.5	—	—	—
8	—	单、双、多排	4.5~6.0	1.5~3.0	18.0	1	3.0	80
9	—	单、双、多排	6.0~7.5	<1.5	18.5	1	4.5	115
10	≤9.0	单、双、多排	6.0~7.5	—	32.5	—	—	—

注：1 持续喷水时间不应低于 2h，作用面积不应小于 200m²。
　　2 序号 5 与序号 8：货架内设置一排货架内置喷头时，喷头的间距不应大于 3.0m；设置两排或多排货架内置喷头时，喷头的间距不应大于 3.0×2.4 (m)。
　　3 序号 9：货架内设置一排货架内置喷头时，喷头的间距不应大于 2.4m；设置两排或多排货架内置喷头时，喷头的间距不应大于 2.4×2.4 (m)。
　　4 设置两排和多排货架内置喷头时，喷头应交错布置。
　　5 货架内置喷头的最低工作压力不应低于 0.1MPa。
　　6 表中字母"J"表示货架内喷头，"J"前的数字表示货架内喷头的层数。

表 5.0.5-6 混杂储物仓库的系统设计基本参数

货品类别	储存方式	储物高度(m)	最大净空高度(m)	喷水强度[L/(min·m²)]	作用面积(m²)	持续喷水时间(h)
储物中包括沥青制品或箱装 A 组塑料橡胶	堆垛与货架	≤1.5	9.0	8	160	1.5
		1.5~3.0	4.5	12	240	2.0
		1.5~3.0	6.0	16	240	2.0
		3.0~3.5	5.0		240	2.0
	堆垛	3.0~3.5	8.0	16	240	2.0
	货架	1.5~3.5	9.0	8+1J	160	2.0

续表 5.0.5-6

货品类别	储存方式	储物高度 （m）	最大净空高度 （m）	喷水强度 [L/（min·m²）]	作用面积 （m²）	持续喷水时间 （h）
储物中包括袋装 A组塑料橡胶	堆垛与货架	≤1.5	9.0	8	160	1.5
		1.5～3.0	4.5	16	240	2.0
		3.0～3.5	5.0			
储物中包括袋装 不发泡 A组塑料橡胶	堆垛	1.5～2.5	9.0	16	240	2.0
	堆垛与货架	1.5～3.0	6.0	16	240	2.0
储物中包括袋装 发泡 A组塑料橡胶	货架	1.5～3.0	6.0	8+1J	160	2.0
储物中包括轮胎 或纸卷	堆垛与货架	1.5～3.5	9.0	12	240	2.0

注：1 无包装的塑料橡胶视同纸袋、塑料袋包装。
　　2 货架内置喷头应采用与顶板下喷头相同的喷水强度，用水量应按开放6只喷头确定。

5.0.6 仓库采用早期抑制快速响应喷头的系统设计基本参数不应低于表 5.0.6 的规定。

表 5.0.6 仓库采用早期抑制快速响应喷头的系统设计基本参数

储物类别	最大净空高度 （m）	最大储物高度 （m）	喷头流量系数 K	喷头最大间距 （m）	作用面积内开放的喷头数（只）	喷头最低工作压力 （MPa）
Ⅰ级、Ⅱ级、沥青制品、箱装不发泡塑料	9.0	7.5	200	3.7	12	0.35
			360			0.10
	10.5	9.0	200	3.0	12	0.50
			360			0.15
	12.0	10.5	200		12	0.50
			360			0.20
	13.5	12.0	360		12	0.30

续表 5.0.6

储物类别	最大净空高度（m）	最大储物高度（m）	喷头流量系数 K	喷头最大间距（m）	作用面积内开放的喷头数（只）	喷头最低工作压力（MPa）
袋装不发泡塑料	9.0	7.5	200	3.7	12	0.35
			240			0.25
	9.5	7.5	200		12	0.40
			240			0.30
	12.0	10.5	200	3.0	12	0.50
			240			0.35
箱装发泡塑料	9.0	7.5	200	3.7	12	0.35
	9.5	7.5	200		12	0.40
			240			0.30

注：快速响应早期抑制喷头在保护最大高度范围内，如有货架应为通透性层板。

5.0.7 货架储物仓库的最大净空高度或最大储物高度超过本规范表 5.0.5-1～表 5.0.5-6、表 5.0.6 的规定时，应设货架内置喷头。宜在自地面起每 4m 高度处设置一层货架内置喷头。当喷头流量系数 $K=80$ 时，工作压力不应小于 0.20MPa；当 $K=115$ 时，工作压力不应小于 0.10MPa。喷头间距不应大于 3m，也不宜小于 2m。计算喷头数量不应小于表 5.0.7 的规定。货架内置喷头上方的层间隔板应为实层板。

表 5.0.7 货架内开放喷头数

仓库危险级	货架内置喷头的层数		
	1	2	>2
Ⅰ	6	12	14
Ⅱ	8	14	
Ⅲ	10		

6.2.7 连接报警阀进出口的控制阀应采用信号阀。当不采用信号阀时，控制阀应设锁定阀位的锁具。

6.5.1 每个报警阀组控制的最不利点喷头处，应设末端试水装置，其他防火分区、楼层均应设直径为 25mm 的试水阀。末端试水装置和试水阀应便于操作，且应有足够排水能力的排水设施。

7.1.3 除吊顶型喷头及吊顶下安装的喷头外，直立型、下垂型标准喷头，其溅水盘与顶板的距离，不应小于 75mm，不应大于 150mm。

1 当在梁或其他障碍物底面下方的平面上布置喷头时，溅水盘与顶板的距离不应大于 300mm，同时溅水盘与梁等障碍物底面的垂直距离不应小于 25mm，不应大于 100mm。

2 当在梁间布置喷头时，应符合本规范 7.2.1 条的规定。确有困难时，溅水盘与顶板的距离不应大于 550mm。

梁间布置的喷头，喷头溅水盘与顶板距离达到 550mm 仍不能符合 7.2.1 条规定时，应在梁底面的下方增设喷头。

3 密肋梁板下方的喷头，溅水盘与密肋梁板底面的垂直距离，不应小于 25mm，不应大于 100mm。

4 净空高度不超过 8m 的场所中，间距不超过 4×4（m）布置的十字梁，可在梁间布置 1 只喷头，但喷水强度仍应符合表 5.0.1 的规定。

8.0.2 配水管道应采用内外壁热镀锌钢管或符合现行国家或行业标准，并同时符合本规范 1.0.4 条规定的涂覆其他防腐材料的钢管，以及铜管、不锈钢管。当报警阀入口前管道采用不防腐的钢管时，应在该段管道的末端设过滤器。

10.3.2 不设高位消防水箱的建筑，系统应设气压供水设备。气压供水设备的有效水容积，应按系统最不利处 4 只喷头在最低工作压力下的 10min 用水量确定。

干式系统、预作用系统设置的气压供水设备，应同时满足配水管道的充水要求。

12.0.1 局部应用系统适用于室内最大净空高度不超过 8m 的民用建筑中，局部设置且保护区域总建筑面积不超过 1000m² 的湿式系统。

除本章规定外，局部应用系统尚应符合本规范其他章节的有关规定。

12.0.2 局部应用系统应采用快速响应喷头，喷水强度不应低于 6L/（min·m²），持续喷水时间不应低于 0.5h。

12.0.3 局部应用系统保护区域内的房间和走道均应布置喷头。喷头的选型、布置和按开放喷头数确定的作用面积，应符合下列规定：

1 采用流量系数 $K＝80$ 快速响应喷头的系统，喷头的布置应符合中危险级Ⅰ级场所的有关规定，作用面积应符合表 12.0.3 的规定。

表 12.0.3　局部应用系统采用流量系数 $K＝80$ 快速响
应喷头时的作用面积

保护区域总建筑面积和最大厅室建筑面积		开放喷头数
保护区域总建筑面积超过 300m² 或最大厅室建筑面积超过 200m²		10
保护区域总建筑面积不超过 300m²	最大厅室建筑面积不超过 200m²	8
	最大厅室内喷头少于 6 只	大于最大厅室内喷头数 2 只
	最大厅室内喷头少于 3 只	5

2 采用 $K＝115$ 快速响应扩展覆盖喷头的系统，同一配水支管上喷头的最大间距和相邻配水支管的最大间距，正方形布置时不应大于 4.4m，矩形布置时长边不应大于 4.6m，喷头至墙的距离不应大于 2.2m，作用面积应按开放喷头数不少于 6 只确定。

三、《泡沫灭火系统设计规范》GB 50151—2010

3.1.1 泡沫液、泡沫消防水泵、泡沫混合液泵、泡沫液泵、泡沫比例混合器（装置）、压力容器、泡沫产生装置、火灾探测与启动控制装置、控制阀门及管道等，必须采用经国家产品监督检验机构检验合格的产品，且必须符合系统设计要求。

3.2.1 非水溶性甲、乙、丙类液体储罐低倍数泡沫液的选择，应符合下列规定：

1 当采用液上喷射系统时，应选用蛋白、氟蛋白、成膜氟蛋白或水成膜泡沫液；

2 当采用液下喷射系统时，应选用氟蛋白、成膜氟蛋白或水成膜泡沫液；

3 当选用水成膜泡沫液时，其抗烧水平不应低于现行国家标准《泡沫灭火剂》GB 15308 规定的 C 级。

3.2.2 2 当采用非吸气性喷射装置时，应选用水成膜或成膜氟蛋白泡沫液。

3.2.3 水溶性甲、乙、丙液体和其他对普通泡沫有破坏作用的甲、乙、丙液体，以及用一套系统同时保护水溶性和非水溶性甲、乙、丙液体的，必须选用抗溶泡沫液。

3.2.5 高倍数泡沫灭火系统利用热烟气发泡时，应采用耐温耐烟型高倍数泡沫液。

3.2.6 当采用海水作为系统水源时，必须选择适用于海水的泡沫液。

3.3.2 1 泡沫液泵的工作压力和流量应满足系统最大设计要求，并应与所选比例混合装置的工作压力范围和流量范围相匹配，同时应保证在设计流量范围内泡沫液供给压力大于最大水压力；

2 泡沫液泵的结构形式、密封或填充类型应适宜输送所选的泡沫液，其材料应耐泡沫液腐蚀且不影响泡沫液的性能；

3 应设置备用泵，备用泵的规格型号应与工作泵相同，且工作泵故障时应能自动与手动切换到备用泵；

4 泡沫液泵应能耐受不低于 10min 的空载运转；

3.7.1 泡沫灭火系统中所用的控制阀门应有明显的启闭标志。

3.7.6 泡沫液管道应采用不锈钢管。

3.7.7 当寒冷季节有冰冻的地区，泡沫灭火系统的湿式管道应采取防冻措施。

4.1.2 储罐区低倍数泡沫灭火系统的选择，应符合下列规定：

1 非水溶性甲、乙、丙类液体固定顶储罐，应选用液上喷射、液下喷射或半液下喷射系统；

2 水溶性甲、乙、丙类液体和其他对普通泡沫有破坏作用的甲、乙、丙类液体固定顶储罐，应选用液上喷射系统或半液下喷射系统；

3 外浮顶和内浮顶储罐应选用液上喷射系统；

4 非水溶性液体外浮顶储罐、内浮顶储罐、直径大于18m的固定顶储罐及水溶性甲、乙、丙类液体立式储罐，不得选用泡沫炮作为主要灭火设施；

5 高度大于7m或直径大于9m的固定顶储罐，不得选用泡沫枪作为主要灭火设施。

4.1.3 储罐区泡沫灭火系统扑救一次火灾的泡沫混合液设计用量，应按罐内用量、该罐辅助泡沫枪用量、管道剩余量三者之和最大的储罐确定。

4.1.4 设置固定式泡沫灭火系统的储罐区，应配置用于扑救液体流散火灾的辅助泡沫枪，泡沫枪的数量及其泡沫混合液连续供给时间不应小于表4.1.4的规定。每支辅助泡沫枪的泡沫混合液流量不应小于240L/min。

表4.1.4 泡沫枪数量及其泡沫混合液连续供给时间

储罐直径（m）	配备泡沫枪数（支）	连续供给时间（min）
≤10	1	10
>10 且≤20	1	20
>20 且≤30	2	20
>30 且≤40	2	30
>40	3	30

4.1.10 固定式泡沫灭火系统的设计应满足在泡沫消防水泵或泡

沫混合液泵启动后，将泡沫混合液或泡沫输送到保护对象的时间不大于 5min。

4.2.1 固定顶储罐的保护面积应按其横截面积确定。

4.2.2 1 非水溶性液体储罐液上喷射系统，其泡沫混合液供给强度和连续供给时间不应小于表 4.2.2-1 的规定；

表 4.2.2-1 泡沫混合液供给强度和连续供给时间

系统形式	泡沫液种类	供给强度 [L/（min·m²）]	连续供给时间（min）	
			甲、乙类液体	丙类液体
固定式、半固定式系统	蛋白	6.0	40	30
	氟蛋白、水成膜、成膜氟蛋白	5.0	45	30
移动式系统	蛋白、氟蛋白	8.0	60	45
	水成膜、成膜氟蛋白	6.5	60	45

注：1 如果采用大于本表规定的混合液供给强度，混合液连续供给时间可按相应的比例缩短，但不得小于本表规定时间的 80%。

2 沸点低于 45℃ 的非水溶性液体，设置泡沫灭火系统的适用性及其泡沫混合液供给强度，应由试验确定。

2 非水溶性液体储罐液下或半液下喷射系统，其泡沫混合液供给强度不应小于 5.0L/（min·m²）、连续供给时间不应小于 40min：

注：沸点低于 45℃ 的非水溶性液体、储存温度超过 50℃ 或黏度大于 40mm²/s 的非水溶性液体，液下喷射系统的适用性及其泡沫混合液供给强度，应由试验确定。

4.2.6 1 每个泡沫产生器应用独立的混合液管道引至防火堤外；

2 除立管外，其他泡沫混合液管道不得设置在罐壁上。

4.3.2 非水溶性液体的泡沫混合液供给强度不应小于 12.5L/（min·m²），连续供给时间不应小于 30min，单个泡沫产生器的最大保护周长应符合表 4.3.2 的规定。

表 4.3.2   单个泡沫产生器的最大保护周长

泡沫喷射口设置部位	堰板高度（m）		保护周长（m）
罐壁顶部、密封或挡雨板上方	软密封	≥0.9	24
	机械密封	<0.6	12
		≥0.6	24
金属挡雨板下部	<0.6		18
	≥0.6		24

注：当采用从金属挡雨板下部喷射泡沫的方式时，其挡雨板必须是不含任何可燃
材料的金属板。

4.4.2 1 泡沫堰板与罐壁的距离不应小于 0.55m，其高度不应
小于 0.5m；

2 单个泡沫产生器保护周长不应大于 24m；

3 非水溶性液体的泡沫混合液供给强度不应小于 12.5L/
(min・m²)；

5 混合液连续供给时间不应小于 30min。

6.1.2 全淹没系统或固定式局部应用系统应设置火灾自动报警
系统，并应符合下列规定：

1 全淹没系统应同时具备自动、手动和应急机械手动启动
功能；

2 自动控制的固定式局部应用系统应同时具备手动和应急
机械手动启动功能；手动控制的固定式局部应用系统尚应具备应
急机械手动启动功能；

3 消防控制中心（室）和防护区应设置声光报警装置；

6.2.2 全淹没系统的防护区应为封闭或设置灭火所需的固定围
挡的区域，且应符合下列规定：

1 泡沫的围挡应为不燃结构，且应在系统设计灭火时间内
具备围挡泡沫的能力；

2 在保证人员撤离的前提下，门、窗等位于设计淹没深度
以下的开口，应在泡沫喷放前或泡沫喷放的同时自动关闭；对于
不能自动关闭的开口，全淹没系统应对其泡沫损失进行相应

补偿；

3 利用防护区外部空气发泡的封闭空间，应设置排气口，排气口的位置应避免燃烧产物或其他有害气体回流到高倍数泡沫产生器进气口；

6.2.3 泡沫淹没深度的确定应符合下列规定：

1 当用于扑救 A 类火灾时，泡沫淹没深度不应小于最高保护对象高度的 1.1 倍，且应高于最高保护对象最高点 0.6m；

2 当用于扑救 B 类火灾时，汽油、煤油、柴油或苯火灾的泡沫淹没深度应高于起火部位 2m；其他 B 类火灾的泡沫淹没深度应由试验确定。

6.2.5 泡沫的淹没时间不应超过表 6.2.5 的规定。系统自接到火灾信号至开始喷放泡沫的延时不应超过 1min。

表 6.2.5　泡沫的淹没时间（min）

可　燃　物	高倍数泡沫灭火系统单独使用	高倍数泡沫灭火系统与自动喷水灭火系统联合使用
闪点不超过 40℃的非水溶性液体	2	3
闪点超过 40℃的非水溶性液体	3	4
发泡橡胶、发泡塑料、成卷的织物或皱纹纸等低密度可燃物	3	4
成卷的纸、压制牛皮纸、涂料纸、纸板箱、纤维圆筒、橡胶轮胎等高密度可燃物	5	7

注：水溶性液体的淹没时间应由试验确定。

6.2.7 泡沫液和水的连续供给时间应符合下列规定：

1 当用于扑救 A 类火灾时，不应小于 25min；

2 当用于扑救 B 类火灾时，不应小于 15min。

6.3.3 当用于扑救 A 类火灾或 B 类火灾时，泡沫供给速率应符合下列规定：

1 覆盖 A 类火灾保护对象最高点的厚度不应小于 0.6m；

2 对于汽油、煤油、柴油或苯，覆盖起火部位的厚度不应小于 2m；其他 B 类火灾的泡沫覆盖厚度应由试验确定；

3 达到规定覆盖厚度的时间不应大于 2min。

6.3.4 当用于扑救 A 类火灾和 B 类火灾时，其泡沫液和水的连续供给时间不应小于 12min。

7.1.3 泡沫-水喷淋系统泡沫混合液与水的连续供给时间，应符合下列规定：

1 泡沫混合液连续供给时间不应小于 10min；

2 泡沫混合液与水的连续供给时间之和不应小于 60min。

7.2.1 泡沫-水喷淋系统的保护面积应按保护场所内的水平面面积或水平面投影面积确定。

7.2.2 当保护非水溶性液体时，其泡沫混合液供给强度不应小于表 7.2.2 的规定；当保护水溶性液体时，其混合液供给强度和连续供给时间应由试验确定。

表 7.2.2 泡沫混合液供给强度

泡沫液种类	喷头设置高度 （m）	泡沫混合液供给强度 $[L/(min \cdot m^2)]$
蛋白、氟蛋白	≤10	8
	>10	10
水成膜、成膜氟蛋白	≤10	6.5
	>10	8

7.3.5 闭式泡沫—水喷淋系统的供给强度不应小于 $6.5L/(min \cdot m^2)$。

7.3.6 闭式泡沫—水喷淋系统输送的泡沫混合液应在 8L/s 至最大设计流量范围内达到额定的混合比。

8.1.5 泡沫消防泵站内应设置水池（罐）水位指示装置。泡沫消防泵站应设置与本单位消防站消防保卫部门直接联络的通讯设备。

8.1.6 当泡沫比例混合装置设置在泡沫消防泵站内无法满足本

规范第 4.1.10 条的规定时，应设置泡沫站，且泡沫站的设置应符合下列规定：

1　严禁将泡沫站设置在防火堤内、围堰内、泡沫灭火系统保护区或其他火灾及爆炸危险区域内；

2　当泡沫站靠近防火堤设置时，其与各甲、乙、丙类液体储罐罐壁的间距应大于 20m，且应具备远程控制功能；

3　当泡沫站设置在室内时，其建筑耐火等级不应低于二级。

8.2.3　泡沫灭火系统水源的水量应满足系统最大设计流量和供给时间的要求。

9.1.1　储罐内泡沫灭火系统的泡沫混合液设计流量，应按储罐上设置的泡沫产生器或高背压泡沫产生器与该储罐辅助泡沫枪的流量之和计算，且应按流量之和最大的储罐确定。

9.1.3　泡沫—水雨淋系统的设计流量，应按雨淋阀控制的喷头的流量之和确定。多个雨淋阀并联的雨淋系统，其系统设计流量应按同时启用雨淋阀的流量之和的最大值确定。

四、《固定消防炮灭火系统设计规范》GB 50338—2003

3.0.1　系统选用的灭火剂应和保护对象相适应，并应符合下列规定：

1　泡沫炮系统适用于甲、乙、丙类液体、固体可燃物火灾场所；

2　干粉炮系统适用于液化石油气、天然气等可燃气体火灾场所；

3　水炮系统适用于一般固体可燃物火灾场所；

4　水炮系统和泡沫炮系统不得用于扑救遇水发生化学反应而引起燃烧、爆炸等物质的火灾。

4.1.6　水炮系统和泡沫炮系统从启动至炮口喷射水或泡沫的时间不应大于 5min，干粉炮系统从启动至炮口喷射干粉的时间不应大于 2min。

4.2.1　室内消防炮的布置数量不应少于两门，其布置高度应保证消防炮的射流不受上部建筑构件的影响，并应能使两门水炮的水射流同时到达被保护区域的任一部位。

室内系统应采用湿式给水系统，消防炮位处应设置消防水泵启动按钮。

设置消防炮平台时，其结构强度应能满足消防炮喷射反力的要求，结构设计应能满足消防炮正常使用的要求。

4.2.2 室外消防炮的布置应能使消防炮的射流完全覆盖被保护场所及被保护物，且应满足灭火强度及冷却强度的要求。

1 消防炮应设置在被保护场所常年主导风向的上风方向；

2 当灭火对象高度较高、面积较大时，或在消防炮的射流受到较高大障碍物的阻挡时，应设置消防炮塔。

4.3.1 水炮的设计射程和设计流量应符合下列规定：

1 水炮的设计射程应符合消防炮布置的要求。室内布置的水炮的射程应按产品射程的指标值计算，室外布置的水炮的射程应按产品射程指标值的 90% 计算。

2 当水炮的设计工作压力与产品额定工作压力不同时，应在产品规定的工作压力范围内选用。

4 当上述计算的水炮设计射程不能满足消防炮布置的要求时，应调整原设定的水炮数量、布置位置或规格型号，直至达到要求。

4.3.3 水炮系统灭火及冷却用水的连续供给时间应符合下列规定：

1 扑救室内火灾的灭火用水连续供给时间不应小于 1.0h；

2 扑救室外火灾的灭火用水连续供给时间不应小于 2.0h；

4.3.4 水炮系统灭火及冷却用水的供给强度应符合下列规定：

1 扑救室内一般固体物质火灾的供给强度应符合国家有关标准的规定，其用水量应按两门水炮的水射流同时到达防护区任一部位的要求计算。民用建筑的用水量不应小于 40L/s，工业建筑的用水量不应小于 60L/s；

4.3.6 水炮系统的计算总流量应为系统中需要同时开启的水炮

设计流量的总和，且不得小于灭火用水计算总流量及冷却用水计算总流量之和。

5.6.1 当消防泵出口管径大于 300mm 时，不应采用单一手动启闭功能的阀门。阀门应有明显的启闭标志，远控阀门应具有快速启闭功能，且密封可靠。

5.6.2 常开或常闭的阀门应设锁定装置，控制阀和需要启闭的阀门应设启闭指示器。参与远控炮系统联动控制的控制阀，其启闭信号应传至系统控制室。

5.7.1 消防炮塔应具有良好的耐腐蚀性能，其结构强度应能同时承受使用场所最大风力和消防炮喷射反力。消防炮塔的结构设计应能满足消防炮正常操作使用的要求。

5.7.3 室外消防炮塔应设有防止雷击的避雷装置、防护栏杆和保护水幕；保护水幕的总流量不应小于 6L/s。

6.1.4 系统配电线路应采用经阻燃处理的电线、电缆。

6.2.4 工作消防泵组发生故障停机时，备用消防泵组应能自动投入运行。

五、《干粉灭火系统设计规范》GB 50347—2004

1.0.5 干粉灭火系统不得用于扑救下列物质的火灾：

　　1 硝化纤维、炸药等无空气仍能迅速氧化的化学物质与强氧化剂。

　　2 钾、钠、镁、钛、锆等活泼金属及其氢化物。

3.1.2 采用全淹没灭火系统的防护区，应符合下列规定：

　　1 喷放干粉时不能自动关闭的防护区开口，其总面积不应大于该防护区总内表面积的 15%，且开口不应设在底面。

3.1.3 采用局部应用灭火系统的保护对象，应符合下列规定：

　　1 保护对象周围的空气流动速度不应大于 2m/s。必要时，应采取挡风措施。

　　2 在喷头和保护对象之间，喷头喷射角范围内不应有遮挡物。

3　当保护对象为可燃液体时，液面至容器缘口的距离不得小于150mm。

3.1.4　当防护区或保护对象有可燃气体，易燃、可燃液体供应源时，启动干粉灭火系统之前或同时，必须切断气体、液体的供应源。

3.2.3　全淹没灭火系统的干粉喷射时间不应大于30s。

3.3.2　室内局部应用灭火系统的干粉喷射时间不应小于30s；室外或有复燃危险的室内局部应用灭火系统的干粉喷射时间不应小于60s。

3.4.3　一个防护区或保护对象所用预制灭火装置最多不得超过4套，并应同时启动，其动作响应时间差不得大于2s。

5.1.1　干粉储存容器应符合国家现行标准《压力容器安全技术监察规程》的规定；驱动气体储瓶及其充装系数应符合国家现行标准《气瓶安全监察规程》的规定。

5.2.6　喷头的单孔直径不得小于6mm。

5.3.1　管道及附件应能承受最高环境温度下工作压力，并应符合下列规定：7 管道分支不应使用四通管件。

7.0.2　防护区的走道和出口，必须保证人员能在30s内安全疏散。

7.0.3　防护区的门应向疏散方向开启，并应能自动关闭，在任何情况下均应能在防护区内打开。

7.0.7　当系统管道设置在有爆炸危险的场所时，管网等金属件应设防静电接地，防静电接地设计应符合国家现行有关标准规定。

六、《气体灭火系统设计规范》GB 50370—2005

3.1.4　两个或两个以上的防护区采用组合分配系统时，一个组合分配系统所保护的防护区不应超过8个。

3.1.5　组合分配系统的灭火剂储存量，应按储存量最大的防护区确定。

3.1.15　同一防护区内的预制灭火系统装置多于1台时，必须能同时启动，其动作响应时差不得大于 2s。

3.1.16 单台热气溶胶预制灭火系统装置的保护容积不应大于 160m³；设置多台装置时，其相互间的距离不得大于 10m。

3.2.7 防护区应设置泄压口，七氟丙烷灭火系统的泄压口应位于防护区净高的 2/3 以上。

3.2.9 喷放灭火剂前，防护区内除泄压口外的开口应能自行关闭。

3.3.1 七氟丙烷灭火系统的灭火设计浓度不应小于灭火浓度的 1.3 倍，惰化设计浓度不应小于惰化浓度的 1.1 倍。

3.3.7 在通讯机房和电子计算机房等防护区，设计喷放时间不应大于 8s；在其他防护区，设计喷放时间不应大于 10s。

3.3.16 七氟丙烷气体灭火系统的喷头工作压力的计算结果，应符合下列规定：

　　1 一级增压储存容器的系统 $P_c \geqslant 0.6$（MPa，绝对压力）；二级增压储存容器的系统 $P_c \geqslant 0.7$（MPa，绝对压力）；三级增压储存容器的系统 $P_c \geqslant 0.8$（MPa，绝对压力）。

　　2 $P_c \geqslant P_m/2$（MPa，绝对压力）。

3.4.1 IG541 混合气体灭火系统的灭火设计浓度不应小于灭火浓度的 1.3 倍，惰化设计浓度不应小于惰化浓度的 1.1 倍。

3.4.3 当 IG541 混合气体灭火剂喷放至设计用量的 95% 时，其喷放时间不应大于 60s，且不应小于 48s。

3.5.1 热气溶胶预制灭火系统的灭火设计密度不应小于灭火密度的 1.3 倍。

3.5.5 在通讯机房、电子计算机房等防护区，灭火剂喷放时间不应大于 90s，喷口温度不应大于 150℃；在其他防护区，喷放时间不应大于 120s，喷口温度不应大于 180℃。

4.1.3 储存装置的储存容器与其他组件的公称工作压力，不应小于在最高环境温度下所承受的工作压力。

4.1.4 在储存容器或容器阀上，应设安全泄压装置和压力表。组合分配系统的集流管，应设安全泄压装置。安全泄压装置的动作压力，应符合相应气体灭火系统的设计规定。

4.1.8 喷头的布置应满足喷放后气体灭火剂在防护区内均匀分布的要求。当保护对象属可燃液体时，喷头射流方向不应朝向液体表面。

4.1.10 系统组件与管道的公称工作压力，不应小于在最高环境温度下所承受的工作压力。

5.0.2 管网灭火系统应设自动控制、手动控制和机械应急操作三种启动方式。预制灭火系统应设自动控制和手动控制两种启动方式。

5.0.4 灭火设计浓度或实际使用浓度大于无毒性反应浓度（NO-AEL浓度）的防护区和采用热气溶胶预制灭火系统的防护区，应设手动与自动控制的转换装置。当人员进入防护区时，应能将灭火系统转换为手动控制方式；当人员离开时，应能恢复为自动控制方式。防护区内外应设手动、自动控制状态的显示装置。

5.0.8 气体灭火系统的电源，应符合国家现行有关消防技术标准的规定；采用气动力源时，应保证系统操作和控制需要的压力和气量。

6.0.1 防护区应有保证人员在30s内疏散完毕的通道和出口。

6.0.3 防护区的门应向疏散方向开启，并能自行关闭；用于疏散的门必须能从防护区内打开。

6.0.4 灭火后的防护区应通风换气，地下防护区和无窗或设固定窗扇的地上防护区，应设置机械排风装置，排风口宜设在防护区的下部并应直通室外。通信机房、电子计算机房等场所的通风换气次数应不少于每小时5次。

6.0.6 经过有爆炸危险和变电、配电场所的管网，以及布设在以上场所的金属箱体等，应设防静电接地。

6.0.7 有人工作防护区的灭火设计浓度或实际使用浓度，不应大于有毒性反应浓度（LOAEL浓度），该值应符合本规范附录G的规定。

6.0.8 防护区内设置的预制灭火系统的充压压力不应大于2.5MPa。

6.0.10 热气溶胶灭火系统装置的喷口前 1.0m 内，装置的背面、侧面、顶部 0.2m 内不应设置或存放设备、器具等。

七、《水喷雾灭火系统技术规范》GB 50219—2014

3.1.2 系统的供给强度和持续供给时间不应小于表 3.1.2 的规定，响应时间不应大于表 3.1.2 的规定。

表 3.1.2 系统的供给强度、持续供给时间和响应时间

防护目的	保护对象			供给强度 [L/(min·m²)]	持续供给时间(h)	响应时间(s)
灭火		固体物质火灾		15	1	60
		输送机皮带		10	1	60
	液体火灾	闪点 60℃～120℃的液体		20	0.5	60
		闪点高于 120℃的液体		13		
		饮料酒		20		
	电气火灾	油浸式电力变压器、油断路器		20	0.4	60
		油浸式电力变压器的集油坑		6		
		电缆		13		
防护冷却	甲_B、乙、丙类液体储罐	固定顶罐		2.5	直径大于20m的固定顶罐为6h，其他为4h	300
		浮顶罐		2.0		
		相邻罐		2.0		
	液化烃或类似液体储罐	全压力、半冷冻式储罐		9	6	120
		全冷冻式储罐	单、双容罐	罐壁	2.5		
				罐顶	4		
			全容罐	罐顶泵平台、管道进出口等局部危险部位	20		
				管带	10		
		液氨储罐		6		
	甲、乙类液体及可燃气体生产、输送、装卸设施			9	6	120
	液化石油气灌瓶间、瓶库			9	6	60

注：1 添加水系灭火剂的系统，其供给强度应由试验确定。

  2 钢制单盘式、双盘式、敞口隔舱式内浮顶罐应按浮顶罐对待，其他内浮顶罐应按固定顶罐对待。

3.1.3   水雾喷头的工作压力，当用于灭火时不应小于 0.35MPa；当用于防护冷却时不应小于 0.2MPa，但对于甲$_B$、乙、丙类液体储罐不应小于 0.15MPa。

3.2.3   水雾喷头与保护对象之间的距离不得大于水雾喷头的有效射程。

4.0.2   水雾喷头的选型应符合下列要求：

    1   扑救电气火灾，应选用离心雾化型水雾喷头；

8.4.11   联动试验应符合下列规定：

    1   采用模拟火灾信号启动系统，相应的分区雨淋报警阀（或电动控制阀、气动控制阀）、压力开关和消防水泵及其他联动设备均应能及时动作并发出相应的信号。

    检查数量：全数检查。

    检查方法：直观检查。

    2   采用传动管启动的系统，启动 1 只喷头，相应的分区雨淋报警阀、压力开关和消防水泵及其他联动设备均应能及时动作并发出相应的信号。

    检查数量：全数检查。

    检查方法：直观检查。

    3   系统的响应时间、工作压力和流量应符合设计要求。

    检查数量：全数检查。

    检查方法：当为手动控制时，以手动方式进行 1 次～2 次试验；当为自动控制时，以自动和手动方式各进行 1 次～2 次试验，并用压力表、流量计、秒表计量。

9.0.1   系统竣工后，必须进行工程验收，验收不合格不得投入使用。

第三篇　节　能　设　计

一、《公共建筑节能设计标准》GB 50189—2005

4.1.2 严寒、寒冷地区建筑的体形系数应小于或等于 0.40。当不能满足本条文的规定时，必须按本标准第 4.3 节的规定进行权衡判断。

4.2.2 根据建筑所处城市的建筑气候分区，围护结构的热工性能应分别符合表 4.2.2-1、表 4.2.2-2、表 4.2.2-3、表 4.2.2-4、表 4.2.2-5 以及表 4.2.2-6 的规定，其中外墙的传热系数为包括结构性热桥在内的平均值 K_m。当建筑所处城市属于温和地区时，应判断该城市的气象条件与表 4.2.1 中的哪个城市最接近，围护结构的热工性能应符合那个城市所属气候分区的规定。当本条文的规定不能满足时，必须按本标准第 4.3 节的规定进行权衡判断。

表 4.2.2-1　严寒地区 A 区围护结构传热系数限值

围护结构部位		体形系数≤0.3 传热系数 K W/(m² · K)	0.3<体形系数≤0.4 传热系数 K W/(m² · K)
屋面		≤0.35	≤0.30
外墙（包括非透明幕墙）		≤0.45	≤0.40
底面接触室外空气的架空或外挑楼板		≤0.45	≤0.40
非采暖房间与采暖房间的隔墙或楼板		≤0.6	≤0.6
单一朝向外窗（包括透明幕墙）	窗墙面积比≤0.2	≤3.0	≤2.7
	0.2<窗墙面积比≤0.3	≤2.8	≤2.5
	0.3<窗墙面积比≤0.4	≤2.5	≤2.2
	0.4<窗墙面积比≤0.5	≤2.0	≤1.7
	0.5<窗墙面积比≤0.7	≤1.7	≤1.5
屋顶透明部分		≤2.5	

表 4.2.2-2 **严寒地区 B 区围护结构传热系数限值**

围护结构部位		体形系数≤0.3 传热系数 K W/(m²·K)	0.3＜体形系数≤0.4 传热系数 K W/(m²·K)
屋面		≤0.45	≤0.35
外墙（包括非透明幕墙）		≤0.50	≤0.45
底面接触室外空气的架空或外挑楼板		≤0.50	≤0.45
非采暖房间与采暖房间的隔墙或楼板		≤0.8	≤0.8
单一朝向外窗（包括透明幕墙）	窗墙面积比≤0.2	≤3.2	≤2.8
	0.2＜窗墙面积比≤0.3	≤2.9	≤2.5
	0.3＜窗墙面积比≤0.4	≤2.6	≤2.2
	0.4＜窗墙面积比≤0.5	≤2.1	≤1.8
	0.5＜窗墙面积比≤0.7	≤1.8	≤1.6
屋顶透明部分		≤2.6	

表 4.2.2-3 **寒冷地区围护结构传热系数和遮阳系数限值**

围护结构部位	体形系数≤0.3 传热系数 K W/(m²·K)	0.3＜体形系数≤0.4 传热系数 K W/(m²·K)
屋面	≤0.55	≤0.45
外墙（包括非透明幕墙）	≤0.60	≤0.50
底面接触室外空气的架空或外挑楼板	≤0.60	≤0.50
非采暖空调房间与采暖空调房间的隔墙或楼板	≤1.5	≤1.5

续表 4.2.2-3

外窗(包括透明幕墙)		传热系数 K W/(m² · K)	遮阳系数 SC (东、南、西向/北向)	传热系数 K W/(m² · K)	遮阳系数 SC (东、南、西向/北向)
单一朝向外窗(包括透明幕墙)	窗墙面积比≤0.2	≤3.5	—	≤3.0	—
	0.2<窗墙面积比≤0.3	≤3.0	—	≤2.5	—
	0.3<窗墙面积比≤0.4	≤2.7	≤0.70/—	≤2.3	≤0.70/—
	0.4<窗墙面积比≤0.5	≤2.3	≤0.60/—	≤2.0	≤0.60/—
	0.5<窗墙面积比≤0.7	≤2.0	≤0.50/—	≤1.8	≤0.50/—
屋顶透明部分		≤2.7	≤0.50	≤2.7	≤0.50

注：有外遮阳时，遮阳系数＝玻璃的遮阳系数×外遮阳的遮阳系数；无外遮阳时，遮阳系数＝玻璃的遮阳系数。

表 4.2.2-4 夏热冬冷地区围护结构传热系数和遮阳系数限值

围护结构部位	传热系数 K W/(m² · K)	
屋面	≤0.70	
外墙(包括非透明幕墙)	≤1.0	
底面接触室外空气的架空或外挑楼板	≤1.0	
外窗(包括透明幕墙)	传热系数 K W/(m² · K)	遮阳系数 SC (东、南、西向/北向)
单一朝向外窗(包括透明幕墙) 窗墙面积比≤0.2	≤4.7	—
0.2<窗墙面积比≤0.3	≤3.5	≤0.55/—
0.3<窗墙面积比≤0.4	≤3.0	≤0.50/0.60
0.4<窗墙面积比≤0.5	≤2.8	≤0.45/0.55
0.5<窗墙面积比≤0.7	≤2.5	≤0.40/0.50
屋顶透明部分	≤3.0	≤0.40

注：有外遮阳时，遮阳系数＝玻璃的遮阳系数×外遮阳的遮阳系数；无外遮阳时，遮阳系数＝玻璃的遮阳系数。

表 4.2.2-5 夏热冬暖地区围护结构传热系数和遮阳系数限值

围护结构部位		传热系数 K W/(m² • K)	
屋面		≤0.90	
外墙(包括非透明幕墙)		≤1.5	
底面接触室外空气的架空或外挑楼板		≤1.5	
外窗(包括透明幕墙)		传热系数 K W/(m² • K)	遮阳系数 SC (东、南、西向/北向)
单一朝向外窗(包括透明幕墙)	窗墙面积比≤0.2	≤6.5	—
	0.2<窗墙面积比≤0.3	≤4.7	≤0.50/0.60
	0.3<窗墙面积比≤0.4	≤3.5	≤0.45/0.55
	0.4<窗墙面积比≤0.5	≤3.0	≤0.40/0.50
	0.5<窗墙面积比≤0.7	≤3.0	≤0.35/0.45
屋顶透明部分		≤3.5	≤0.35

注：有外遮阳时，遮阳系数＝玻璃的遮阳系数×外遮阳的遮阳系数；无外遮阳时，遮阳系数＝玻璃的遮阳系数。

表 4.2.2-6 不同气候区地面和地下室外墙热阻限值

气候分区	围护结构部位	热阻 R (m² • K)/W
严寒地区 A 区	地面：周边地面 非周边地面	≥2.0 ≥1.8
	采暖地下室外墙(与土壤接触的墙)	≥2.0
严寒地区 B 区	地面：周边地面 非周边地面	≥2.0 ≥1.8
	采暖地下室外墙(与土壤接触的墙)	≥1.8
寒冷地区	地面：周边地面 非周边地面	≥1.5
	采暖、空调地下室外墙(与土壤接触的墙)	≥1.5
夏热冬冷地区	地面	≥1.2
	地下室外墙(与土壤接触的墙)	≥1.2
夏热冬暖地区	地面	≥1.0
	地下室外墙(与土壤接触的墙)	≥1.0

注：周边地面系指距外墙内表面 2m 以内的地面；
地面热阻系建筑基础持力层以上各层材料的热阻之和；
地下室外墙热阻系指土壤以内各层材料的热阻之和。

4.2.4 建筑每个朝向的窗(包括透明幕墙)墙面积比均不应大于 0.70。当窗(包括透明幕墙)墙面积比小于 0.40 时，玻璃(或其他透明材料)的可见光透射比不应小于 0.4。当不能满足本条文的规定时，必须按本标准第 4.3 节的规定进行权衡判断。

4.2.6 屋顶透明部分的面积不应大于屋顶总面积的 20%，当不能满足本条文的规定时，必须按本标准第 4.3 节的规定进行权衡判断。

5.1.1 施工图设计阶段，必须进行热负荷和逐项逐时的冷负荷计算。

5.4.2 除了符合下列情况之一外，不得采用电热锅炉、电热水器作为直接采暖和空气调节系统的热源：

  1 电力充足、供电政策支持和电价优惠地区的建筑；

  2 以供冷为主，采暖负荷较小且无法利用热泵提供热源的建筑；

  3 无集中供热与燃气源，用煤、油等燃料受到环保或消防严格限制的建筑；

  4 利用可再生能源发电地区的建筑；

  5 内、外区合一的变风量系统中需要对局部外区进行加热的建筑。

5.4.3 锅炉的额定热效率，应符合表 5.4.3 的规定。

表 5.4.3　锅炉额定热效率

锅　炉　类　型	热效率(%)
燃煤(类烟煤)蒸汽、热水锅炉	78
燃油、燃气蒸汽、热水锅炉	89

5.4.5 电机驱动压缩机的蒸汽压缩循环冷水(热泵)机组，在额定制冷工况和规定条件下，性能系数(COP)不应低于表 5.4.5 的规定。

表5.4.5 冷水(热泵)机组制冷性能系数

类 型		额定制冷量 (kW)	性能系数 (W/W)
水 冷	活塞式/ 涡旋式	＜528 528～1163 ＞1163	3.8 4.0 4.2
	螺杆式	＜528 528～1163 ＞1163	4.10 4.30 4.60
	离心式	＜528 528～1163 ＞1163	4.40 4.70 5.10
风冷或蒸 发冷却	活塞式/ 涡旋式	≤50 ＞50	2.40 2.60
	螺杆式	≤50 ＞50	2.60 2.80

5.4.8 名义制冷量大于7100W、采用电机驱动压缩机的单元式空气调节机、风管送风式和屋顶式空气调节机组时，在名义制冷工况和规定条件下，其能效比(*EER*)不应低于表5.4.8的规定。

表5.4.8 单元式机组能效比

类 型		能效比(W/W)
风冷式	不接风管	2.60
	接风管	2.30
水冷式	不接风管	3.00
	接风管	2.70

5.4.9 蒸汽、热水型溴化锂吸收式冷水机组及直燃型溴化锂吸收式冷(温)水机组应选用能量调节装置灵敏、可靠的机型，在名义工况下的性能参数应符合表5.4.9的规定。

表 5.4.9   溴化锂吸收式机组性能参数

机型	名义工况			性能参数		
	冷(温)水进/出口温度(℃)	冷却水进/出口温度(℃)	蒸汽压力(MPa)	单位制冷量蒸汽耗量[kg/(kW·h)]	性能系数(W/W)	
					制冷	供热
蒸汽双效	18/13	30/35	0.25	≤1.40		
			0.4			
	12/7		0.6	≤1.31		
			0.8	≤1.28		
直燃	供冷 12/7	30/35			≥1.10	
	供热出口 60					≥0.90

注：直燃机的性能系数为：制冷量(供热量)/[加热源消耗量(以低位热值计)＋电力消耗量(折算成一次能)]。

二、《严寒和寒冷地区居住建筑节能设计标准》JGJ 26—2010

4.1.3   严寒和寒冷地区居住建筑的体形系数不应大于表 4.1.3 规定的限值。当体形系数大于表 4.1.3 规定的限值时，必须按照本标准第 4.3 节的要求进行围护结构热工性能的权衡判断。

表 4.1.3   严寒和寒冷地区居住建筑的体形系数限值

	建筑层数			
	≤3 层	(4~8)层	(9~13)层	≥14 层
严寒地区	0.50	0.30	0.28	0.25
寒冷地区	0.52	0.33	0.30	0.26

4.1.4   严寒和寒冷地区居住建筑的窗墙面积比不应大于表 4.1.4 规定的限值。当窗墙面积比大于表 4.1.4 规定的限值时，必须按照本标准第 4.3 节的要求进行围护结构热工性能的权衡判断，并且在进行权衡判断时，各朝向的窗墙面积比最大也只能比

表 4.1.4 中的对应值大 0.1。

表 4.1.4　严寒和寒冷地区居住建筑的窗墙面积比限值

朝向	窗墙面积比	
	严寒地区	寒冷地区
北	0.25	0.30
东、西	0.30	0.35
南	0.45	0.50

注：1　敞开式阳台的阳台门上部透明部分应计入窗户面积，下部不透明部分不应计入窗户面积。

2　表中的窗墙面积比应按开间计算。表中的"北"代表从北偏东小于 60°至北偏西小于 60°的范围；"东、西"代表从东或西偏北小于等于 30°至偏南小于 60°的范围；"南"代表从南偏东小于等于 30°至偏西小于等于 30°的范围。

4.2.2 根据建筑物所处城市的气候分区区属不同，建筑围护结构的传热系数不应大于表 4.2.2-1～表 4.2.2-5 规定的限值，周边地面和地下室外墙的保温材料层热阻不应小于表 4.2.2-1～表 4.2.2-5 规定的限值，寒冷(B)区外窗综合遮阳系数不应大于表 4.2.2-6 规定的限值。当建筑围护结构的热工性能参数不满足上述规定时，必须按照本标准第 4.3 节的规定进行围护结构热工性能的权衡判断。

表 4.2.2-1　严寒(A)区围护结构热工性能参数限值

围护结构部位	传热系数 $K[W/(m^2 \cdot K)]$		
	≤3 层建筑	(4～8)层的建筑	≥9 层建筑
屋　面	0.20	0.25	0.25
外　墙	0.25	0.40	0.50
架空或外挑楼板	0.30	0.40	0.40
非采暖地下室顶板	0.35	0.45	0.45
分隔采暖与非采暖空间的隔墙	1.2	1.2	1.2
分隔采暖与非采暖空间的户门	1.5	1.5	1.5

续表 4.2.2-1

围护结构部位		传热系数 $K[W/(m^2 \cdot K)]$		
		≤3 层建筑	(4～8)层的建筑	≥9 层建筑
阳台门下部门芯板		1.2	1.2	1.2
外窗	窗墙面积比≤0.2	2.0	2.5	2.5
	0.2<窗墙面积比≤0.3	1.8	2.0	2.2
	0.3<窗墙面积比≤0.4	1.6	1.8	2.0
	0.4<窗墙面积比≤0.45	1.5	1.6	1.8
围护结构部位		保温材料层热阻 $R[(m^2 \cdot K)/W]$		
周边地面		1.70	1.40	1.10
地下室外墙（与土壤接触的外墙）		1.80	1.50	1.20

表 4.2.2-2 严寒（B）区围护结构热工性能参数限值

围护结构部位		传热系数 $K[W/(m^2.K)]$		
		≤3 层建筑	(4～8)层的建筑	≥9 层建筑
屋　面		0.25	0.30	0.30
外　墙		0.30	0.45	0.55
架空或外挑楼板		0.30	0.45	0.45
非采暖地下室顶板		0.35	0.50	0.50
分隔采暖与非采暖空间的隔墙		1.2	1.2	1.2
分隔采暖与非采暖空间的户门		1.5	1.5	1.5
阳台门下部门芯板		1.2	1.2	1.2
外窗	窗墙面积比≤0.2	2.0	2.5	2.5
	0.2<窗墙面积比≤0.3	1.8	2.2	2.2
	0.3<窗墙面积比≤0.4	1.6	1.9	2.0
	0.4<窗墙面积比≤0.45	1.5	1.7	1.8
围护结构部位		保温材料层热阻 $R[(m^2 \cdot K)/W]$		
周边地面		1.40	1.10	0.83
地下室外墙（与土壤接触的外墙）		1.50	1.20	0.91

表 4.2.2-3　严寒 (C) 区围护结构热工性能参数限值

围护结构部位		传热系数 $K[W/(m^2 \cdot K)]$		
		≤3 层建筑	(4～8) 层的建筑	≥9 层建筑
屋 面		0.30	0.40	0.40
外 墙		0.35	0.50	0.60
架空或外挑楼板		0.35	0.50	0.50
非采暖地下室顶板		0.50	0.60	0.60
分隔采暖与非采暖空间的隔墙		1.5	1.5	1.5
分隔采暖与非采暖空间的户门		1.5	1.5	1.5
阳台门下部门芯板		1.2	1.2	1.2
外窗	窗墙面积比≤0.2	2.0	2.5	2.5
	0.2<窗墙面积比≤0.3	1.8	2.2	2.2
	0.3<窗墙面积比≤0.4	1.6	2.0	2.0
	0.4<窗墙面积比≤0.45	1.5	1.8	1.8
围护结构部位		保温材料层热阻 $R[(m^2 \cdot K)/W]$		
周边地面		1.10	0.83	0.56
地下室外墙 (与土壤接触的外墙)		1.20	0.91	0.61

表 4.2.2-4　寒冷 (A) 区围护结构热工性能参数限值

围护结构部位	传热系数 $K[W/(m^2 \cdot K)]$		
	≤3 层建筑	(4～8) 层的建筑	≥9 层建筑
屋 面	0.35	0.45	0.45
外 墙	0.45	0.60	0.70
架空或外挑楼板	0.45	0.60	0.60
非采暖地下室顶板	0.50	0.65	0.65
分隔采暖与非采暖空间的隔墙	1.5	1.5	1.5
分隔采暖与非采暖空间的户门	2.0	2.0	2.0

续表 4.2.2-4

围护结构部位		传热系数 K[W/(m²·K)]		
		≤3 层建筑	(4～8)层的建筑	≥9 层建筑
阳台门下部门芯板		1.7	1.7	1.7
外窗	窗墙面积比≤0.2	2.8	3.1	3.1
	0.2＜窗墙面积比≤0.3	2.5	2.8	2.8
	0.3＜窗墙面积比≤0.4	2.0	2.5	2.5
	0.4＜窗墙面积比≤0.45	1.8	2.0	2.3
围护结构部位		保温材料层热阻 R[(m²·K)/W]		
周边地面		0.83	0.56	—
地下室外墙（与土壤接触的外墙）		0.91	0.61	—

表 4.2.2-5　寒冷（B）区围护结构热工性能参数限值

围护结构部位		传热系数 K[W/(m²·K)]		
		≤3 层建筑	(4～8)层的建筑	≥9 层建筑
屋　面		0.35	0.45	0.45
外　墙		0.45	0.60	0.70
架空或外挑楼板		0.45	0.60	0.60
非采暖地下室顶板		0.50	0.65	0.65
分隔采暖与非采暖空间的隔墙		1.5	1.5	1.5
分隔采暖与非采暖空间的户门		2.0	2.0	2.0
阳台门下部门芯板		1.7	1.7	1.7
外窗	窗墙面积比≤0.2	2.8	3.1	3.1
	0.2＜窗墙面积比≤0.3	2.5	2.8	2.8
	0.3＜窗墙面积比≤0.4	2.0	2.5	2.5
	0.4＜窗墙面积比≤0.45	1.8	2.0	2.3
围护结构部位		保温材料层热阻 R[(m²·K)/W]		
周边地面		0.83	0.56	—
地下室外墙（与土壤接触的外墙）		0.91	0.61	—

注：周边地面和地下室外墙的保温材料层不包括土壤和混凝土地面。

表4.2.2-6 寒冷（B）区外窗综合遮阳系数限值

围护结构部位		遮阳系数 SC（东、西向/南、北向）		
		≤3 层建筑	（4～8）层的建筑	≥9 层建筑
外窗	窗墙面积比≤0.2	—/—	—/—	—/—
	0.2＜窗墙面积比≤0.3	—/—	—/—	—/—
	0.3＜窗墙面积比≤0.4	0.45/—	0.45/—	0.45/—
	0.4＜窗墙面积比≤0.5	0.35/—	0.35/—	0.35/—

4.2.6 外窗及敞开式阳台门应具有良好的密闭性能。严寒地区外窗及敞开式阳台门的气密性等级不应低于国家标准《建筑外门窗气密、水密、抗风压性能分级及检测方法》GB/T 7106—2008中规定的6级。寒冷地区1～6层的外窗及敞开式阳台门的气密性等级不应低于国家标准《建筑外门窗气密、水密、抗风压性能分级及检测方法》GB/T 7106—2008中规定的4级，7层及7层以上不应低于6级。

5.1.1 集中采暖和集中空气调节系统的施工图设计，必须对每一个房间进行热负荷和逐项逐时的冷负荷计算。

5.1.6 除当地电力充足和供电政策支持，或者建筑所在地无法利用其他形式的能源外，严寒和寒冷地区的居住建筑内，不应设计直接电热采暖。

5.2.4 锅炉的选型，应与当地长期供应的燃料种类相适应。锅炉的设计效率不应低于表5.2.4中规定的数值。

表5.2.4 锅炉的最低设计效率（%）

锅炉类型、燃料种类及发热值			在下列锅炉容量（MW）下的设计效率（%）						
			0.7	1.4	2.8	4.2	7.0	14.0	＞28.0
燃煤	烟煤	II	—	—	73	74	78	79	80
		III	—	—	74	76	78	80	82
燃油、燃气			86	87	87	88	89	90	90

5.2.9 锅炉房和热力站的总管上，应设置计量总供热量的热量

表（热量计量装置）。集中采暖系统中建筑物的热力入口处，必须设置楼前热量表，作为该建筑物采暖耗热量的热量结算点。

5.2.13 室外管网应进行严格的水力平衡计算。当室外管网通过阀门截流来进行阻力平衡时，各并联环路之间的压力损失差值，不应大于 15%。当室外管网水力平衡计算达不到上述要求时，应在热力站和建筑物热力入口处设置静态水力平衡阀。

5.2.19 当区域供热锅炉房设计采用自动监测与控制的运行方式时，应满足下列规定：

　　1 应通过计算机自动监测系统，全面、及时地了解锅炉的运行状况。

　　2 应随时测量室外的温度和整个热网的需求，按照预先设定的程序，通过调节投入燃料量实现锅炉供热量调节，满足整个热网的热量需求，保证供暖质量。

　　3 应通过锅炉系统热特性识别和工况优化分析程序，根据前几天的运行参数、室外温度，预测该时段的最佳工况。

　　4 应通过对锅炉运行参数的分析，作出及时判断。

　　5 应建立各种信息数据库，对运行过程中的各种信息数据进行分析，并应能够根据需要打印各类运行记录，储存历史数据。

　　6 锅炉房、热力站的动力用电、水泵用电和照明用电应分别计量。

5.2.20 对于未采用计算机进行自动监测与控制的锅炉房和换热站，应设置供热量控制装置。

5.3.3 集中采暖（集中空调）系统，必须设置住户分室（户）温度调节、控制装置及分户热计量（分户热分摊）的装置或设施。

5.4.3 当采用电机驱动压缩机的蒸汽压缩循环冷水（热泵）机组或采用名义制冷量大于 7100W 的电机驱动压缩机单元式空气调节机作为住宅小区或整栋楼的冷热源机组时，所选用机组的能效比（性能系数）不应低于现行国家标准《公共建筑节能设计标准》GB 50189 中的规定值；当设计采用多联式空调（热泵）机组作为户式集中空调（采暖）机组时，所选用机组的制冷综合性能系数不应低于国家标准《多联式空调（热泵）机组能效限定值及能源效率等级》GB 21454—2008 中规定的第 3 级。

5.4.8　当选择土壤源热泵系统、浅层地下水源热泵系统、地表水（淡水、海水）源热泵系统、污水水源热泵系统作为居住区或户用空调（热泵）机组的冷热源时，严禁破坏、污染地下资源。

三、《夏热冬暖地区居住建筑节能设计标准》JGJ 75—2012

4.0.4　各朝向的单一朝向窗墙面积比，南、北向不应大于0.40；东、西向不应大于 0.30。当设计建筑的外窗不符合上述规定时，其空调采暖年耗电指数（或耗电量）不应超过参照建筑的空调采暖年耗电指数（或耗电量）。

4.0.5　建筑的卧室、书房、起居室等主要房间的房间窗地面积比不应小于 1/7。当房间窗地面积比小于 1/5 时，外窗玻璃的可见光透射比不应小于 0.40。

4.0.6　居住建筑的天窗面积不应大于屋顶总面积的 4%，传热系数不应大于 4.0W/（m² · K），遮阳系数不应大于 0.40。当设计建筑的天窗不符合上述规定时，其空调采暖年耗电指数（或耗电量）不应超过参照建筑的空调采暖年耗电指数（或耗电量）。

4.0.7　居住建筑屋顶和外墙的传热系数和热惰性指标应符合表4.0.7 的规定。当设计建筑的南、北外墙不符合表 4.0.7 的规定时，其空调采暖年耗电指数（或耗电量）不应超过参照建筑的空调采暖年耗电指数（或耗电量）。

表 4.0.7　屋顶和外墙的传热系数 K [W/（m² · K）]、热惰性指标 D

屋　　顶	外　　墙
$0.4 < K \leqslant 0.9$，$D \geqslant 2.5$	$2.0 < K \leqslant 2.5$，$D \geqslant 3.0$ 或 $1.5 < K \leqslant 2.0$，$D \geqslant 2.8$ 或 $0.7 < K \leqslant 1.5$，$D \geqslant 2.5$
$K \leqslant 0.4$	$K \leqslant 0.7$

注：1　$D < 2.5$ 的轻质屋顶和东、西墙，还应满足现行国家标准《民用建筑热工设计规范》GB 50176 所规定的隔热要求。

　　2　外墙传热系数 K 和热惰性指标 D 要求中，$2.0 < K \leqslant 2.5$，$D \geqslant 3.0$ 这一档仅适用于南区。

4.0.8 居住建筑外窗的传热系数和平均综合遮阳系数应符合表 4.0.8-1 和表 4.0.8-2 的规定。当设计建筑的外窗不符合表 4.0.8-1 和表 4.0.8-2 的规定时，建筑的空调采暖年耗电指数（或耗电量）不应超过参照建筑的空调采暖年耗电指数（或耗电量）。

表 4.0.8-1　北区居住建筑建筑物外窗平均
传热系数和平均综合遮阳系数限值

外墙平均指标	外窗平均传热系数 $K[W/(m^2/\cdot K)]$	外窗加权平均综合遮阳系数 S_w			
		平均窗地面积比 $C_{MF}\leqslant0.25$ 或平均窗墙面积比 $C_{MW}\leqslant0.25$	平均窗地面积比 $0.25<C_{MF}\leqslant0.30$ 或平均窗墙面积比 $0.25<C_{MW}\leqslant0.30$	平均窗地面积比 $0.30<C_{MF}\leqslant0.35$ 或平均窗墙面积比 $0.30<C_{MW}\leqslant0.35$	平均窗地面积比 $0.35<C_{MF}\leqslant0.40$ 或平均窗墙面积比 $0.35<C_{MW}\leqslant0.40$
$K\leqslant2.0$ $D\geqslant2.8$	4.0	$\leqslant0.3$	$\leqslant0.2$	—	—
	3.5	$\leqslant0.5$	$\leqslant0.3$	$\leqslant0.2$	—
	3.0	$\leqslant0.7$	$\leqslant0.5$	$\leqslant0.4$	$\leqslant0.3$
	2.5	$\leqslant0.8$	$\leqslant0.6$	$\leqslant0.6$	$\leqslant0.4$
$K\leqslant1.5$ $D\geqslant2.5$	6.0	$\leqslant0.6$	$\leqslant0.3$	—	—
	5.5	$\leqslant0.8$	$\leqslant0.4$	—	—
	5.0	$\leqslant0.9$	$\leqslant0.6$	$\leqslant0.3$	—
	4.5	$\leqslant0.9$	$\leqslant0.7$	$\leqslant0.5$	$\leqslant0.2$
$K\leqslant1.5$ $D\geqslant2.5$	4.0	$\leqslant0.9$	$\leqslant0.8$	$\leqslant0.6$	$\leqslant0.4$
	3.5	$\leqslant0.9$	$\leqslant0.9$	$\leqslant0.7$	$\leqslant0.5$
	3.0	$\leqslant0.9$	$\leqslant0.9$	$\leqslant0.8$	$\leqslant0.6$
	2.5	$\leqslant0.9$	$\leqslant0.9$	$\leqslant0.9$	$\leqslant0.7$
$K\leqslant1.0$ $D\geqslant2.5$ 或 $K\leqslant0.7$	6.0	$\leqslant0.9$	$\leqslant0.9$	$\leqslant0.6$	$\leqslant0.2$
	5.5	$\leqslant0.9$	$\leqslant0.9$	$\leqslant0.7$	$\leqslant0.4$
	5.0	$\leqslant0.9$	$\leqslant0.9$	$\leqslant0.8$	$\leqslant0.6$
	4.5	$\leqslant0.9$	$\leqslant0.9$	$\leqslant0.8$	$\leqslant0.7$
	4.0	$\leqslant0.9$	$\leqslant0.9$	$\leqslant0.9$	$\leqslant0.7$
	3.5	$\leqslant0.9$	$\leqslant0.9$	$\leqslant0.9$	$\leqslant0.8$

表 4.0.8-2　南区居住建筑建筑物外窗
平均综合遮阳系数限值

外墙平均指标 ($\rho \leqslant 0.8$)	外窗的加权平均综合遮阳系数 S_w				
	平均窗地面积比 $C_{MF} \leqslant 0.25$ 或平均窗墙面积比 $C_{MW} \leqslant 0.25$	平均窗地面积比 $0.25 < C_{MF}$ $\leqslant 0.30$ 或平均窗墙面积比 $0.25 < C_{MW}$ $\leqslant 0.30$	平均窗地面积比 $0.30 < C_{MF}$ $\leqslant 0.35$ 或平均窗墙面积比 $0.30 < C_{MW}$ $\leqslant 0.35$	平均窗地面积比 $0.35 < C_{MF}$ $\leqslant 0.40$ 或平均窗墙面积比 $0.35 < C_{MW}$ $\leqslant 0.40$	平均窗地面积比 $0.40 < C_{MF}$ $\leqslant 0.45$ 或平均窗墙面积比 $0.40 < C_{MW}$ $\leqslant 0.45$
$K \leqslant 2.5$ $D \geqslant 3.0$	$\leqslant 0.5$	$\leqslant 0.4$	$\leqslant 0.3$	$\leqslant 0.2$	—
$K \leqslant 2.0$ $D \geqslant 2.8$	$\leqslant 0.6$	$\leqslant 0.5$	$\leqslant 0.4$	$\leqslant 0.3$	$\leqslant 0.2$
$K \leqslant 1.5$ $D \geqslant 2.5$	$\leqslant 0.8$	$\leqslant 0.7$	$\leqslant 0.6$	$\leqslant 0.5$	$\leqslant 0.4$
$K \leqslant 1.0$ $D \geqslant 2.5$ 或 $K \leqslant 0.7$	$\leqslant 0.9$	$\leqslant 0.8$	$\leqslant 0.7$	$\leqslant 0.6$	$\leqslant 0.5$

注：1　外窗包括阳台门。
　　2　ρ 为外墙外表面的太阳辐射吸收系数。

4.0.10　居住建筑的东、西向外窗必须采取建筑外遮阳措施，建筑外遮阳系数 SD 不应大于 0.8。

4.0.13　外窗（包含阳台门）的通风开口面积不应小于房间地面面积的 10% 或外窗面积的 45%。

6.0.2　采用集中式空调（采暖）方式或户式（单元式）中央空调的住宅应进行逐时逐项冷负荷计算；采用集中式空调（采暖）方式的居住建筑，应设置分室（户）温度控制及分户冷（热）量计量设施。

6.0.4　设计采用电机驱动压缩机的蒸汽压缩循环冷水（热泵）机组，或采用名义制冷量大于 7100W 的电机驱动压缩机单元式空气调节机，或采用蒸汽、热水型溴化锂吸收式冷水机组及直燃型溴化锂吸收式冷（热）水机组作为住宅小区或整栋楼的冷（热）源机组时，所选用机组的能效比（性能系数）应符合现行国家标准《公共建筑节能设计标准》GB 50189 中的规定值。

6.0.5 采用多联式空调（热泵）机组作为户式集中空调（采暖）机组时，所选用机组的制冷综合性能系数［IPLV（C）］不应低于现行国家标准《多联式空调（热泵）机组能效限定值及能源效率等级》GB 21454 中规定的第 3 级。

6.0.8 当选择土壤源热泵系统、浅层地下水源热泵系统、地表水（淡水、海水）源热泵系统、污水水源热泵系统作为居住区或户用空调（采暖）系统的冷热源时，应进行适宜性分析。

6.0.13 居住建筑公共部位的照明应采用高效光源、灯具并应采取节能控制措施。

四、《夏热冬冷地区居住建筑节能设计标准》JGJ 134—2010

4.0.3 夏热冬冷地区居住建筑的体形系数不应大于表 4.0.3 规定的限值。当体形系数大于表 4.0.3 规定的限值时，必须按照本标准第 5 章的要求进行建筑围护结构热工性能的综合判断。

表 4.0.3 夏热冬冷地区居住建筑的体形系数限值

建筑层数	≤3 层	(4～11) 层	≥12 层
建筑的体形系数	0.55	0.40	0.35

4.0.4 围护结构各部分的传热系数和热惰性指标不应大于表 4.0.4 规定的限值。当设计建筑的围护结构中的屋面、外墙、架空或外挑楼板、外窗不符合表 4.0.4 的规定时，必须按照本标准第 5 章的规定进行建筑围护结构热工性能的综合判断。

4.0.5 不同朝向外窗（包括阳台门的透明部分）的窗墙面积比不应大于表 4.0.5-1 规定的限值。不同朝向、不同窗墙面积比的外窗传热系数不应大于表 4.0.5-2 规定的限值；综合遮阳系数应符合表 4.0.5-2 的规定。当外窗为凸窗时，凸窗的传热系数限值应比表 4.0.5-2 规定的限值小 10％；计算窗墙面积比时，凸窗的面积应按洞口面积计算。当设计建筑的窗墙面积比或传热系数、遮阳系数不符合表 4.0.5-1 和表 4.0.5-2 的规定时，必须按照本标准第 5 章的规定进行建筑围护结构热工性能的综合判断。

表 4.0.4 建筑围护结构各部分的传热系数 (*K*) 和
热惰性指标 (*D*) 的限值

围护结构部位		传热系数 $K[W/(m^2 \cdot K)]$	
		热惰性指标 $D \leqslant 2.5$	热惰性指标 $D > 2.5$
体形系数 $\leqslant 0.40$	屋面	0.8	1.0
	外墙	1.0	1.5
	底面接触室外空气的架空或外挑楼板	1.5	
	分户墙、楼板、楼梯间隔墙、外走廊隔板	2.0	
	户门	3.0 (通往封闭空间) 2.0 (通往非封闭空间或户外)	
	外窗 (含阳台门透明部分)	应符合本标准表 4.0.5-1、表 4.0.5-2 的规定	
体形系数 > 0.40	屋面	0.5	0.6
	外墙	0.80	1.0
	底面接触室外空气的架空或外挑楼板	1.0	
	分户墙、楼板、楼梯间隔墙、外走廊隔板	2.0	
	户门	3.0 (通往封闭空间) 2.0 (通往非封闭空间或户外)	
	外窗 (含阳台门透明部分)	应符合本标准表 4.0.5-1、表 4.0.5-2 的规定	

表 4.0.5-1 不同朝向外窗的窗墙面积比限值

朝　　向	窗墙面积比
北	0.40
东、西	0.35
南	0.45
每套房间允许一个房间 (不分朝向)	0.60

表 4.0.5-2　不同朝向、不同窗墙面积比的外窗传热系数
和综合遮阳系数限值

建筑	窗墙面积比	传热系数 $K[W/(m^2 \cdot K)]$	外窗综合遮阳系数 SC_w（东、西向/南向）
体形系数 ≤0.40	窗墙面积比≤0.20	4.7	—/—
	0.20<窗墙面积比≤0.30	4.0	—/—
	0.30<窗墙面积比≤0.40	3.2	夏季≤0.40/夏季≤0.45
	0.40<窗墙面积比≤0.45	2.8	夏季≤0.35/夏季≤0.40
	0.45<窗墙面积比≤0.60	2.5	东、西、南向设置外遮阳夏季≤0.25 冬季≥0.60
体形系数 >0.40	窗墙面积比≤0.20	4.0	—/—
	0.20<窗墙面积比≤0.30	3.2	—/—
	0.30<窗墙面积比≤0.40	2.8	夏季≤0.40/夏季≤0.45
	0.40<窗墙面积比≤0.45	2.5	夏季≤0.35/夏季≤0.40
	0.45<窗墙面积比≤0.60	2.3	东、西、南向设置外遮阳夏季≤0.25 冬季≥0.60

注：1　表中的"东、西"代表从东或西偏北 30°（含 30°）至偏南 60°（含 60°）的范围；"南"代表从南偏东 30°至偏西 30°的范围。

2　楼梯间、外走廊的窗不按本表规定执行。

4.0.9　建筑物 1～6 层的外窗及敞开式阳台门的气密性等级，不应低于国家标准《建筑外门窗气密、水密、抗风压性能分级及检测方法》GB/T 7106—2008 中规定的 4 级；7 层及 7 层以上的外窗及敞开式阳台门的气密性等级，不应低于该标准规定的 6 级。

6.0.2　当居住建筑采用集中采暖、空调系统时，必须设置分室（户）温度调节、控制装置及分户热（冷）量计量或分摊设施。

6.0.3　除当地电力充足和供电政策支持、或者建筑所在地无法利用其他形式的能源外，夏热冬冷地区居住建筑不应设计直接电热采暖。

6.0.5　当设计采用户式燃气采暖热水炉作为采暖热源时，其热效率应达到国家标准《家用燃气快速热水器和燃气采暖热水炉能

效限定值及能效等级》GB 20665—2006 中的第 2 级。

6.0.6　当设计采用电机驱动压缩机的蒸汽压缩循环冷水（热泵）机组，或采用名义制冷量大于 7100W 的电机驱动压缩机单元式空气调节机，或采用蒸汽、热水型溴化锂吸收式冷水机组及直燃型溴化锂吸收式冷（温）水机组作为住宅小区或整栋楼的冷热源机组时，所选用机组的能效比（性能系数）应符合现行国家标准《公共建筑节能设计标准》GB 50189 中的规定值；当设计采用多联式空调（热泵）机组作为户式集中空调（采暖）机组时，所选用机组的制冷综合性能系数（IPLV（C））不应低于国家标准《多联式空调（热泵）机组能效限定值及能源效率等级》GB 21454—2008 中规定的第 3 级。

6.0.7　当选择土壤源热泵系统、浅层地下水源热泵系统、地表水（淡水、海水）源热泵系统、污水水源热泵系统作为居住区或户用空调的冷热源时，严禁破坏、污染地下资源。

五、《公共建筑节能改造技术规范》JGJ 176—2009

5.1.1　公共建筑外围护结构进行节能改造后，所改造部位的热工性能应符合现行国家标准《公共建筑节能设计标准》GB 50189 的规定性指标限制的要求。

6.1.6　公共建筑节能改造后，采暖空调系统应具备室温调控功能。

第四篇　技　　术

一、《屋面工程技术规范》GB 50345—2012

3.0.5 屋面防水工程应根据建筑物的类别、重要程度、使用功能要求确定防水等级，并应按相应等级进行防水设防；对防水有特殊要求的建筑屋面，应进行专项防水设计。屋面防水等级和设防要求应符合表 3.0.5 的规定。

表 3.0.5　屋面防水等级和设防要求

防水等级	建筑类别	设防要求
Ⅰ级	重要建筑和高层建筑	两道防水设防
Ⅱ级	一般建筑	一道防水设防

4.5.1 卷材、涂膜屋面防水等级和防水做法应符合表 4.5.1 的规定。

表 4.5.1　卷材、涂膜屋面防水等级和防水做法

防水等级	防 水 做 法
Ⅰ级	卷材防水层和卷材防水层、卷材防水层和涂膜防水层、复合防水层
Ⅱ级	卷材防水层、涂膜防水层、复合防水层

注：在Ⅰ级屋面防水做法中，防水层仅作单层卷材时，应符合有关单层防水卷材屋面技术的规定。

4.5.5 每道卷材防水层最小厚度应符合表 4.5.5 的规定。

表 4.5.5　每道卷材防水层最小厚度 (mm)

防水等级	合成高分子防水卷材	高聚物改性沥青防水卷材		
		聚酯胎、玻纤胎、聚乙烯胎	自粘聚酯胎	自粘无胎
Ⅰ级	1.2	3.0	2.0	1.5
Ⅱ级	1.5	4.0	3.0	2.0

4.5.6 每道涂膜防水层最小厚度应符合表 4.5.6 的规定。

表 4.5.6　每道涂膜防水层最小厚度 (mm)

防水等级	合成高分子防水涂膜	聚合物水泥防水涂膜	高聚物改性沥青防水涂膜
Ⅰ级	1.5	1.5	2.0
Ⅱ级	2.0	2.0	3.0

4.5.7 复合防水层最小厚度应符合表 4.5.7 的规定。

表 4.5.7 复合防水层最小厚度（mm）

防水等级	合成高分子防水卷材＋合成高分子防水涂膜	自粘聚合物改性沥青防水卷材（无胎）＋合成高分子防水涂膜	高聚物改性沥青防水卷材＋高聚物改性沥青防水涂膜	聚乙烯丙纶卷材＋聚合物水泥防水胶结材料
Ⅰ级	1.2＋1.5	1.5＋1.5	3.0＋2.0	(0.7＋1.3)×2
Ⅱ级	1.0＋1.0	1.2＋1.0	3.0＋1.2	0.7＋1.3

4.8.1 瓦屋面防水等级和防水做法应符合表 4.8.1 的规定。

表 4.8.1 瓦屋面防水等级和防水做法

防水等级	防水做法
Ⅰ级	瓦＋防水层
Ⅱ级	瓦＋防水垫层

注：防水层厚度应符合本规范第 4.5.5 条或第 4.5.6 条Ⅱ级防水的规定。

4.9.1 金属板屋面防水等级和防水做法应符合表 4.9.1 的规定。

表 4.9.1 金属板屋面防水等级和防水做法

防水等级	防水做法
Ⅰ级	压型金属板＋防水垫层
Ⅱ级	压型金属板、金属面绝热夹芯板

注：1 当防水等级为Ⅰ级时，压型铝合金板基板厚度不应小于 0.9mm；压型钢板基板厚度不应小于 0.6mm；

2 当防水等级为Ⅰ级时，压型金属板应采用 360°咬口锁边连接方式；

3 在Ⅰ级屋面防水做法中，仅作压型金属板时，应符合《金属压型板应用技术规范》等相关技术的规定。

5.1.6 屋面工程施工必须符合下列安全规定：

1 严禁在雨天、雪天和五级风及其以上时施工；

2 屋面周边和预留孔洞部位，必须按临边、洞口防护规定设置安全护栏和安全网；

3 屋面坡度大于 30% 时，应采取防滑措施；

4 施工人员应穿防滑鞋，特殊情况下无可靠安全措施时，操作人员必须系好安全带并扣好保险钩。

二、《坡屋面工程技术规范》GB 50693—2011

3.2.10 屋面坡度大于 100% 以及大风和抗震设防烈度为 7 度以

上的地区，应采取加强瓦材固定等防止瓦材下滑的措施。

3.2.17 严寒和寒冷地区的坡屋面檐口部位应采取防冰雪融坠的安全措施。

3.3.12 坡屋面工程施工应符合下列规定：

  1 屋面周边和预留孔洞部位必须设置安全护栏和安全网或其他防止坠落的防护措施；

  2 屋面坡度大于30%时，应采取防滑措施；

  3 施工人员应戴安全帽，系安全带和穿防滑鞋；

  4 雨天、雪天和五级风以及以上时不得施工；

  5 施工现场应设置消防设施，并应加强火源管理。

10.2.1 单层防水卷材的厚度和搭接宽度应符合表 10.2.1-1 和表 10.2.1-2 的规定：

表 10.2.1-1　单层防水卷材厚度（mm）

防水卷材名称	一级防水厚度	二级防水厚度
高分子防水卷材	≥1.5	≥1.2
弹性体、塑性体改性沥青防水卷材	≥5	

表 10.2.1-2　单层防水卷材搭接宽度（mm）

防水卷材名称	长边、短边搭接方式				
	满粘法	机械固定法			
		热风焊接		搭接胶带	
		无覆盖机械固定垫片	有覆盖机械固定垫片	无覆盖机械固定垫片	有覆盖机械固定垫片
高分子防水卷材	≥80	≥80且有效焊缝宽度≥25	≥120且有效焊缝宽度≥25	≥120且有效粘结宽度≥75	≥200且有效粘结宽度≥150
弹性体、塑性体改性沥青防水卷材	≥100	≥80且有效焊缝宽度≥40	≥120且有效焊缝宽度≥40	—	

三、《种植屋面工程技术规程》JGJ 155—2013

3.2.3 种植屋面工程结构设计时应计算种植荷载。既有建筑屋面改造为种植屋面前，应对原结构进行鉴定。

5.1.7 种植屋面防水层应满足一级防水等级设防要求，且必须至少设置一道具有耐根穿刺性能的防水材料。

四、《倒置式屋面工程技术规程》JGJ 230—2010

3.0.1 倒置式屋面工程的防水等级应为 I 级，防水层合理使用年限不得少于 20 年。

4.3.1 保温材料的性能应符合下列规定：

1 导热系数不应大于 0.080W/(m·K)；

2 使用寿命应满足设计要求；

3 压缩强度或抗压强度不应小于 150kPa；

4 体积吸水率不应大于 3%；

5 对于屋顶基层采用耐火极限不小于 1.00h 的不燃烧体的建筑，其屋顶保温材料的燃烧性能不应低于 B_2 级；其他情况，保温材料的燃烧性能不应低于 B_1 级。

5.2.5 倒置式屋面保温层的设计厚度应按计算厚度增加 25% 取值，且最小厚度不得小于 25mm。

7.2.1 既有建筑倒置式屋面改造工程设计，应由原设计单位或具备相应资质的设计单位承担。当增加屋面荷载或改变使用功能时，应先做设计方案或评估报告。

五、《采光顶与金属屋面技术规程》JGJ 255—2012

3.1.6 采光顶与金属屋面工程的隔热、保温材料，应采用不燃性或难燃性材料。

4.5.1 有热工性能要求时，公共建筑金属屋面的传热系数和采光顶的传热系数、遮阳系数应符合表 4.5.1-1 的规定。居住建筑金属屋面的传热系数应符合表 4.5.1-2 的规定。

表 4.5.1-1　公共建筑金属屋面传热系数和采光顶的
传热系数、遮阳系数限值

围护结构	区　域	传热系数 [W/ (m²·K)]		遮阳系数 SC
		体型系数≤0.3	0.3<体型系数≤0.4	
金属屋面	严寒地区 A 区	≤0.35	≤0.30	—
	严寒地区 B 区	≤0.45	≤0.35	—
	寒冷地区	≤0.55	≤0.45	—
	夏热冬冷	≤0.7		—
	夏热冬暖	≤0.9		—
采光顶	严寒地区 A 区	≤2.5		—
	严寒地区 B 区	≤2.6		—
	寒冷地区	≤2.7		≤0.50
	夏热冬冷	≤3.0		≤0.40
	夏热冬暖	≤3.5		≤0.35

表 4.5.1-2　居住建筑金属屋面传热系数限值

区　域	传热系数 [W/ (m²·K)]						
	3 层及 3 层以下	3 层以上	体型系数≤0.4		体型系数>0.4		D<2.5	D≥2.5
			D≤2.5	D>2.5	D≤2.5	D>2.5		
严寒地区 A 区	0.20	0.25	—	—	—	—	—	—
严寒地区 B 区	0.25	0.30	—	—	—	—	—	—
严寒地区 C 区	0.30	0.40	—	—	—	—	—	—
寒冷地区 A 区 寒冷地区 B 区	0.35	0.45	—	—	—	—	—	—
夏热冬冷	—	—	≤0.8	≤1.0	≤0.5	≤0.6	—	—
夏热冬暖	—	—	—	—	—	—	≤0.5	≤1.0

注：D 为热惰性系数。

4.6.4　光伏组件应具有带电警告标识及相应的电气安全防护措施，在人员有可能接触或接近光伏系统的位置。应设置防触电警示标识。

六、《建筑屋面雨水排水系统技术规程》CJJ 142—2014

3.1.2　建筑屋面雨水积水深度应控制在允许的负荷水深之内，50 年设计重现期降雨时屋面积水不得超过允许的负荷水深。

3.1.9　建筑屋面雨水排水系统应独立设置。

3.4.5　民用建筑雨水内排水应采用密闭系统，不得在建筑内或阳台上开口，且不得在室内设非密闭检查井。

七、《生物安全实验室建筑技术规范》GB 50346—2011

4.2.4　生物安全实验室应有防止节肢动物和啮齿动物进入和外逃的措施。

4.2.7　三级和四级生物安全实验室防护区内的顶棚上不得设置检修口。

5.1.5　三级和四级生物安全实验室应采用全新风系统。

5.3.1　三级和四级生物安全实验室排风系统的设置应符合以下规定：

　　1　排风必须与送风连锁，排风先于送风开启，后于送风关闭。

　　2　生物安全实验室必须设置室内排风口，不得只利用生物安全柜或其他负压隔离装置作为房间排风出口。

　　3　操作过程中可能产生污染的设备必须设置局部负压排风装置，并带高效空气过滤器。

5.3.2　三级和四级生物安全实验室的排风必须经过高效过滤器过滤后排放，高效过滤器的效率不应低于现行国家标准《高效空气过滤器》GB 13554 中的 B 类。

5.3.6　三级和四级生物安全实验室应设置备用排风机组，并可自动切换。

5.3.8　三级和四级生物安全实验室排风高效过滤器的安装应具

备现场检漏的条件。如果现场不具备检漏的条件，则应采用经预先检漏的专用排风高效过滤装置。

5.4.4　在生物安全柜操作面或其他有气溶胶操作地点的上方附近不得设送风口。

5.4.5　高效过滤器排风口应设在室内被污染风险最高的区域，单侧布置，不得有障碍。

6.2.2　三级和四级生物安全实验室半污染区和污染区的排水应通过专门的管道收集至独立的装置中进行消毒灭菌处理。

7.1.1　生物安全实验室必须保证用电的可靠性。三级生物安全实验室应按一级负荷供电，当按一级负荷供电有困难时，应设置不间断电源。四级生物安全实验室必须按一级负荷供电，并设置不间断电源和自备发电设备。

7.1.3　当三级生物安全实验室不能采用一级负荷供电，只设置不间断电源时，不间断电源应能保证实验室主要设备 15min 的电力供应。主要设备应包括生物安全柜、排风机、空调通风系统的风机、动物隔离器、自动报警监测系统等。当三级和四级生物安全实验室设置自备发电设备和不间断电源时，不间断电源应能确保自备发电设备启动前主要设备的电力供应。

7.2.2　三级和四级生物安全实验室内应设置不少于 30min 的应急照明。

7.3.3　当出现紧急情况时，所有设置互锁功能的门都必须能处于可开启状态。

7.3.10　三级和四级生物安全实验室当负压梯度超过设定范围时，自控系统应有声光报警功能。声光报警器应设置在实验室内实验人员最方便看到的地方。

8.0.2　二～四级生物安全实验室应设在耐火等级不低于二级的建筑物内。

8.0.3　四级生物安全实验室应为独立防火分区。

8.0.5　三级和四级生物安全实验室应采取有效的防火防烟分隔措施，并应采用耐火极限不低于 2.00h 的隔墙和甲级防火门与其他部位隔开。

八、《实验动物设施建筑技术规范》GB 50447—2008

4.2.11 负压屏障环境设施应设置无害化处理设施或设备，废弃物品、笼具、动物尸体应经无害化处理后才能运出实验区。

4.3.18 应有防止昆虫、野鼠等动物进入和实验动物外逃的措施。

6.1.3 屏障环境设施的净化区和隔离环境设施的用水应达到无菌要求。

7.3.7 空气调节系统的电加热器应与送风机连锁，并应设无风断电、超温断电保护及报警装置。

7.3.8 电加热器的金属风管应接地。电加热器前后各 800mm 范围内的风管和穿过设有火源等容易起火部位的管道和保温材料，必须采用不燃材料。

8.0.6 屏障环境设施应设置火灾事故照明。屏障环境设施的疏散走道和疏散门，应设置灯光疏散指示标志。当火灾事故照明和疏散指示标志采用蓄电池作备用电源时，蓄电池的连续供电时间不应少于 20min。

8.0.10 屏障环境设施净化区内不应设置自动喷水灭火系统，应根据需要采取其他灭火措施。

九、《疾病预防控制中心建筑技术规范》GB 50881—2013

6.4.5 含致病微生物的污水应进行消毒灭菌处理。

7.3.3 不同通风柜、负压排气罩等局部排风设备的排风应分别独立设置；当独立设置有困难时，应对共用排风系统气体的安全性进行评估。

7.3.6 房间有严格正负压控制要求的空调通风系统，应设置通风系统启停次序的连锁控制装置。

9.0.10 实验区域内走廊及出口应设置疏散指示标志和应急照明。

十、《安全防范工程技术规范》GB 50348—2004

3.1.4 安全防范系统中使用的设备必须符合国家法规和现行相关标准的要求，并经检验或认证合格。

3.13.1 监控中心应设置为禁区，应有保证自身安全的防护措施和进行内外联络的通讯手段，并应设置紧急报警装置和留有向上一级接处警中心报警的通信接口。

4.1.4 高风险对象的风险等级与防护级别的确定应符合下列规定：

　　1 文物保护单位、博物馆风险等级和防护级别的划分按照《文物系统博物馆风险等级和防护级别的规定》GA 27 执行。

　　2 银行营业场所风险等级和防护级别的划分按照《银行营业场所风险等级和防护级别的规定》GA 38 执行。

　　3 重要物资储存库风险等级和防护级别的划分根据国家的法律、法规和公安部与相关行政主管部门共同制定的规章，并按第 4.1.1 条的原则进行确定。

　　4 民用机场风险等级和防护级别遵照中华人民共和国民用航空总局和公安部的有关管理规章，根据国内各民用机场的性质、规模、功能进行确定，并符合表 4.1.4-1 的规定。

表 4.1.4-1　民用机场风险等级与防护级别

风险等级	机　　场	防护级别
一级	国家规定的中国对外开放一类口岸的国际机场及安防要求特殊的机场	一级
二级	除定为一级风险以外的其他省会城市国际机场	二级或二级以上
三级	其他机场	三级或三级以上

　　5 铁路车站的风险等级和防护级别遵照中华人民共和国铁道部和公安部的有关管理规章，根据国内各铁路车站的性质、规模、功能进行确定，并符合表 4.1.4-2 的规定。

表 4.1.4-2　铁路车站风险等级与防护级别

风险等级	机　　　　场	防护级别
一级	特大型旅客车站、既有客货运特等站及安防要求特殊的车站	一级
二级	大型旅客车站、既有客货运一等站、特等编组站、特等货运站	二级
三级	中型旅客车站（最高聚集人数不少于 600 人）、既有客货运二等站、一等编组站、一等货运站	三级

4.2　文物保护单位、博物馆安全防范工程设计

4.2.4　周界的防护应符合下列规定：

2　陈列室、库房、文物修复室等应设立室外或室内周界防护系统。

4.2.5　监视区应设置视频安防监控装置。

4.2.6　出入口的防护应符合下列规定：

2　仅供内部工作人员使用的出入口应安装出入口控制装置。

4.2.7　当有文物卸运交接区时，其防护应符合下列规定：

1　文物卸运交接区应为禁区。

2　文物卸运交接区应安装摄像机和周界防护装置。

4.2.8　文物通道的防护应符合下列规定：

1　文物通道的出入口应安装出入口控制装置、紧急报警按钮和对讲装置。

2　文物通道内应安装摄像机，对文物可能通过的地方都应能够跟踪摄像，不留盲区。

4.2.9　文物库房的防护应符合下列规定：

1　文物库房应设为禁区。

3　库房内必须配置不同探测原理的探测装置。

4　库房内通道和重要部位应安装摄像机，保证 24h 内可以随时实施监视。

5 出入口必须安装与安全管理系统联动或集成的出入口控制装置，并能区别正常情况与被劫持情况。

4.2.10 展厅的防护应符合下列规定：

1 展厅内应配置不同探测原理的探测装置。

2 珍贵文物展柜应安装报警装置，并设置实体防护。

3 应设置以视频图像复核为主、现场声音复核为辅的报警信息复核系统。视频图像应能清晰反映监视区域内人员的活动情况，声音复核装置应能清晰地探测现场的话音以及走动、撬、挖、凿、锯等动作发出的声音。

4.2.11 监控中心应符合下列规定：

2 应对重要防护部位进行 24h 报警实时录音、录像。

4 应设置防盗安全门，防盗安全门上应安装出入口控制装置。室外通道应安装摄像机。

5 应安装防盗窗。

4.2.15 文物通道的防护应符合下列规定：

1 文物通道的出入口门体至少应安装机械防盗锁。

2 文物通道内应安装摄像机，对文物通过的地方都能跟踪摄像。

4.2.16 文物库房的防护应符合下列规定：

2 库房墙体为建筑物外墙时，应配置防撬、挖、凿等动作的探测装置。

4.2.17 展厅的防护应符合下列规定：

1 应符合第 4.2.10 条第 1、2 款的规定。

2 应设置现场声音复核为主、视频图像复核为辅的报警信息复核系统，并满足第 4.2.10 条第 3 款的性能要求。

4.2.18 监控中心（控制室）应符合下列规定：

3 应安装防盗安全门、防盗窗。

4.2.21 文物卸运交接区应符合第 4.2.7 条第 1、2 款的规定。

4.2.23 文物库房的防护应符合下列规定：

1 应符合第 4.2.9 条第 1 款的规定。

2 应符合第 4.2.16 条第 2 款的规定。

3 库房应配置组装式文物保险库或防盗保险柜。

4 总库门应安装防盗安全门。

4.2.24 展厅的防护应符合下列规定：

1 采取入侵探测系统与实体防护装置复合方式进行布防。

2 应符合第 4.2.10 条第 2 款的规定。

3 应设置声音复核的报警信息复核系统，并满足第 4.2.10 条第 3 款的性能要求。

4.2.25 监控中心（值班室）应符合下列规定：

3 应安装防盗安全门、防盗窗和防盗锁。

4.2.27 入侵报警系统的设计应符合下列规定：

1 入侵探测器盲区边缘与防护目标间的距离不得小于 5m。

2 入侵探测器启动摄像机或照相机的同时，应联动应急照明。

4 应配备不低于 8h 的备用电源，系统断电时应能保存以往的运行数据。

4.2.28 视频安防监控系统的设计应符合下列规定：

5 重要部位在正常的工作照明条件下，监视图像质量不应低于现行国家标准《民用闭路监视电视系统工程技术规范》GB 50198—1994 中表 4.3.1-1 规定的 4 级，回放图像质量不应低于表 4.3.1-1 规定的 3 级，或至少能辨别人的面部特征。

4.2.32 安全管理系统的设计应符合下列规定：

3 主机必须具备运行情况、报警信息和统计报表的打印功能。

4.3 银行营业场所安全防范工程设计

4.3.5 高度风险区防护设计应符合下列规定：

1 各业务区（运钞交接区除外）应采取实体防护措施。

2 各业务区（运钞交接区除外）应安装紧急报警装置。

    1） 存款业务区应有 2 路以上的独立防区，每路串接的紧急报警装置不应超过 4 个。

2）营业场所门外（或门内）的墙上应安装声光报警装置。

3）监控中心（监控室）应具备有线、无线 2 种报警方式。

3　各业务区（运钞交接区除外）应安装入侵报警系统。

1）应能准确探测、报告区域内门、窗、通道及要害部位的入侵事件。

2）现金业务库区应安装 2 种以上探测原理的探测器。

4　各业务区应安装视频安防监控系统。

1）应能实时监视银行交易或操作的全过程，回放图像应能清晰显示区域内人员的活动情况。

2）存款业务区的回放图像应是实时图像，应能清晰地显示柜员操作及客户脸部特征。

3）运钞交接区的回放图像应是实时图像，应能清晰显示整个区域内人员的活动情况。

4）出入口的回放图像应能清晰辨别进出人员的体貌特征。

5）现金业务库清点室的回放图像应是实时图像，应能清晰显示复点、打捆等操作的过程。

5　各业务区应安装出入口控制系统和声音/图像复核装置。

1）存款业务区与外界相通的出入口应安装联动互锁门。

2）现金业务库守库室、监控中心出入口应安装可视/对讲装置。

3）在发生入侵报警时，应能进行声音/图像复核。

4）声音复核装置应能清晰地探测现场的话音和撬、挖、凿、锯等动作发出的声音。

5）对现金柜台的声音复核应能清晰辨别柜员与客户对话的内容。

7　监控中心应设置安全管理系统。

1）安全管理系统应安装在有防护措施和人员值班的监控中心（监控室）内。

2）应能利用计算机实现对各子系统的统一控制与管理。

3）当安全管理系统发生故障时，不应影响各子系统的独立运行。

4）有分控功能的，分控中心应设在有安全管理措施的区域内。对具备远程监控功能的分控中心应实施可靠的安全防护。

4.3.13 高度风险区防护设计应符合下列规定：

1 应符合第4.3.5条第1款的规定。

2 应符合第4.3.5条第2款及其第1、2项的规定。

3 应符合第4.3.5条第3款及其第1项的规定。

4 应符合第4.3.5条第4款的规定。

4.3.18 应安装报警装置，对撬窃事件进行探测报警。

4.3.19 应安装摄像机，在客户交易时进行监视、录像，回放图像应能清晰辨别客户面部特征，但不应看到客户操作的密码。

4.3.20 对使用以上设备组成的自助银行应增加以下防护措施：

1 应安装入侵报警装置，对装填现金操作区发生的入侵事件进行探测。离行式自助银行应具备入侵报警联动功能。

2 应安装视频安防监控装置，对装填现金操作区进行监视、录像，回放图像应能清晰显示人员的活动情况。

3 应安装视频安防监控装置，对进入自助银行的人员进行监视、录像，回放图像应能清晰显示人员的体貌特征，但不应看到客户操作的密码。应安装声音复核、记录及语音对讲装置。

4 应安装出入口控制设备，对装填现金操作区出入口实施控制。

4.3.21 紧急报警子系统应符合下列规定：

1 高度风险区触发报警时，应采用"一级报警模式"，同时启动现场声光报警装置。报警声级，室内不小于80dB（A）；室外不小于100dB（A）。

4 紧急报警防区应设置为不可撤防模式。

4.3.23 视频安防监控系统的设计应符合下列规定：

4 重要部位在正常的工作照明条件下，监视图像质量不应低于现行国家标准《民用闭路监视电视系统工程技术规范》GB 50198—1994 中表 4.3.1-1 规定的 4 级，回放图像质量不应低于表 4.3.1-1 规定的 3 级，或至少能辨别人的面部特征。

采用数字记录设备录像时，高度风险区每路记录速度应为 25 帧/s。音频、视频应能同步记录和回放；其他风险区每路记录速度不应小于 6 帧/s。

4.3.24 出入口控制系统的设计应符合下列规定：

2 设置的控制点及控制措施须确保在发生火警紧急情况下不能妨碍逃生行为，并应开放紧急通道。

4.3.27 系统供电应设置不间断电源，其容量应适应运行环境和安全管理的要求，并应至少能支持系统运行 0.5h 以上。

4.4 重要物资储存库安全防范工程设计

4.4.6 安全防范工程选用的设备器材应满足使用环境的要求；当达不到要求时，应采取相应的防护措施。

4.4.7 安全防范工程设计时，前端设备应尽可能设置于爆炸危险区域外；当前端设备必须安装在爆炸危险区域内时，应选用与爆炸危险介质相适应的防爆产品。

4.4.28 监控中心的设计应符合下列规定：

1 一、二级防护安全防范工程的监控中心应为专用工作间，并应安装防盗安全门和紧急报警装置，与当地公安机关接处警中心应有通讯接口。

4.5 民用机场安全防范工程设计

4.5.6 民用机场安检区应设置防爆安检系统，包括 X 射线安全检查设备、金属探测门、手持金属探测器、爆炸物检测仪、防爆装置及其他附属设备；应设置视频安防监控系统和紧急报警装置。视频安防监控系统应能对进行安检的旅客、行李、证件及检查过程进行监视记录，应能迅速检索单人的全部资料。

4.5.7 民用机场航站楼的旅客迎送大厅、售票处、值机柜台、行李传送装置区、旅客候机隔离区、重要出入通道及其他特殊需要的部位，应设置视频安防监控系统，进行实时监控，及时记录。

4.5.8 旅客候机隔离厅（室）与非控制区相通的门、通道等部位及其他重要通道、要害部位的出入口，应设置出入口控制装置。

4.5.9 机场控制区、飞行区应按照国家现行标准《民用航空运输机场安防设施建设标准》MH 7003 的要求实施全封闭管理。在封闭区边界应设置围栏、围墙和周界防护系统。飞行区及其出入口，应设置视频安防监控装置、出入口控制装置和防冲撞路障。

4.5.13 应符合第 4.5.6～4.5.8 条的规定。

4.5.14 飞行区的出入口应设置出入口控制装置及防冲撞路障。

4.5.19 应符合第 4.5.6 条的规定。

4.5.20 应符合第 4.5.7 条的规定，摄像机数量可根据现场情况，适当减少。

4.5.21 应符合第 4.5.8 条、第 4.5.14 条的规定。

4.5.28 视频图像记录应采用数字录像设备。

4.5.31 监控中心设计应符合下列规定：

　　1 应设置防盗安全门与紧急报警装置。

4.6　铁路车站安全防范工程设计

4.6.6 铁路车站的旅客进站广厅、行包房应设置防爆安检系统。旅客进站广厅应设置 X 射线安全检查设备、手持金属探测器、爆炸物检测仪、防爆装置及附属设备；行包房应设置 X 射线安全检查设备。

4.6.7 铁路车站的旅客进站广厅、旅客候车区、站台、站前广场、进出站口、站内通道、进出站交通要道、客技站及其他有安防监控需要的场所和部位，应设置视频安防监控系统。

4.6.9 铁路车站要害部位，车站内储存易燃、易爆、剧毒、放射性物品的仓库，供水设施等重点场所和部位，应分别或综合设置周界防护系统、入侵报警系统（含紧急报警装置）、视频安防监控系统。

4.6.10 铁路车站的售票场所（含机房、票据库、进款室）、行包房、货场、货运营业厅（室）、编组场，应分别或综合设置入侵报警系统（含紧急报警装置）、视频安防监控系统。

4.6.11 监控中心应独立设置。

4.6.13 铁路车站的旅客进站广厅、行包房应设置 X 射线安全检查设备。

4.6.15 铁路车站的旅客进站广厅、旅客候车区、站台、站前广场、进出站口、站内通道、进出站交通要道，应设置视频安防监控系统。

4.6.18 铁路车站要害部位应分别或综合设置周界防护系统、入侵报警系统（含紧急报警装置）、视频安防监控系统。

4.6.20 应符合第 4.6.10 条的规定。

4.6.23 应符合第 4.6.13 条的规定。

4.6.25 铁路车站的旅客进站广厅、旅客候车区、站台、站前广场、进出站口、站内通道，应设置视频安防监控系统（根据现场情况摄像机数量可适当减少）。

4.6.27 铁路车站售票场所（含机房、票据库、进款室）应设置视频安防监控系统。

5.2 住宅小区安全防范工程设计

5.2.8 监控中心的设计应符合下列规定：

　　4 应留有接处警中心联网的接口。

　　5 应配置可靠的通信工具，发生警情时，能及时向接处警中心报警。

5.2.13 监控中心的设计应符合下列规定：

　　3 应符合第 5.2.8 条第 4、5 款的规定。

5.2.18 监控中心的设计应符合下列规定：

　　3 应符合第 5.2.8 条第 4、5 款的规定。

6.3.1 工程施工应按正式设计文件和施工图纸进行，不得随意更改。若确需局部调整和变更的，须填写"更改审核单"（见表6.3.1)，或监理单位提供的更改单，经批准后方可施工。

表 6.3.1 更改审核单

编号：

工程名称：			
更改内容	更改原因	原 为	更改为
申请单位（人）：　　　　日期：			
审核单位（人）：　　　　日期：			
批准会签	设计施工单位：　　　日期：	分发单位	
	建设监理单位：　　　日期：		
更改实施日期：			

6.3.2 施工中应做好隐蔽工程的随工验收。管线敷设时，建设单位或监理单位应会同设计、施工单位对管线敷设质量进行随工验收，并填写"隐蔽工程随工验收单"（见表6.3.2）或监理单位提供的隐蔽工程随工验收单。

表 6.3.2　隐藏工程随工验收单

工程名称：					
建设单位/总包单位		设计施工单位		监理单位	

	序号	检查内容	检查结果		
			安装质量	部　位	图　号
隐蔽工程内容	1				
	2				
	3				
	4				
	5				
	6				
验收意见					

建设单位/总包单位	设计施工单位	监理单位
验收人： 日期： 签单：	验收人： 日期： 签单：	验收人： 日期： 签单：

注：1　检查内容包括：（序号1）管道排列、走向、弯曲处理、固定方式；（序号2）管道搭铁，接地；（序号3）管口安放护圈标识；（序号4）接线盒及桥架加盖；（序号5）线缆对管道及线间绝缘电阻；（序号6）线缆接头处理等。

　　2　检查结果的安装质量栏内，按检查内容序号，合格的打"√"，基本合格的打"△"，不合格的打"×"，并注明对应的楼层（部位）、图号。

　　3　综合安装质量的检查结果，填写在验收意见栏内，并扼要说明情况。

7.1.2 安全防范工程的检验应由法定检验机构实施。

7.1.9 对系统中主要设备的检验，应采用简单随机抽样法进行抽样；抽样率不应低于 20% 且不应少于 3 台；设备少于 3 台时应 100% 检验。

8.2.1 安全防范工程验收应符合下列条件：

1 工程初步设计论证通过，并按照正式设计文件施工。工程必须经初步设计论证通过，并根据论证意见提出的问题和要求，由设计、施工单位和建设单位共同签署设计整改落实意见。工程经初步设计论证通过后，必须完成正式设计，并按正式设计文件施工。

2 工程经试运行达到设计、使用要求并为建设单位认可，出具系统试运行报告。

 1）工程调试开通后应试运行一个月，并按表 8.2.1 的要求做好试运行记录。

 2）建设单位根据试运行记录写出系统试运行报告。其内容包括：试运行起讫日期；试运行过程是否正常；故障（含误报警、漏报警）产生的日期、次数、原因和排除状况；系统功能是否符合设计要求以及综合评述等。

 3）试运行期间，设计、施工单位应配合建设单位建立系统值勤、操作和维护管理制度。

3 进行技术培训。根据工程合同有关条款，设计、施工单位必须对有关人员进行操作技术培训，使系统主要使用人员能独立操作。培训内容应征得建设单位同意，并提供系统及其相关设备操作和日常维护的说明、方法等技术资料。

4 符合竣工要求，出具竣工报告。

 1）工程项目按设计任务书的规定内容全部建成，经试运行达到设计使用要求，并为建设单位认可，视为竣工。少数非主要项目未按规定全部建成，由建设单位与设计、施工单位协商，对遗留问题有明确的处理方案，

经试运行基本达到设计使用要求并为建设单位认可后，
也可视为竣工。

2）工程竣工后，由设计、施工单位写出工程竣工报告。
其内容包括：工程概况；对照设计文件安装的主要设
备；依据设计任务书或工程合同所完成的工程质量自
我评估；维修服务条款以及竣工核算报告等。

表 8.2.1　系统试运行记录

工程名称			工程级别	
建设（使用）单位				
设计、施工单位				
日期时间	试运行内容	试运行情况	备注	值班人

注：1　系统试运行情况栏中，正常打"√"，并每天不少于填写一次；不正常的
在备注栏内及时扼要说明情况（包括修复日期）。

2　系统有报警部分的，报警试验每天进行一次。出现误报警、漏报警的，在
试运行情况和备注栏内如实填写。

8.3.4 验收结论与整改应符合下列规定：

1 验收判据。

1）施工验收判据：按表 8.3.1 的要求及其提供的合格率计算公式打分。按表 6.3.2 的要求对隐蔽工程质量进行复核、评估。

2）技术验收判据：按表 8.3.2 的要求及其提供的合格率计算公式打分。

3）资料审查判据：按表 8.3.3 的要求及其提供的合格率计算公式打分。

2 验收结论

1）验收通过：根据验收判据所列内容与要求，验收结果优良，即按表 8.3.1 要求，工程施工质量检查结果 KS ≥0.8；按表 8.3.2 要求，技术质量验收结果 KJ≥0.8；按表 8.3.3 要求，资料审查结果 KZ≥0.8 的，判定为验收通过。

2）验收基本通过：根据验收判据所列内容与要求，验收结果及格，即 KS、KJ、KZ 均≥0.6，但达不到本条第 2 款第 1 项的要求，判定为验收基本通过。验收中出现个别项目达不到设计要求，但不影响使用的，也可判为基本通过。

3）验收不通过：工程存在重大缺陷、质量明显达不到设计任务书或工程合同要求，包括工程检验重要功能指标不合格，按验收判据所列的内容与要求，KS、KJ、KZ 中出现一项＜0.6 的，或者凡重要项目（见表 8.3.2 中序号栏右上角打 0 的）检查结果只要出现一项不合格的，均判为验收不通过。

4）工程验收委员会（验收小组）应将验收通过、验收基本通过或验收不通过的验收结论填写于验收结论汇总表（表 8.3.4），并对验收中存在的主要问题，提出建议与要求（表 8.3.1、表 8.3.2、表 8.3.3 作为表 8.3.4 的附表）。

3 整改。

1）验收不通过的工程不得正式交付使用。设计、施工单位必须根据验收结论提出的问题，抓紧落实整改后方可再提交验收；工程复验时，对原不通过部分的抽样比例按本规范第 7.1.12 条的规定执行。

2）验收通过或基本通过的工程，设计、施工单位应根据验收结论提出的建议与要求，提出书面整改措施，并经建设单位认可签署意见。

表 8.3.4　验收结论汇总表

工程名称：		设计、施工单位：	
施工验收结论		验收人签名：　　年　月　日	
技术验收结论		验收人签名：　　年　月　日	
资料审查结论		审查人签名：　　年　月　日	
工程验收结论		验收委员会（小组）主任、副主任（组长、副组长）签名	
建议与要求			
		年　月　日	

注：1　本汇总表应附表8.3.1～表8.3.3及出席验收会与验收机构人员名单（签名）。
　　2　验收（审查）结论一律填写"通过"或"基本通过"或"不通过"。

十一、《入侵报警系统工程设计规范》GB 50394—2007

3.0.3　入侵报警系统中使用的设备必须符合国家法律法规和现行强制性标准的要求，并经法定机构检验或认证合格。

5.2.2　入侵报警系统不得有漏报警。

5.2.3　入侵报警功能设计应符合下列规定：

1　紧急报警装置应设置为不可撤防状态，应有防误触发措施，被触发后应自锁。

2　当下列任何情况发生时，报警控制设备应发出声、光报警信息，报警信息应能保持到手动复位，报警信号应无丢失：

  1）在设防状态下，当探测器探测到有入侵发生或触动紧
急报警装置时，报警控制设备应显示出报警发生的区
域或地址；

  2）在设防状态下，当多路探测器同时报警（含紧急报警
装置报警）时，报警控制设备应依次显示出报警发生
的区域或地址。

3　报警发生后，系统应能手动复位，不应自动复位。

4　在撤防状态下，系统不应对探测器的报警状态作出响应。

5.2.4　防破坏及故障报警功能设计应符合下列规定：

  当下列任何情况发生时，报警控制设备上应发出声、光报警
信息，报警信息应能保持到手动复位，报警信号应无丢失：

1　在设防或撤防状态下，当入侵探测器机壳被打开时。

2　在设防或撤防状态下，当报警控制器机盖被打开时。

3　在有线传输系统中，当报警信号传输线被开路、短
路时。

4　在有线传输系统中，当探测器电源线被切断时。

5　当报警控制器主电源/备用电源发生故障时。

6　在利用公共网络传输报警信号的系统中，当网络传输发
生故障或信息连续阻塞超过 30s 时。

9.0.1　系统安全性设计除应符合现行国家标准《安全防范工程
技术规范》GB 50348 的相关规定外，尚应符合下列规定：

3　系统供电暂时中断，恢复供电后，系统应不需设置即能
恢复原有工作状态。

十二、《视频安防监控系统工程设计规范》GB 50395—2007

3.0.3　视频安防监控系统中使用的设备必须符合国家法律法规
和现行强制性标准的要求，并经法定机构检验或认证合格。

5.0.4　系统控制功能应符合下列规定：

3　矩阵切换和数字视频网络虚拟交换/切换模式的系统应具
有系统信息存储功能，在供电中断或关机后，对所有编程信息和

时间信息均应保持。

5.0.5　监视图像信息和声音信息应具有原始完整性。

5.0.7　图像记录功能应符合下列规定：

　　3　系统记录的图像信息应包含图像编号/地址、记录时的时间和日期。

十三、《出入口控制系统工程设计规范》GB 50396—2007

3.0.3　出入口控制系统中使用的设备必须符合国家法律法规和现行强制性标准的要求，并经法定机构检验或认证合格。

5.1.7　软件及信息保存应符合下列规定：

　　3　当供电不正常、掉电时，系统的密钥（钥匙）信息及各记录信息不得丢失。

6.0.2　设备的设置应符合下列规定：

　　2　采用非编码信号控制和/或驱动执行部分的管理与控制设备，必须设置于该出入口的对应受控区、同级别受控区或高级别受控区内。

7.0.4　执行部分的输入电缆在该出入口的对应受控区、同级别受控区或高级别受控区外的部分，应封闭保护，其保护结构的抗拉伸、抗弯折强度应不低于镀锌钢管。

9.0.1　系统安全性设计除应符合现行国家标准《安全防范工程技术规范》GB 50348 的有关规定外，还应符合下列规定：

　　2　系统必须满足紧急逃生时人员疏散的相关要求。当通向疏散通道方向为防护面时，系统必须与火灾报警系统及其他紧急疏散系统联动，当发生火警或需紧急疏散时，人员不使用钥匙应能迅速安全通过。

十四、《住宅建筑规范》GB 50368—2005

1　总则（略）

2 术语

2.0.1 住宅建筑 residential building

供家庭居住使用的建筑（含与其他功能空间处于同一建筑中的住宅部分），简称住宅。

2.0.2 老年人住宅 house for the aged

供以老年人为核心的家庭居住使用的专用住宅。老年人住宅以套为单位，普通住宅楼栋中可设置若干套老年人住宅。

2.0.3 住宅单元 residential building unit

由多套住宅组成的建筑部分，该部分内的住户可通过共用楼梯和安全出口进行疏散。

2.0.4 套 dwelling space

由使用面积、居住空间组成的基本住宅单位。

2.0.5 无障碍通路 barrier-free passage

住宅外部的道路、绿地与公共服务设施等用地内的适合老年人、体弱者、残疾人、轮椅及童车等通行的交通设施。

2.0.6 绿地 green space

居住用地内公共绿地、宅旁绿地、公共服务设施所属绿地和道路绿地（即道路红线内的绿地）等各种形式绿地的总称，包括满足当地植树绿化覆土要求、方便居民出入的地下或半地下建筑的屋顶绿地，不包括其他屋顶、晒台的绿地及垂直绿化。

2.0.7 公共绿地 public green space

满足规定的日照要求、适合于安排游憩活动设施的、供居民共享的集中绿地。

2.0.8 绿地率 greening rate

居住用地内各类绿地面积的总和与用地面积的比率（%）。

2.0.9 入口平台 entrance platform

在台阶或坡道与建筑入口之间的水平地面。

2.0.10 无障碍住房 barrier-free residence

在住宅建筑中，设有乘轮椅者可进入和使用的住宅套房。

2.0.11　轮椅坡道　ramp for wheelchair

坡度、宽度及地面、扶手、高度等方面符合乘轮椅者通行要求的坡道。

2.0.12　地下室　basement

房间地面低于室外地平面的高度超过该房间净高的 1/2 者。

2.0.13　半地下室　semi-basement

房间地面低于室外地平面的高度超过该房间净高的 1/3，且不超过 1/2 者。

2.0.14　设计使用年限　design working life

设计规定的结构或结构构件不需进行大修即可按其预定目的使用的时期。

2.0.15　作用　action

引起结构或结构构件产生内力和变形效应的原因。

2.0.16　非结构构件　non-structural element

连接于建筑结构的建筑构件、机电部件及其系统。

3　基本规定

3.1　住宅基本要求

3.1.1　住宅建设应符合城市规划要求，保障居民的基本生活条件和环境，经济、合理、有效地使用土地和空间。

3.1.2　住宅选址时应考虑噪声、有害物质、电磁辐射和工程地质灾害、水文地质灾害等的不利影响。

3.1.3　住宅应具有与其居住人口规模相适应的公共服务设施、道路和公共绿地。

3.1.4　住宅应按套型设计，套内空间和设施应能满足安全、舒适、卫生等生活起居的基本要求。

3.1.5　住宅结构在规定的设计使用年限内必须具有足够的可靠性。

3.1.6　住宅应具有防火安全性能。

3.1.7　住宅应具备在紧急事态时人员从建筑中安全撤出的功能。

3.1.8　住宅应满足人体健康所需的通风、日照、自然采光和隔声要求。

3.1.9　住宅建设的选材应避免造成环境污染。

3.1.10　住宅必须进行节能设计，且住宅及其室内设备应能有效利用能源和水资源。

3.1.11　住宅建设应符合无障碍设计原则。

3.1.12　住宅应采取防止外窗玻璃、外墙装饰及其他附属设施等坠落或坠落伤人的措施。

3.2　许可原则

3.2.1　住宅建设必须采用质量合格并符合要求的材料与设备。

3.2.2　当住宅建设采用不符合工程建设强制性标准的新技术、新工艺、新材料时，必须经相关程序核准。

3.2.3　未经技术鉴定和设计认可，不得拆改结构构件和进行加层改造。

3.3　既有住宅

3.3.1　既有住宅达到设计使用年限或遭遇重大灾害后，需要继续使用时，应委托具有相应资质的机构鉴定，并根据鉴定结论进行处理。

3.3.2　既有住宅进行改造、改建时，应综合考虑节能、防火、抗震的要求。

4　外部环境

4.1　相邻关系

4.1.1　住宅间距，应以满足日照要求为基础，综合考虑采光、通风、消防、防灾、管线埋设、视觉卫生等要求确定。住宅日照标准应符合表 4.1.1 的规定；对于特定情况还应符合下列规定：

1 老年人住宅不应低于冬至日日照 2h 的标准；

2 旧区改建的项目内新建住宅日照标准可酌情降低，但不应低于大寒日日照 1h 的标准。

表 4.1.1 住宅建筑日照标准

建筑气候区划	Ⅰ、Ⅱ、Ⅲ、Ⅶ气候区		Ⅳ气候区		Ⅴ、Ⅵ气候区
	大城市	中小城市	大城市	中小城市	
日照标准日	大寒日			冬至日	
日照时数（h）	≥2		≥3		≥1
有效日照时间带（h） （当地真太阳时）	8～16			9～15	
日照时间计算起点	底层窗台面				

注：底层窗台面是指距室内地坪 0.9m 高的外墙位置。

4.1.2 住宅至道路边缘的最小距离，应符合表 4.1.2 的规定。

表 4.1.2 住宅至道路边缘最小距离（m）

与住宅距离 \ 路面宽度			<6m	6～9m	>9m
住宅面向道路	无出入口	高层	2	3	5
		多层	2	3	3
	有出入口		2.5	5	—
住宅山墙面向道路		高层	1.5	2	4
		多层	1.5	2	2

注：1 当道路设有人行便道时，其道路边缘指便道边线；
　　2 表中"—"表示住宅不应向路面宽度大于 9m 的道路开设出入口。

4.1.3 住宅周边设置的各类管线不应影响住宅的安全，并应防止管线腐蚀、沉陷、振动及受重压。

4.2 公共服务设施

4.2.1 配套公共服务设施（配套公建）应包括：教育、医疗卫生、文化、体育、商业服务、金融邮电、社区服务、市政公用和行政管理等9类设施。

4.2.2 配套公建的项目与规模，必须与居住人口规模相对应，并应与住宅同步规划、同步建设、同期交付。

4.3 道路交通

4.3.1 每个住宅单元至少应有一个出入口可以通达机动车。

4.3.2 道路设置应符合下列规定：

　　1 双车道道路的路面宽度不应小于6m；宅前路的路面宽度不应小于2.5m；

　　2 当尽端式道路的长度大于120m时，应在尽端设置不小于12m×12m的回车场地；

　　3 当主要道路坡度较大时，应设缓冲段与城市道路相接；

　　4 在抗震设防地区，道路交通应考虑减灾、救灾的要求。

4.3.3 无障碍通路应贯通，并应符合下列规定：

　　1 坡道的坡度应符合表4.3.3的规定。

表 4.3.3　坡道的坡度

高度（m）	1.50	1.00	0.75
坡度	≤1∶20	≤1∶16	≤1∶12

　　2 人行道在交叉路口、街坊路口、广场入口处应设缘石坡道，其坡面应平整，且不应光滑。坡度应小于1∶20，坡宽应大于1.2m。

　　3 通行轮椅车的坡道宽度不应小于1.5m。

4.3.4 居住用地内应配套设置居民自行车、汽车的停车场地或停车库。

4.4 室外环境

4.4.1 新区的绿地率不应低于30%。

4.4.2 公共绿地总指标不应少于1m²/人。

4.4.3 人工景观水体的补充水严禁使用自来水。无护栏水体的近岸 2m 范围内及园桥、汀步附近 2m 范围内，水深不应大于 0.5m。

4.4.4 受噪声影响的住宅周边应采取防噪措施。

4.5　竖向

4.5.1 地面水的排水系统，应根据地形特点设计，地面排水坡度不应小于 0.2%。

4.5.2 住宅用地的防护工程设置应符合下列规定：

　　1 台阶式用地的台阶之间应用护坡或挡土墙连接，相邻台地间高差大于 1.5m 时，应在挡土墙或坡比值大于 0.5 的护坡顶面加设安全防护设施；

　　2 土质护坡的坡比值不应大于 0.5；

　　3 高度大于 2m 的挡土墙和护坡的上缘与住宅间水平距离不应小于 3m，其下缘与住宅间的水平距离不应小于 2m。

5　建筑

5.1　套内空间

5.1.1 每套住宅应设卧室、起居室（厅）、厨房和卫生间等基本空间。

5.1.2 厨房应设置炉灶、洗涤池、案台、排油烟机等设施或预留位置。

5.1.3 卫生间不应直接布置在下层住户的卧室、起居室（厅）、厨房、餐厅的上层。卫生间地面和局部墙面应有防水构造。

5.1.4 卫生间应设置便器、洗浴器、洗面器等设施或预留位置；布置便器的卫生间的门不应直接开在厨房内。

5.1.5 外窗窗台距楼面、地面的净高低于 0.90m 时，应有防护设施。六层及六层以下住宅的阳台栏杆净高不应低于 1.05m，七层及七层以上住宅的阳台栏杆净高不应低于 1.10m。阳台栏杆应有防护措施。防护栏杆的垂直杆件间净距不应大于0.11m。

5.1.6 卧室、起居室（厅）的室内净高不应低于2.40m，局部净高不应低于2.10m，局部净高的面积不应大于室内使用面积的1/3。利用坡屋顶内空间作卧室、起居室（厅）时，其1/2使用面积的室内净高不应低于2.10m。

5.1.7 阳台地面构造应有排水措施。

5.2 公共部分

5.2.1 走廊和公共部位通道的净宽不应小于1.20m，局部净高不应低于2.00m。

5.2.2 外廊、内天井及上人屋面等临空处栏杆净高，六层及六层以下不应低于1.05m；七层及七层以上不应低于1.10m。栏杆应防止攀登，垂直杆件间净距不应大于0.11m。

5.2.3 楼梯梯段净宽不应小于1.10m。六层及六层以下住宅，一边设有栏杆的梯段净宽不应小于1.00m。楼梯踏步宽度不应小于0.26m，踏步高度不应大于0.175m。扶手高度不应小于0.90m。楼梯水平段栏杆长度大于0.50m时，其扶手高度不应小于1.05m。楼梯栏杆垂直杆件间净距不应大于0.11m。楼梯井净宽大于0.11m时，必须采取防止儿童攀滑的措施。

5.2.4 住宅与附建公共用房的出入口应分开布置。住宅的公共出入口位于阳台、外廊及开敞楼梯平台的下部时，应采取防止物体坠落伤人的安全措施。

5.2.5 七层以及七层以上的住宅或住户入口层楼面距室外设计地面的高度超过16m以上的住宅必须设置电梯。

5.2.6 住宅建筑中设有管理人员室时，应设管理人员使用的卫生间。

5.3 无障碍要求

5.3.1 七层及七层以上的住宅，应对下列部位进行无障碍设计：
　　1　建筑入口；

2 入口平台；

3 候梯厅；

4 公共走道；

5 无障碍住房。

5.3.2 建筑入口及入口平台的无障碍设计应符合下列规定：

1 建筑入口设台阶时，应设轮椅坡道和扶手；

2 坡道的坡度应符合表 5.3.2 的规定；

表 5.3.2 坡道的坡度

高度（m）	1.00	0.75	0.60	0.35
坡度	≤1：16	≤1：12	≤1：10	≤1：8

3 供轮椅通行的门净宽不应小于 0.80m；

4 供轮椅通行的推拉门和平开门，在门把手一侧的墙面，应留有不小于 0.50m 的墙面宽度；

5 供轮椅通行的门扇，应安装视线观察玻璃、横执把手和关门拉手，在门扇的下方应安装高 0.35m 的护门板；

6 门槛高度及门内外地面高差不应大于 15mm，并应以斜坡过渡。

5.3.3 七层及七层以上住宅建筑入口平台宽度不应小于 2.00m。

5.3.4 供轮椅通行的走道和通道净宽不应小于 1.20m。

5.4 地下室

5.4.1 住宅的卧室、起居室（厅）、厨房不应布置在地下室。当布置在半地下室时，必须采取采光、通风、日照、防潮、排水及安全防护措施。

5.4.2 住宅地下机动车库应符合下列规定：

1 库内坡道严禁将宽的单车道兼作双车道。

2 库内不应设置修理车位，并不应设置使用或存放易燃、易爆物品的房间。

3 库内车道净高不应低于 2.20m。车位净高不应低于 2.00m。

4 库内直通住宅单元的楼（电）梯间应设门，严禁利用楼（电）梯间进行自然通风。

5.4.3 住宅地下自行车库净高不应低于 2.00m。

5.4.4 住宅地下室应采取有效防水措施。

6 结构

6.1 一般规定

6.1.1 住宅结构的设计使用年限不应少于 50 年，其安全等级不应低于二级。

6.1.2 抗震设防烈度为 6 度及以上地区的住宅结构必须进行抗震设计，其抗震设防类别不应低于丙类。

6.1.3 住宅结构设计应取得合格的岩土工程勘察文件。对不利地段，应提出避开要求或采取有效措施；严禁在抗震危险地段建造住宅建筑。

6.1.4 住宅结构应能承受在正常建造和正常使用过程中可能发生的各种作用和环境影响。在结构设计使用年限内，住宅结构和结构构件必须满足安全性、适用性和耐久性要求。

6.1.5 住宅结构不应产生影响结构安全的裂缝。

6.1.6 邻近住宅的永久性边坡的设计使用年限，不应低于受其影响的住宅结构的设计使用年限。

6.2 材料

6.2.1 住宅结构材料应具有规定的物理、力学性能和耐久性能，并应符合节约资源和保护环境的原则。

6.2.2 住宅结构材料的强度标准值应具有不低于 95% 的保证率；抗震设防地区的住宅，其结构用钢材应符合抗震性能要求。

6.2.3 住宅结构用混凝土的强度等级不应低于 C20。

6.2.4 住宅结构用钢材应具有抗拉强度、屈服强度、伸长率和硫、磷含量的合格保证；对焊接钢结构用钢材，尚应具有碳含量、冷弯试验的合格保证。

6.2.5 住宅结构中承重砌体材料的强度应符合下列规定：

1 烧结普通砖、烧结多孔砖、蒸压灰砂砖、蒸压粉煤灰砖的强度等级不应低于 MU10；

2 混凝土砌块的强度等级不应低于 MU7.5；

3 砖砌体的砂浆强度等级，抗震设计时不应低于 M5；非抗震设计时，对低于五层的住宅不应低于 M2.5，对不低于五层的住宅不应低于 M5；

4 砌块砌体的砂浆强度等级，抗震设计时不应低于 Mb7.5；非抗震设计时不应低于 Mb5。

6.2.6 木结构住宅中，承重木材的强度等级不应低于 TC11（针叶树种）或 TB11（阔叶树种），其设计指标应考虑含水率的不利影响；承重结构用胶的胶合强度不应低于木材顺纹抗剪强度和横纹抗拉强度。

6.3 地基基础

6.3.1 住宅应根据岩土工程勘察文件，综合考虑主体结构类型、地域特点、抗震设防烈度和施工条件等因素，进行地基基础设计。

6.3.2 住宅的地基基础应满足承载力和稳定性要求，地基变形应保证住宅的结构安全和正常使用。

6.3.3 基坑开挖及其支护应保证其自身及其周边环境的安全。

6.3.4 桩基础和经处理后的地基应进行承载力检验。

6.4 上部结构

6.4.1 住宅应避免因局部破坏而导致整个结构丧失承载能力和稳定性。抗震设防地区的住宅不应采用严重不规则的设计方案。

6.4.2 抗震设防地区的住宅，应进行结构、结构构件的抗震验算，并应根据结构材料、结构体系、房屋高度、抗震设防烈度、场地类别等因素，采取可靠的抗震措施。

6.4.3 住宅结构中，刚度和承载力有突变的部位，应采取可靠的加强措施。9 度抗震设防的住宅，不得采用错层结构、连体结构和带转换层的结构。

6.4.4 住宅的砌体结构，应采取有效的措施保证其整体性；在抗震设防地区尚应满足抗震性能要求。

6.4.5 底部框架、上部砌体结构住宅中，结构转换层的托墙梁、楼板以及紧邻转换层的竖向结构构件应采取可靠的加强措施；在抗震设防地区，底部框架不应超过 2 层，并应设置剪力墙。

6.4.6 住宅中的混凝土结构构件，其混凝土保护层厚度和配筋构造应满足受力性能和耐久性要求。

6.4.7 住宅的普通钢结构、轻型钢结构构件及其连接应采取有效的防火、防腐措施。

6.4.8 住宅木结构构件应采取有效的防火、防潮、防腐、防虫措施。

6.4.9 依附于住宅结构的围护结构和非结构构件，应采取与主体结构可靠的连接或锚固措施，并应满足安全性和适用性要求。

7 室内环境

7.1 噪声和隔声

7.1.1 住宅应在平面布置和建筑构造上采取防噪声措施。卧室、起居室在关窗状态下的白天允许噪声级为 50dB（A 声级），夜间允许噪声级为 40dB（A 声级）。

7.1.2 楼板的计权标准化撞击声压级不应大于 75dB。

应采取构造措施提高楼板的撞击声隔声性能。

7.1.3 空气声计权隔声量，楼板不应小于 40dB（分隔住宅和非居住用途空间的楼板不应小于 55dB），分户墙不应小于 40dB，外窗不应小于 30dB，户门不应小于 25dB。

应采取构造措施提高楼板、分户墙、外窗、户门的空气声隔声性能。

7.1.4 水、暖、电、气管线穿过楼板和墙体时，孔洞周边应采取密封隔声措施。

7.1.5 电梯不应与卧室、起居室紧邻布置。受条件限制需要紧邻布置时，必须采取有效的隔声和减振措施。

7.1.6 管道井、水泵房、风机房应采取有效的隔声措施，水泵、风机应采取减振措施。

7.2 日照、采光、照明和自然通风

7.2.1 住宅应充分利用外部环境提供的日照条件，每套住宅至少应有一个居住空间能获得冬季日照。

7.2.2 卧室、起居室（厅）、厨房应设置外窗，窗地面积比不应小于 1/7。

7.2.3 套内空间应能提供与其使用功能相适应的照度水平。套外的门厅、电梯前厅、走廊、楼梯的地面照度应能满足使用功能要求。

7.2.4 住宅应能自然通风，每套住宅的通风开口面积不应小于地面面积的 5%。

7.3 防潮

7.3.1 住宅的屋面、外墙、外窗应能防止雨水和冰雪融化水侵入室内。

7.3.2 住宅屋面和外墙的内表面在室内温、湿度设计条件下不应出现结露。

7.4 空气污染

7.4.1 住宅室内空气污染物的活度和浓度应符合表 7.4.1 的规定。

表 7.4.1　住宅室内空气污染物限值

污染物名称	活度、浓度限值
氡	≤200Bq/m³
游离甲醛	≤0.08mg/m³
苯	≤0.09mg/m³
氨	≤0.2mg/m³
总挥发性有机化合物（TVOC）	≤0.5mg/m³

8　设备

8.1　一般规定

8.1.1　住宅应设室内给水排水系统。

8.1.2　严寒地区和寒冷地区的住宅应设采暖设施。

8.1.3　住宅应设照明供电系统。

8.1.4　住宅的给水总立管、雨水立管、消防立管、采暖供回水总立管和电气、电信干线（管），不应布置在套内。公共功能的阀门、电气设备和用于总体调节和检修的部件，应设在共用部位。

8.1.5　住宅的水表、电能表、热量表和燃气表的设置应便于管理。

8.2　给水排水

8.2.1　生活给水系统和生活热水系统的水质、管道直饮水系统的水质和生活杂用水系统的水质均应符合使用要求。

8.2.2　生活给水系统应充分利用城镇给水管网的水压直接供水。

8.2.3　生活饮用水供水设施和管道的设置，应保证二次供水的使用要求。供水管道、阀门和配件应符合耐腐蚀和耐压的要求。

8.2.4　套内分户用水点的给水压力不应小于 0.05MPa，入户管的给水压力不应大于 0.35MPa。

8.2.5　采用集中热水供应系统的住宅，配水点的水温不应低于 45℃。

8.2.6 卫生器具和配件应采用节水型产品，不得使用一次冲水量大于 6L 的坐便器。

8.2.7 住宅厨房和卫生间的排水立管应分别设置。排水管道不得穿越卧室。

8.2.8 设有淋浴器和洗衣机的部位应设置地漏，其水封深度不得小于 50mm。构造内无存水弯的卫生器具与生活排水管道连接时，在排水口以下应设存水弯，其水封深度不得小于 50mm。

8.2.9 地下室、半地下室中卫生器具和地漏的排水管，不应与上部排水管连接。

8.2.10 适合建设中水设施和雨水利用设施的住宅，应按照当地的有关规定配套建设中水设施和雨水利用设施。

8.2.11 设有中水系统的住宅，必须采取确保使用、维修和防止误饮误用的安全措施。

8.3　采暖、通风与空调

8.3.1 集中采暖系统应采取分室（户）温度调节措施，并应设置分户（单元）计量装置或预留安装计量装置的位置。

8.3.2 设置集中采暖系统的住宅，室内采暖计算温度不应低于表 8.3.2 的规定：

表 8.3.2　采暖计算温度

空　间　类　别	采暖计算温度
卧室、起居室（厅）和卫生间	18℃
厨　房	15℃
设采暖的楼梯间和走廊	14℃

8.3.3 集中采暖系统应以热水为热媒，并应有可靠的水质保证措施。

8.3.4 采暖系统应没有冻结危险，并应有热膨胀补偿措施。

8.3.5 除电力充足和供电政策支持外，严寒地区和寒冷地区的住宅内不应采用直接电热采暖。

8.3.6 厨房和无外窗的卫生间应有通风措施，且应预留安装排风机的位置和条件。

8.3.7 当采用竖向通风道时，应采取防止支管回流和竖井泄漏的措施。

8.3.8 当选择水源热泵作为居住区或户用空调（热泵）机组的冷热源时，必须确保水源热泵系统的回灌水不破坏和不污染所使用的水资源。

8.4 燃气

8.4.1 住宅应使用符合城镇燃气质量标准的可燃气体。

8.4.2 住宅内管道燃气的供气压力不应高于 0.2MPa。

8.4.3 住宅内各类用气设备应使用低压燃气，其入口压力必须控制在设备的允许压力波动范围内。

8.4.4 套内的燃气设备应设置在厨房或与厨房相连的阳台内。

8.4.5 住宅的地下室、半地下室内严禁设置液化石油气用气设备、管道和气瓶。十层及十层以上住宅内不得使用瓶装液化石油气。

8.4.6 住宅的地下室、半地下室内设置人工煤气、天然气用气设备时，必须采取安全措施。

8.4.7 住宅内燃气管道不得敷设在卧室、暖气沟、排烟道、垃圾道和电梯井内。

8.4.8 住宅内设置的燃气设备和管道，应满足与电气设备和相邻管道的净距要求。

8.4.9 住宅内各类用气设备排出的烟气必须排至室外。多台设备合用一个烟道时不得相互干扰。厨房燃具排气罩排出的油烟不得与热水器或采暖炉排烟合用一个烟道。

8.5 电气

8.5.1 电气线路的选材、配线应与住宅的用电负荷相适应，并应符合安全和防火要求。

8.5.2 住宅供配电应采取措施防止因接地故障等引起的火灾。

8.5.3 当应急照明在采用节能自熄开关控制时，必须采取应急时自动点亮的措施。

8.5.4 每套住宅应设置电源总断路器，总断路器应采用可同时断开相线和中性线的开关电器。

8.5.5 住宅套内的电源插座与照明，应分路配电。安装在1.8m及以下的插座均应采用安全型插座。

8.5.6 住宅应根据防雷分类采取相应的防雷措施。

8.5.7 住宅配电系统的接地方式应可靠，并应进行总等电位联结。

8.5.8 防雷接地应与交流工作接地、安全保护接地等共用一组接地装置，接地装置应优先利用住宅建筑的自然接地体，接地装置的接地电阻值必须按接入设备中要求的最小值确定。

9　防火与疏散

9.1　一般规定

9.1.1 住宅建筑的周围环境应为灭火救援提供外部条件。

9.1.2 住宅建筑中相邻套房之间应采取防火分隔措施。

9.1.3 当住宅与其他功能空间处于同一建筑内时，住宅部分与非住宅部分之间应采取防火分隔措施，且住宅部分的安全出口和疏散楼梯应独立设置。

经营、存放和使用火灾危险性为甲、乙类物品的商店、作坊和储藏间，严禁附设在住宅建筑中。

9.1.4 住宅建筑的耐火性能、疏散条件和消防设施的设置应满足防火安全要求。

9.1.5 住宅建筑设备的设置和管线敷设应满足防火安全要求。

9.1.6 住宅建筑的防火与疏散要求应根据建筑层数、建筑面积等因素确定。

> 注：1 当住宅和其他功能空间处于同一建筑内时，应将住宅部分的层数与其他功能空间的层数叠加计算建筑层数。
>
> 2 当建筑中有一层或若干层的层高超过 3m 时，应对这些层按其高度总和除以 3m 进行层数折算，余数不足 1.5m 时，多出部分不计入建筑层数；余数大于或等于 1.5m 时，多出部分按 1 层计算。

9.2 耐火等级及其构件耐火极限

9.2.1 住宅建筑的耐火等级应划分为一、二、三、四级，其构件的燃烧性能和耐火极限不应低于表 9.2.1 的规定。

9.2.2 四级耐火等级的住宅建筑最多允许建造层数为 3 层，三级耐火等级的住宅建筑最多允许建造层数为 9 层，二级耐火等级的住宅建筑最多允许建造层数为 18 层。

表 9.2.1　住宅建筑构件的燃烧性能和耐火极限（h）

构 件 名 称		耐 火 等 级			
		一级	二级	三级	四级
墙	防火墙	不燃性 3.00	不燃性 3.00	不燃性 3.00	不燃性 3.00
	非承重外墙、疏散走道两侧的隔墙	不燃性 1.00	不燃性 1.00	不燃性 0.75	难燃性 0.75
	楼梯间的墙、电梯井的墙、住宅单元之间的墙、住宅分户墙、承重墙	不燃性 2.00	不燃性 2.00	不燃性 1.50	难燃性 1.00
	房间隔墙	不燃性 0.75	不燃性 0.50	难燃性 0.50	难燃性 0.25
柱		不燃性 3.00	不燃性 2.50	不燃性 2.00	难燃性 1.00
梁		不燃性 2.00	不燃性 1.50	不燃性 1.00	难燃性 1.00

续表 9.2.1

构 件 名 称	耐 火 等 级			
	一级	二级	三级	四级
楼板	不燃性 1.50	不燃性 1.00	不燃性 0.75	难燃性 0.50
屋顶承重构件	不燃性 1.50	不燃性 1.00	难燃性 0.50	难燃性 0.25
疏散楼梯	不燃性 1.50	不燃性 1.00	不燃性 0.75	难燃性 0.50

注：表中的外墙指除外保温层外的主体构件。

9.3 防火间距

9.3.1 住宅建筑与相邻建筑、设施之间的防火间距应根据建筑的耐火等级、外墙的防火构造、灭火救援条件及设施的性质等因素确定。

9.3.2 住宅建筑与相邻民用建筑之间的防火间距应符合表9.3.2的要求。当建筑相邻外墙采取必要的防火措施后，其防火间距可适当减少或贴邻。

表9.3.2 住宅建筑与相邻民用建筑之间的防火间距（m）

建 筑 类 别			10层及10层以上住宅或其他高层民用建筑		10层以下住宅或其他非高层民用建筑		
			高层建筑	裙房	耐 火 等 级		
					一、二级	三级	四级
10层以下住宅	耐火等级	一、二级	9	6	6	7	9
		三级	11	7	7	8	10
		四级	14	9	9	10	12
10层及10层以上住宅			13	9	9	11	14

9.4 防火构造

9.4.1 住宅建筑上下相邻套房开口部位间应设置高度不低于 0.8m 的窗槛墙或设置耐火极限不低于 1.00h 的不燃性实体挑檐，其出挑宽度不应小于 0.5m，长度不应小于开口宽度。

9.4.2 楼梯间窗口与套房窗口最近边缘之间的水平间距不应小于 1.0m。

9.4.3 住宅建筑中竖井的设置应符合下列要求：

1 电梯井应独立设置，井内严禁敷设燃气管道，并不应敷设与电梯无关的电缆、电线等。电梯井井壁上除开设电梯门洞和通气孔洞外，不应开设其他洞口。

2 电缆井、管道井、排烟道、排气道等竖井应分别独立设置，其井壁应采用耐火极限不低于 1.00h 的不燃性构件。

3 电缆井、管道井应在每层楼板处采用不低于楼板耐火极限的不燃性材料或防火封堵材料封堵；电缆井、管道井与房间、走道等相连通的孔洞，其空隙应采用防火封堵材料封堵。

4 电缆井和管道井设置在防烟楼梯间前室、合用前室时，其井壁上的检查门应采用丙级防火门。

9.4.4 当住宅建筑中的楼梯、电梯直通住宅楼层下部的汽车库时，楼梯、电梯在汽车库出入口部位应采取防火分隔措施。

9.5 安全疏散

9.5.1 住宅建筑应根据建筑的耐火等级、建筑层数、建筑面积、疏散距离等因素设置安全出口，并应符合下列要求：

1 10 层以下的住宅建筑，当住宅单元任一层的建筑面积大于 650m²，或任一套房的户门至安全出口的距离大于 15m 时，该住宅单元每层的安全出口不应少于 2 个。

2 10 层及 10 层以上但不超过 18 层的住宅建筑，当住宅单元任一层的建筑面积大于 650m²，或任一套房的户门至安全出口的距离大于 10m 时，该住宅单元每层的安全出口不应少于 2 个。

3 19 层及 19 层以上的住宅建筑，每个住宅单元每层的安全出口不应少于 2 个。

4 安全出口应分散布置，两个安全出口之间的距离不应小于 5m。

5 楼梯间及前室的门应向疏散方向开启；安装有门禁系统的住宅，应保证住宅直通室外的门在任何时候能从内部徒手开启。

9.5.2 每层有 2 个及 2 个以上安全出口的住宅单元，套房户门至最近安全出口的距离应根据建筑的耐火等级、楼梯间的形式和疏散方式确定。

9.5.3 住宅建筑的楼梯间形式应根据建筑形式、建筑层数、建筑面积以及套房户门的耐火等级等因素确定。在楼梯间的首层应设置直接对外的出口，或将对外出口设置在距离楼梯间不超过 15m 处。

9.5.4 住宅建筑楼梯间顶棚、墙面和地面均应采用不燃性材料。

9.6 消防给水与灭火设施

9.6.1 8 层及 8 层以上的住宅建筑应设置室内消防给水设施。

9.6.2 35 层及 35 层以上的住宅建筑应设置自动喷水灭火系统。

9.7 消防电气

9.7.1 10 层及 10 层以上住宅建筑的消防供电不应低于二级负荷要求。

9.7.2 35 层及 35 层以上的住宅建筑应设置火灾自动报警系统。

9.7.3 10 层及 10 层以上住宅建筑的楼梯间、电梯间及其前室应设置应急照明。

9.8 消防救援

9.8.1 10 层及 10 层以上的住宅建筑应设置环形消防车道，或至少沿建筑的一个长边设置消防车道。

9.8.2 供消防车取水的天然水源和消防水池应设置消防车道，并满足消防车的取水要求。

9.8.3 12 层及 12 层以上的住宅应设置消防电梯。

10 节能

10.1 一般规定

10.1.1 住宅应通过合理选择建筑的体形、朝向和窗墙面积比，增强围护结构的保温、隔热性能，使用能效比高的采暖和空气调节设备和系统，采取室温调控和热量计量措施来降低采暖、空气调节能耗。

10.1.2 节能设计应采用规定性指标，或采用直接计算采暖、空气调节能耗的性能化方法。

10.1.3 住宅围护结构的构造应防止围护结构内部保温材料受潮。

10.1.4 住宅公共部位的照明应采用高效光源、高效灯具和节能控制措施。

10.1.5 住宅内使用的电梯、水泵、风机等设备应采取节电措施。

10.1.6 住宅的设计与建造应与地区气候相适应，充分利用自然通风和太阳能等可再生能源。

10.2 规定性指标

10.2.1 住宅节能设计的规定性指标主要包括：建筑物体形系数、窗墙面积比、各部分围护结构的传热系数、外窗遮阳系数等。各建筑热工设计分区的具体规定性指标应根据节能目标分别确定。

10.2.2 当采用冷水机组和单元式空气调节机作为集中式空气调节系统的冷源设备时，其性能系数、能效比不应低于表 10.2.2-1 和表 10.2.2-2 的规定值。

表 10.2.2-1 冷水（热泵）机组制冷性能系数

类 型		额定制冷量 （kW）	性能系数 （W/W）
水 冷	活塞式/涡旋式	＜528 528~1163 ＞1163	3.80 4.00 4.20

续表 10.2.2-1

类 型		额定制冷量 （kW）	性能系数 （W/W）
水 冷	螺杆式	＜528 528～1163 ＞1163	4.10 4.30 4.60
	离心式	＜528 528～1163 ＞1163	4.40 4.70 5.10
风冷或蒸 发冷却	活塞式/涡旋式	≤50 ＞50	2.40 2.60
	螺杆式	≤50 ＞50	2.60 2.80

表 10.2.2-2 单元式空气调节机能效比

类 型		能效比（W/W）
风冷式	不接风管	2.60
	接风管	2.30
水冷式	不接风管	3.00
	接风管	2.70

10.3 性能化设计

10.3.1 性能化设计应以采暖、空调能耗指标作为节能控制目标。

10.3.2 各建筑热工设计分区的控制目标限值应根据节能目标分别确定。

10.3.3 性能化设计的控制目标和计算方法应符合下列规定：

1 严寒、寒冷地区的住宅应以建筑物耗热量指标为控制目标。

建筑物耗热量指标的计算应包含围护结构的传热耗热量、空气渗透耗热量和建筑物内部得热量三个部分，计算所得的建筑物耗热量指标不应超过表 10.3.3-1 的规定。

表 10.3.3-1 建筑物耗热量指标（W/m²）

地 名	耗热量指标	地 名	耗热量指标	地 名	耗热量指标	地 名	耗热量指标	地 名	耗热量指标
北京市	14.6	博克图	22.2	齐齐哈尔	21.9	新 乡	20.1	西 宁	20.9
天津市	14.5	二连浩特	21.9	富 锦	22.0	洛 阳	20.0	玛 多	21.5
河北省		多 伦	21.8	牡丹江	21.8	商 丘	20.1	大柴旦	21.4
石家庄	20.3	白云鄂博	21.6	呼 玛	22.7	开 封	20.1	共 和	21.1
张家口	21.1	辽宁省		佳木斯	21.9	四川省		格尔木	21.1
秦皇岛	20.8	沈 阳	21.2	安 达	22.0	阿 坝	20.8	玉 树	20.8
保 定	20.5	丹 东	20.9	伊 春	22.4	甘 孜	20.5	宁 夏	
邯 郸	20.3	大 连	20.6	克 山	22.3	康 定	20.3	银 川	21.0
唐 山	20.8	阜 新	21.3	江苏省		西 藏		中 宁	20.8
承 德	21.0	抚 顺	21.4	徐 州	20.0	拉 萨	20.2	固 原	20.9
丰 宁	21.2	朝 阳	21.1	连云港	20.0	噶 尔	21.2	石嘴山	21.0
山西省		本 溪	21.2	宿 迁	20.0	日喀则	20.4	新 疆	
太 原	20.8	锦 州	21.0	淮 阴	20.0	陕西省		乌鲁木齐	21.8
大 同	21.1	鞍 山	21.1	盐 城	20.0	西 安	20.2	塔 城	21.4
长 治	20.8	葫芦岛	21.0	山东省		榆 林	21.0	哈 密	21.3
阳 泉	20.5	吉林省		济 南	20.2	延 安	20.7	伊 宁	21.1
临 汾	20.4	长 春	21.7	青 岛	20.2	宝 鸡	20.1	喀 什	20.7
晋 城	20.4	吉 林	21.8	烟 台	20.2	甘肃省		富 蕴	22.4
运 城	20.3	延 吉	21.5	德 州	20.5	兰 州	20.8	克拉玛依	21.8
内蒙古		通 化	21.6	淄 博	20.4	酒 泉	21.0	吐鲁番	21.1
呼和浩特	21.3	双 辽	21.6	兖 州	20.4	敦 煌	21.0	库 车	20.9
锡林浩特	22.0	四 平	21.5	潍 坊	20.4	张 掖	21.0	和 田	20.7
海拉尔	22.6	白 城	21.8	河南省		山 丹	21.1		
通 辽	21.6	黑龙江		郑 州	20.0	平 凉	20.6		
赤 峰	21.3	哈尔滨	21.9	安 阳	20.3	天 水	20.3		
满洲里	22.4	嫩 江	22.5	濮 阳	20.3	青海省			

2 夏热冬冷地区的住宅应以建筑物采暖和空气调节年耗电量之和为控制目标。

建筑物采暖和空气调节年耗电量应采用动态逐时模拟方法在确定的条件下计算。计算条件应包括：

　　1）居室室内冬、夏季的计算温度；

　　2）典型气象年室外气象参数；

　　3）采暖和空气调节的换气次数；

　　4）采暖、空气调节设备的能效比；

　　5）室内得热强度。

计算所得的采暖和空气调节年耗电量之和，不应超过表10.3.3-2按采暖度日数 HDD18 列出的采暖年耗电量和按空气调节度日数 CDD26 列出的空气调节年耗电量的限值之和。

表 10.3.3-2　建筑物采暖年耗电量和空气调节年耗电量的限值

HDD18 （℃・d）	采暖年耗电量 E_h（kWh/m²）	CDD26 （℃・d）	空气调节年耗电量 E_c（kWh/m²）
800	10.1	25	13.7
900	13.4	50	15.6
1000	15.6	75	17.4
1100	17.8	100	19.3
1200	20.1	125	21.2
1300	22.3	150	23.0
1400	24.5	175	24.9
1500	26.7	200	26.8
1600	29.0	225	28.6
1700	31.2	250	30.5
1800	33.4	275	32.4
1900	35.7	300	34.2
2000	37.9		
2100	40.1		
2200	42.4		
2300	44.6		
2400	46.8		
2500	49.0		

3 夏热冬暖地区的住宅应以参照建筑的空气调节和采暖年耗电量为控制目标。

参照建筑和所设计住宅的空气调节和采暖年耗电量应采用动态逐时模拟方法在确定的条件下计算。计算条件应包括：

1）居室室内冬、夏季的计算温度；

2）典型气象年室外气象参数；

3）采暖和空气调节的换气次数；

4）采暖、空气调节设备的能效比。

参照建筑应按下列原则确定：

1）参照建筑的建筑形状、大小和朝向均应与所设计住宅完全相同；

2）参照建筑的开窗面积应与所设计住宅相同，但当所设计住宅的窗面积超过规定性指标时，参照建筑的窗面积应减小到符合规定性指标；

3）参照建筑的外墙、屋顶和窗户的各项热工性能参数应符合规定性指标。

11 使用与维护

11.0.1 住宅应满足下列条件，方可交付用户使用：

1 由建设单位组织设计、施工、工程监理等有关单位进行工程竣工验收，确认合格；取得当地规划、消防、人防等有关部门的认可文件或准许使用文件；在当地建设行政主管部门进行备案；

2 小区道路畅通，已具备接通水、电、燃气、暖气的条件。

11.0.2 住宅应推行社会化、专业化的物业管理模式。建设单位应在住宅交付使用时，将完整的物业档案移交给物业管理企业，内容包括：

1 竣工总平面图，单体建筑、结构、设备竣工图，配套设施和地下管网工程竣工图，以及相关的其他竣工验收资料；

2 设施设备的安装、使用和维护保养等技术资料；

3 工程质量保修文件和物业使用说明文件；

4 物业管理所必需的其他资料。

物业管理企业在服务合同终止时，应将物业档案移交给业主委员会。

11.0.3 建设单位应在住宅交付用户使用时提供给用户《住宅使用说明书》和《住宅质量保证书》。

《住宅使用说明书》应当对住宅的结构、性能和各部位（部件）的类型、性能、标准等做出说明，提出使用注意事项。《住宅使用说明书》应附有《住宅品质状况表》，其中应注明是否已进行住宅性能认定，并应包括住宅的外部环境、建筑空间、建筑结构、室内环境、建筑设备、建筑防火和节能措施等基本信息和达标情况。

《住宅质量保证书》应当包括住宅在设计使用年限内和正常使用情况下各部位、部件的保修内容和保修期、用户报修的单位，以及答复和处理的时限等。

11.0.4 用户应正确使用住宅内电气、燃气、给水排水等设施，不得在楼面上堆放影响楼盖安全的重物，严禁未经设计确认和有关部门批准擅自改动承重结构、主要使用功能或建筑外观，不得拆改水、暖、电、燃气、通信等配套设施。

11.0.5 对公共门厅、公共走廊、公共楼梯间、外墙面、屋面等住宅的共用部位，用户不得自行拆改或占用。

11.0.6 住宅和居住区内按照规划建设的公共建筑和共用设施，不得擅自改变其用途。

11.0.7 物业管理企业应对住宅和相关场地进行日常保养、维修和管理；对各种共用设备和设施，应进行日常维护、按计划检修，并及时更新，保证正常运行。

11.0.8 必须保持消防设施完好和消防通道畅通。

十五、《硬泡聚氨酯保温防水工程技术规范》GB 50404—2007

3.0.10 喷涂硬泡聚氨酯施工时，应对作业面外易受飞散物料污染的部位采取遮挡措施。

3.0.13 硬泡聚氨酯保温及防水工程所采用的材料应有产品合格证书和性能检测报告，材料的品种、规格、性能等应符合设计要求和本规范的规定。

材料进场后，应按规定抽样复验，提出试验报告，严禁在工程中使用不合格的材料。

4.1.3 硬泡聚氨酯保温层上不得直接进行防水材料热熔、热粘法施工。

4.3.3 平屋面排水坡度不应小于2%，天沟、檐沟的纵向坡度不应小于1%。

4.6.2 4 硬泡聚氨酯保温层厚度必须符合设计要求。

5.2.4 胶粘剂的物理性能应符合表5.2.4的要求。

表5.2.4　胶粘剂物理性能

项　　　目		性能要求
可操作时间（h）		1.5～4.0
拉伸粘结强度（MPa）（与水泥砂浆）	原强度	≥0.60
	耐水	≥0.40
拉伸粘结强度（MPa）（与硬泡聚氨酯）	原强度	≥0.10 并且破坏部位不得位于粘结界面

5.5.3 3 粘贴硬泡聚氨酯板材时，应将胶粘剂涂在板材背面，粘结层厚度应为3～6mm，粘结面积不得小于硬泡聚氨酯板材面积的40%。

5.6.2 4 硬泡聚氨酯保温层厚度必须符合设计要求。

十六、《太阳能供热采暖工程技术规范》GB 50495—2009

1.0.5 在既有建筑上增设或改造太阳能供热采暖系统，必须经建筑结构安全复核，满足建筑结构及其他相应的安全性要求，并经施工图设计文件审查合格后，方可实施。

3.1.3 太阳能供热采暖系统应根据不同地区和使用条件采取防冻、防结霜、防过热、防雷、防雹、抗风、抗震和保证电气安全等技术措施。

3.4.1 太阳能集热系统设计应符合下列基本规定：

1 建筑物上安装太阳能集热系统，严禁降低相邻建筑的日照标准。

3.6.3 系统安全和防护的自动控制应符合下列规定：

4 为防止因系统过热而设置的安全阀应安装在泄压时排出的高温蒸汽和水不会危及周围人员的安全的位置上，并应配备相应的措施；其设定的开启压力，应与系统可耐受的最高工作温度对应的饱和蒸汽压力相一致。

4.1.1 太阳能供热采暖系统的施工安装不得破坏建筑物的结构、屋面、地面防水层和附属设施，不得削弱建筑物在寿命期内承受荷载的能力。

十七、《民用建筑节水设计标准》GB 50555—2010

4.1.5 景观用水水源不得采用市政自来水和地下井水。

4.2.1 设有市政或小区给水、中水供水管网的建筑，生活给水系统应充分利用城镇供水管网的水压直接供水。

5.1.2 民用建筑采用非传统水源时，处理出水必须保障用水终端的日常供水水质安全可靠，严禁对人体健康和室内卫生环境产生负面影响。

十八、《住宅信报箱工程技术规范》GB 50631—2010

1.0.3 城镇新建、改建、扩建的住宅小区、住宅建筑工程，应将信报箱工程纳入建筑工程统一规划、设计、施工和验收，并应与建筑工程同时投入使用。

3.0.1 住宅信报箱应按住宅套数设置，每套住宅应设置一个格口。

十九、《会议电视会场系统工程设计规范》GB 50635—2010

3.1.8 会议电视会场的各种吊装设备和吊装件必须有可靠的安全保障措施。

3.4.3 光源、灯具的设计应符合下列规定：

6 灯具的外壳应可靠接地。

7 灯具及其附件应采取防坠落措施。

8 当灯具需要使用悬吊装置时，其悬吊装置的安全系数不应小于 9。

3.4.4 调光、控制系统的设计应符合下列规定：

5 调光设备的金属外壳应可靠接地。

6 灯光电缆必须采用阻燃型铜芯电缆。

二十、《民用建筑电气设计规范》JGJ 16—2008

3.2.8 一级负荷应由两个电源供电，当一个电源发生故障时，另一个电源不应同时受到损坏。

3.3.2 应急电源与正常电源之间必须采取防止并列运行的措施。

4.3.5 设置在民用建筑中的变压器，应选择干式、气体绝缘或非可燃性液体绝缘的变压器。当单台变压器油量为 100kg 及以上时，应设置单独的变压器室。

4.7.3 当成排布置的配电屏长度大于 6m 时，屏后面的通道应设有两个出口。当两出口之间的距离大于 15m 时，应增加出口。

4.9.1 可燃油油浸电力变压器室的耐火等级应为一级。非燃或难燃介质的电力变压器室、电压为 10（6）kV 的配电装置室和电容器室的耐火等级不应低于二级。低压配电装置室和电容器室的耐火等级不应低于三级。

4.9.2 配变电所的门应为防火门，并应符合下列规定：

1 配变电所位于高层主体建筑（或裙房）内时，通向其他相邻房间的门应为甲级防火门，通向过道的门应为乙级防火门；

2 配变电所位于多层建筑物的二层或更高层时，通向其他相邻房间的门应为甲级防火门，通向过道的门应为乙级防火门；

　　3　配变电所位于多层建筑物的一层时，通向相邻房间或过道的门应为乙级防火门；

　　4　配变电所位于地下层或下面有地下层时，通向相邻房间或过道的门应为甲级防火门；

　　5　配变电所附近堆有易燃物品或通向汽车库的门应为甲级防火门；

　　6　配变电所直接通向室外的门应为丙级防火门。

7.4.2　低压配电导体截面的选择应符合下列要求：

　　1　按敷设方式、环境条件确定的导体截面，其导体载流量不应小于预期负荷的最大计算电流和按保护条件所确定的电流；

　　2　线路电压损失不应超过允许值；

　　3　导体应满足动稳定与热稳定的要求；

　　4　导体最小截面应满足机械强度的要求，配电线路每一相导体截面不应小于表7.4.2的规定。

表 7.4.2　导体最小允许截面

布线系统形式	线路用途	导体最小截面（mm^2）	
		铜	铝
固定敷设的电缆和绝缘电线	电力和照明线路	1.5	2.5
	信号和控制线路	0.5	—
固定敷设的裸导体	电力（供电）线路	10	16
	信号和控制线路	4	—
用绝缘电线和电缆的柔性连接	任何用途	0.75	—
	特殊用途的特低压电路	0.75	—

7.4.6　外界可导电部分，严禁用作 PEN 导体。

7.5.2　在 TN-C 系统中，严禁断开 PEN 导体，不得装设断开 PEN 导体的电器。

7.6.2　配电线路的短路保护应在短路电流对导体和连接件产生的热效应和机械力造成危险之前切断短路电流。

7.6.4　配电线路的过负荷保护，应在过负荷电流引起的导体温升对导体的绝缘、接头、端子或导体周围的物质造成损害前切断负荷电流。对于突然断电比过负荷造成的损失更大的线路，该线路的过负荷保护应作用于信号而不应切断电路。

7.7.5 对于相导体对地标称电压为 220V 的 TN 系统配电线路的接地故障保护，其切断故障回路的时间应符合下列要求：

    1 对于配电线路或仅供给固定式电气设备用电的末端线路，不应大于 5s；

    2 对于供电给手持式电气设备和移动式电气设备末端线路或插座回路，不应大于 0.4s。

11.1.7 在防雷装置与其他设施和建筑物内人员无法隔离的情况下，装有防雷装置的建筑物，应采取等电位联结。

11.2.3 符合下列情况之一的建筑物，应划为第二类防雷建筑物：

    1 高度超过 100m 的建筑物；

    2 国家级重点文物保护建筑物；

    3 国家级的会堂、办公建筑物、档案馆、大型博展建筑物；特大型、大型铁路旅客站；国际性的航空港、通信枢纽；国宾馆、大型旅游建筑物；国际港口客运站；

    4 国家级计算中心、国家级通信枢纽等对国民经济有重要意义且装有大量电子设备的建筑物；

    5 年预计雷击次数大于 0.06 的部、省级办公建筑物及其他重要或人员密集的公共建筑物；

    6 年预计雷击次数大于 0.3 的住宅、办公楼等一般民用建筑物。

11.2.4 符合下列情况之一的建筑物，应划为第三类防雷建筑物：

    1 省级重点文物保护建筑物及省级档案馆；

    2 省级大型计算中心和装有重要电子设备的建筑物；

    3 19 层及以上的住宅建筑和高度超过 50m 的其他民用建筑物；

　　4 年预计雷击次数大于或等于 0.012 且小于或等于 0.06 的部、省级办公建筑物及其他重要或人员密集的公共建筑物；

　　5 年预计雷击次数大于或等于 0.06 且小于或等于 0.3 的住宅、办公楼等一般民用建筑物；

　　6 建筑群中最高的建筑物或位于建筑群边缘高度超过 20m 的建筑物；

　　7 通过调查确认当地遭受过雷击灾害的类似建筑物；历史上雷害事故严重地区或雷害事故较多地区的较重要建筑物；

　　8 在平均雷暴日大于 15d/a 的地区，高度大于或等于 15m 的烟囱、水塔等孤立的高耸构筑物；在平均雷暴日小于或等于 15d/a 的地区，高度大于或等于 20m 的烟囱、水塔等孤立的高耸构筑物。

11.6.1 不得利用安装在接收无线电视广播的共用天线的杆顶上的接闪器保护建筑物。

11.8.9 当采用敷设在钢筋混凝土中的单根钢筋或圆钢作为防雷装置时，钢筋或圆钢的直径不应小于 10mm。

11.9.5 当电子信息系统设备由 TN 交流配电系统供电时，其配电线路必须采用 TN-S 系统的接地形式。

12.2.3 采用 TN-C-S 系统时，当保护导体与中性导体从某点分开后不应再合并，且中性导体不应再接地。

12.2.6 IT 系统中包括中性导体在内的任何带电部分严禁直接接地。IT 系统中的电源系统对地应保持良好的绝缘状态。

12.3.4 下列部分严禁保护接地：

　　1 采用设置绝缘场所保护方式的所有电气设备外露可导电部分及外界可导电部分；

　　2 采用不接地的局部等电位联结保护方式的所有电气设备外露可导电部分及外界可导电部分；

　　3 采用电气隔离保护方式的电气设备外露可导电部分及外界可导电部分；

　　4 在采用双重绝缘及加强绝缘保护方式中的绝缘外护物里

面的可导电部分。

12.5.2　在地下禁止采用裸铝导体作接地极或接地导体。

12.5.4　包括配线用的钢导管及金属线槽在内的外界可导电部分，严禁用作 PEN 导体。PEN 导体必须与相导体具有相同的绝缘水平。

12.6.2　手持式电气设备应采用专用保护接地芯导体，且该芯导体严禁用来通过工作电流。

14.9.4　系统监控中心应设置为禁区，应有保证自身安全的防护措施和进行内外联络的通信手段，并应设置紧急报警装置和留有向上一级接处警中心报警的通行接口。

二十一、《住宅建筑电气设计规范》JGJ 242—2011

4.3.2　设置在住宅建筑内的变压器，应选择干式、气体绝缘或非可燃性液体绝缘的变压器。

8.4.3　家居配电箱应装设同时断开相线和中性线的电源进线开关电器，供电回路应装设短路和过负荷保护电器，连接手持式及移动式家用电器的电源插座回路应装设剩余电流动作保护器。

10.1.1　建筑高度为 100m 或 35 层及以上的住宅建筑和年预计雷击次数大于 0.25 的住宅建筑，应按第二类防雷建筑物采取相应的防雷措施。

10.1.2　建筑高度为 50m～100m 或 19 层～34 层的住宅建筑和年预计雷击次数大于或等于 0.05 且小于或等于 0.25 的住宅建筑，应按不低于第三类防雷建筑物采取相应的防雷措施。

二十二、《交通建筑电气设计规范》JGJ 243—2011

6.4.7　Ⅱ类及以上民用机场航站楼、特大型和大型铁路旅客车站、集民用机场航站楼或铁路及城市轨道交通车站等为一体的大型综合交通枢纽站、地铁车站、磁浮列车站及具有一级耐火等级的交通建筑内，成束敷设的电线电缆应采用绝缘及护套为低烟无卤阻燃的电线电缆。

8.4.2　应急照明的配电应按相应建筑的最高级别负荷电源供给，且应能自动投入。

二十三、《金融建筑电气设计规范》JGJ 284—2012

4.2.1　金融设施的用电负荷等级应符合表 4.2.1 的规定。

表 4.2.1　金融设施的用电负荷等级

金融设施等级	用电负荷等级
特级	一级负荷中特别重要的负荷
一级	一级负荷
二级	二级负荷
三级	三级负荷

19.2.1　自助银行及自动柜员机室的现金装填区域应设置视频安全监控装置、出入口控制装置和入侵报警装置，且应具备与110报警系统联网功能。

二十四、《教育建筑电气设计规范》JGJ 310—2013

4.3.3　附设在教育建筑内的变电所，不应与教室、宿舍相贴邻。

5.2.4　中小学、幼儿园的电源插座必须采用安全型。幼儿活动场所电源插座底边距地不应低于 1.8m。

二十五、《医疗建筑电气设计规范》JGJ 312—2013

7.1.2　对于需进行射线防护的房间，其供电、通信的电缆沟或电气管线严禁造成射线泄漏；其他电气管线不得进入和穿过射线防护房间。

9.3.1　医疗场所配电系统的接地形式严禁采用 TN—C 系统。

二十六、《塑料门窗工程技术规程》JGJ 103—2008

3.1.2　门窗工程有下列情况之一时，必须使用安全玻璃：

1 面积大于 1.5m² 的窗玻璃；

2 距离可踏面高度 900mm 以下的窗玻璃；

3 与水平面夹角不大于 75°的倾斜窗，包括天窗、采光顶等在内的顶棚；

4 7 层及 7 层以上建筑外开窗。

6.2.8 建筑外窗的安装必须牢固可靠，在砖砌体上安装时，严禁用射钉固定。

6.2.19 推拉门窗扇必须有防脱落装置。

6.2.23 安装滑撑时，紧固螺钉必须使用不锈钢材质，并应与框扇增强型钢或内衬局部加强钢板可靠连接。螺钉与框扇连接处应进行防水密封处理。

7.1.2 安装门窗、玻璃或擦拭玻璃时，严禁手攀窗框、窗扇、窗梃和窗撑；操作时，应系好安全带，且安全带必须有坚固牢靠的挂点，严禁把安全带挂在窗体上。

二十七、《铝合金门窗工程技术规范》JGJ 214—2010

3.1.2 铝合金门窗主型材的壁厚应经计算或试验确定，除压条、扣板等需要弹性装配的型材外，门用主型材主要受力部位基材截面最小实测壁厚不应小于 2.0mm，窗用主型材主要受力部位基材截面最小实测壁厚不应小于 1.4mm。

4.12.1 人员流动性大的公共场所，易于受到人员和物体碰撞的铝合金门窗应采用安全玻璃。

4.12.2 建筑物中下列部位的铝合金门窗应使用安全玻璃：

1 七层及七层以上建筑物外开窗；

2 面积大于 1.5m² 的窗玻璃或玻璃底边离最终装修面小于 500mm 的落地窗；

3 倾斜安装的铝合金窗。

4.12.4 铝合金推拉门、推拉窗的扇应有防止从室外侧拆卸的装置。推拉窗用于外墙时，应设置防止窗扇向室外脱落的装置。

二十八、《建筑玻璃应用技术规程》JGJ 113—2009

8.2.2 屋面玻璃必须使用安全玻璃。当屋面玻璃最高点离地面的高度大于 3m 时，必须使用夹层玻璃。用于屋面的夹层玻璃，其胶片厚度不应小于 0.76mm。

9.1.2 地板玻璃必须采用夹层玻璃，点支承地板玻璃必须采用钢化夹层玻璃。钢化玻璃应进行均质处理。

二十九、《通风管道技术规程》JGJ 141—2004

2.0.7 隐蔽工程的风管在隐蔽前必须经监理人员验收及认可签证。

3.1.3 非金属风管材料应符合下列规定：

1 非金属风管材料的燃烧性能应符合现行国家标准《建筑材料燃烧性能分级方法》GB 8624 中不燃 A 级或难燃 B_1 级的规定。

4.1.6 风管内不得敷设各种管道、电线或电缆，室外立管的固定拉索严禁拉在避雷针或避雷网上。

三十、《外墙外保温工程技术规程》JGJ 144—2004

4.0.2 外墙外保温系统经耐候性试验后，不得出现饰面层起泡或剥落、保护层空鼓或脱落等破坏，不得产生渗水裂缝。具有薄抹面层的外保温系统，抹面层与保温层的拉伸粘结强度不得小于 0.1MPa，并且破坏部位应位于保温层内。

4.0.5 EPS 板现浇混凝土外墙外保温系统现场粘结强度不得小于 0.1MPa，并且破坏部位应位于 EPS 板内。

4.0.8 胶粘剂与水泥砂浆的拉伸粘结强度在干燥状态下不得小于 0.6MPa，浸水 48h 后不得小于 0.4MPa；与 EPS 板的拉伸粘结强度在干燥状态和浸水 48h 后均不得小于 0.1MPa，并且破坏部位应位于 EPS 板内。

4.0.10 玻纤网经向和纬向耐碱拉伸断裂强力均不得小于 750N/50mm，耐碱拉伸断裂强力保留率均不得小于 50%。

5.0.11 外保温工程施工期间以及完工后 24h 内，基层及环境空气温度不应低于 5℃。夏季应避免阳光暴晒。在 5 级以上大风天气和雨天不得施工。

6.2.7 现场取样胶粉 EPS 颗粒保温浆料干密度不应大于 250kg/m³，并且不应小于 180kg/m³。现场检验保温层厚度应符合设计要求，不得有负偏差。

6.3.2 无网现浇系统 EPS 板两面必须预喷刷界面砂浆。

6.4.3 有网现浇系统 EPS 钢丝网架板厚度、每平方米腹丝数量和表面荷载值应通过试验确定。EPS 钢丝网架板构造设计和施工安装应考虑现浇混凝土侧压力影响，抹面层厚度应均匀，钢丝网应完全包覆于抹面层中。

6.5.6 机械固定系统锚栓、预埋金属固定件数量应通过试验确定，并且每平方米不应小于 7 个。单个锚栓拔出力和基层力学性能应符合设计要求。

6.5.9 机械固定系统金属固定件、钢筋网片、金属锚栓和承托件应做防锈处理。

三十一、《民用建筑太阳能光伏系统应用技术规范》JGJ 203—2010

1.0.4 在既有建筑上安装或改造光伏系统应按建筑工程审批程序进行专项工程的设计、施工和验收。

3.1.5 在人员有可能接触或接近光伏系统的位置，应设置防触电警示标识。

3.1.6 并网光伏系统应具有相应的并网保护功能，并应安装必要的计量装置。

3.4.2 并网光伏系统与公共电网之间应设隔离装置。光伏系统在并网处应设置并网专用低压开关箱（柜），并应设置专用标识和"警告"、"双电源"提示性文字和符号。

4.1.2 安装在建筑各部位的光伏组件，包括直接构成建筑围护结构的光伏构件，应具有带电警告标识及相应的电气安全防护措施，并应满足该部位的建筑维护、建筑节能、结构安全和电气安全要求。

4.1.3　在既有建筑上增设或改造光伏系统，必须进行建筑结构安全、建筑电气安全的复核，并应满足光伏组件所在建筑部位的防火、防雷、防静电等相关功能要求和建筑节能要求。

5.1.5　施工安装人员应采取防触电措施，并应符合下列规定：

　　1　应穿绝缘鞋、戴低压绝缘手套、使用绝缘工具；

　　2　当光伏系统安装位置上空有架空电线时，应采取保护和隔离措施；

　　3　不应在雨、雪、大风天作业。

三十二、《建筑遮阳工程技术规范》JGJ 237—2011

3.0.7　遮阳装置及其与主体建筑结构的连接应进行结构设计。

7.3.4　在遮阳装置安装前，后置锚固件应在同条件的主体结构上进行现场见证拉拔试验，并应符合设计要求。

8.2.4　遮阳装置与主体结构的锚固连接应符合设计要求。

　　检验数量：全数检查验收记录。

　　检验方法：检查预埋件或后置锚固件与主体结构的连接等隐蔽工程施工验收记录和试验报告。

8.2.5　电力驱动装置应有接地措施。

　　检验数量：全数检查。

　　检验方法：观察检查电力驱动装置的接地措施，进行接地电阻测试。

三十三、《食品工业洁净用房建筑技术规范》GB 50687—2011

3.3.5　在不能最终灭菌食品的生产、检验、包装车间以及易腐败的即食性成品车间的入口处，必须设置独立隔间的手消毒室。

6.2.5　木质材料不得外露使用。所有门不应采用木质材料外露的门。

7.2.1 室内气流应保持从清洁区域流向污染区域的定向流。

8.3.4 1　Ⅰ级洁净用房内不应设地漏。

　4　Ⅰ级、Ⅱ级洁净用房内不应有排水立管穿过；Ⅲ级、Ⅳ级洁净用房内如有排水立管穿过时，不应设检查口。

三十四、《玻璃幕墙工程技术规范》JGJ 102—2003（节选）

4.4.4 人员流动密度大、青少年或幼儿活动的公共场所以及使用中容易受到撞击的部位，其玻璃幕墙应采用安全玻璃；对使用中容易受到撞击的部位，尚应设置明显的警示标志。

第五篇　城市规划

一、《城市用地分类与规划建设用地标准》GB 50137—2011

3.2.2　城乡用地分类和代码应符合表 3.2.2 的规定。

表 3.2.2　城乡用地分类和代码

类别代码			类别名称	内　　容
大类	中类	小类		
H			建设用地	包括城乡居民点建设用地、区域交通设施用地、区域公用设施用地、特殊用地、采矿用地及其他建设用地等
	H1		城乡居民点建设用地	城市、镇、乡、村庄建设用地
		H11	城市建设用地	城市内的居住用地、公共管理与公共服务设施用地、商业服务业设施用地、工业用地、物流仓储用地、道路与交通设施用地、公用设施用地、绿地与广场用地
		H12	镇建设用地	镇人民政府驻地的建设用地
		H13	乡建设用地	乡人民政府驻地的建设用地
		H14	村庄建设用地	农村居民点的建设用地
	H2		区域交通设施用地	铁路、公路、港口、机场和管道运输等区域交通运输及其附属设施用地，不包括城市建设用地范围内的铁路客货运站、公路长途客货运站以及港口客运码头
		H21	铁路用地	铁路编组站、线路等用地
		H22	公路用地	国道、省道、县道和乡道用地及附属设施用地
		H23	港口用地	海港和河港的陆域部分，包括码头作业区、辅助生产区等用地
		H24	机场用地	民用及军民合用的机场用地，包括飞行区、航站区等用地，不包括净空控制范围用地
		H25	管道运输用地	运输煤炭、石油和天然气等地面管道运输用地，地下管道运输规定的地面控制范围内的用地应按其地面实际用途归类
	H3		区域公用设施用地	为区域服务的公用设施用地，包括区域性能源设施、水工设施、通信设施、广播电视设施、殡葬设施、环卫设施、排水设施等用地
	H4		特殊用地	特殊性质的用地
		H41	军事用地	专门用于军事目的的设施用地，不包括部队家属生活区和军民共用设施等用地
		H42	安保用地	监狱、拘留所、劳改场所和安全保卫设施等用地，不包括公安局用地

续表 3.2.2

类别代码			类别名称	内　容
大类	中类	小类		
H	H5		采矿用地	采矿、采石、采沙、盐田、砖瓦窑等地面生产用地及尾矿堆放地
	H9		其他建设用地	除以上之外的建设用地，包括边境口岸和风景名胜区、森林公园等的管理及服务设施等用地
E			非建设用地	水域、农林用地及其他非建设用地等
	E1		水域	河流、湖泊、水库、坑塘、沟渠、滩涂、冰川及永久积雪
		E11	自然水域	河流、湖泊、滩涂、冰川及永久积雪
		E12	水库	人工拦截汇集而成的总库容不小于 10 万 m^3 的水库正常蓄水位岸线所围成的水面
		E13	坑塘沟渠	蓄水量小于 10 万 m^3 的坑塘水面和人工修建用于引、排、灌的渠道
	E2		农林用地	耕地、园地、林地、牧草地、设施农用地、田坎、农村道路等用地
	E9		其他非建设用地	空闲地、盐碱地、沼泽地、沙地、裸地、不用于畜牧业的草地等用地

3.3.2　城市建设用地分类和代码应符合表 3.3.2 的规定。

表 3.3.2　城市建设用地分类和代码

类别代码			类别名称	内　容
大类	中类	小类		
R			居住用地	住宅和相应服务设施的用地
	R1		一类居住用地	设施齐全、环境良好，以低层住宅为主的用地
		R11	住宅用地	住宅建筑用地及其附属道路、停车场、小游园等用地
		R12	服务设施用地	居住小区及小区级以下的幼托、文化、体育、商业、卫生服务、养老助残、公用设施等用地，不包括中小学用地

续表 3.3.2

类别代码			类别名称	内　容
大类	中类	小类		
R	R2		二类居住用地	设施较齐全、环境良好，以多、中、高层住宅为主的用地
		R21	住宅用地	住宅建筑用地（含保障性住宅用地）及其附属道路、停车场、小游园等用地
		R22	服务设施用地	居住小区及小区级以下的幼托、文化、体育、商业、卫生服务、养老助残、公用设施等用地，不包括中小学用地
	R3		三类居住用地	设施较欠缺、环境较差，以需要加以改造的简陋住宅为主的用地，包括危房、棚户区、临时住宅等用地
		R31	住宅用地	住宅建筑用地及其附属道路、停车场、小游园等用地
		R32	服务设施用地	居住小区及小区级以下的幼托、文化、体育、商业、卫生服务、养老助残、公用设施等用地，不包括中小学用地
A			公共管理与公共服务设施用地	行政、文化、教育、体育、卫生等机构和设施的用地，不包括居住用地中的服务设施用地
	A1		行政办公用地	党政机关、社会团体、事业单位等办公机构及其相关设施用地
	A2		文化设施用地	图书、展览等公共文化活动设施用地
		A21	图书展览用地	公共图书馆、博物馆、档案馆、科技馆、纪念馆、美术馆和展览馆、会展中心等设施用地
		A22	文化活动用地	综合文化活动中心、文化馆、青少年宫、儿童活动中心、老年活动中心等设施用地
	A3		教育科研用地	高等院校、中等专业学校、中学、小学、科研事业单位及其附属设施用地，包括为学校配建的独立地段的学生生活用地

续表 3.3.2

类别代码			类别名称	内 容
大类	中类	小类		
A	A3	A31	高 等 院 校 用地	大学、学院、专科学校、研究生院、电视大学、党校、干部学校及其附属设施用地,包括军事院校用地
		A32	中等专业学校用地	中等专业学校、技工学校、职业学校等用地,不包括附属于普通中学内的职业高中用地
		A33	中小学用地	中学、小学用地
		A34	特 殊 教 育 用地	聋、哑、盲人学校及工读学校等用地
		A35	科研用地	科研事业单位用地
	A4		体育用地	体育场馆和体育训练基地等用地,不包括学校等机构专用的体育设施用地
		A41	体 育 场 馆 用地	室内外体育运动用地,包括体育场馆、游泳场馆、各类球场及其附属的业余体校等用地
		A42	体育训练用地	为体育运动专设的训练基地用地
	A5		医疗卫生用地	医疗、保健、卫生、防疫、康复和急救设施等用地
		A51	医院用地	综合医院、专科医院、社区卫生服务中心等用地
		A52	卫 生 防 疫 用地	卫生防疫站、专科防治所、检验中心和动物检疫站等用地
		A53	特 殊 医 疗 用地	对环境有特殊要求的传染病、精神病等专科医院用地
		A59	其他医疗卫生用地	急救中心、血库等用地
	A6		社 会 福 利 用地	为社会提供福利和慈善服务的设施及其附属设施用地,包括福利院、养老院、孤儿院等用地

续表 3.3.2

类别代码			类别名称	内　容
大类	中类	小类		
A	A7		文物古迹用地	具有保护价值的古遗址、古墓葬、古建筑、石窟寺、近代代表性建筑、革命纪念建筑等用地。不包括已作其他用途的文物古迹用地
	A8		外事用地	外国驻华使馆、领事馆、国际机构及其生活设施等用地
	A9		宗教用地	宗教活动场所用地
B			商业服务业设施用地	商业、商务、娱乐康体等设施用地，不包括居住用地中的服务设施用地
	B1		商业用地	商业及餐饮、旅馆等服务业用地
		B11	零售商业用地	以零售功能为主的商铺、商场、超市、市场等用地
		B12	批发市场用地	以批发功能为主的市场用地
		B13	餐饮用地	饭店、餐厅、酒吧等用地
		B14	旅馆用地	宾馆、旅馆、招待所、服务型公寓、度假村等用地
	B2		商务用地	金融保险、艺术传媒、技术服务等综合性办公用地
		B21	金融保险用地	银行、证券期货交易所、保险公司等用地
		B22	艺术传媒用地	文艺团体、影视制作、广告传媒等用地
		B29	其他商务用地	贸易、设计、咨询等技术服务办公用地
	B3		娱乐康体用地	娱乐、康体等设施用地
		B31	娱乐用地	剧院、音乐厅、电影院、歌舞厅、网吧以及绿地率小于65%的大型游乐等设施用地
		B32	康体用地	赛马场、高尔夫、溜冰场、跳伞场、摩托车场、射击场，以及通用航空、水上运动的陆域部分等用地

续表 3.3.2

类别代码			类别名称	内 容
大类	中类	小类		
B	B4		公用设施营业网点用地	零售加油、加气、电信、邮政等公用设施营业网点用地
		B41	加油加气站用地	零售加油、加气、充电站等用地
		B49	其他公用设施营业网点用地	独立地段的电信、邮政、供水、燃气、供电、供热等其他公用设施营业网点用地
	B9		其他服务设施用地	业余学校、民营培训机构、私人诊所、殡葬、宠物医院、汽车维修站等其他服务设施用地
M			工业用地	工矿企业的生产车间、库房及其附属设施用地，包括专用铁路、码头和附属道路、停车场等用地，不包括露天矿用地
	M1		一类工业用地	对居住和公共环境基本无干扰、污染和安全隐患的工业用地
	M2		二类工业用地	对居住和公共环境有一定干扰、污染和安全隐患的工业用地
	M3		三类工业用地	对居住和公共环境有严重干扰、污染和安全隐患的工业用地
W			物流仓储用地	物资储备、中转、配送等用地，包括附属道路、停车场以及货运公司车队的站场等用地
	W1		一类物流仓储用地	对居住和公共环境基本无干扰、污染和安全隐患的物流仓储用地
	W2		二类物流仓储用地	对居住和公共环境有一定干扰、污染和安全隐患的物流仓储用地
	W3		三类物流仓储用地	易燃、易爆和剧毒等危险品的专用物流仓储用地

续表 3.3.2

类别代码			类别名称	内　　容
大类	中类	小类		
S			道路与交通设施用地	城市道路、交通设施等用地，不包括居住用地、工业用地等内部的道路、停车场等用地
	S1		城市道路用地	快速路、主干路、次干路和支路等用地，包括其交叉口用地
	S2		城市轨道交通用地	独立地段的城市轨道交通地面以上部分的线路、站点用地
	S3		交通枢纽用地	铁路客货运站、公路长途客运站、港口客运码头、公交枢纽及其附属设施用地
	S4		交通场站用地	交通服务设施用地，不包括交通指挥中心、交通队用地
		S41	公共交通场站用地	城市轨道交通车辆基地及附属设施，公共汽（电）车首末站、停车场（库）、保养场、出租汽车场站设施等用地，以及轮渡、缆车、索道等的地面部分及其附属设施用地
		S42	社会停车场用地	独立地段的公共停车场和停车库用地，不包括其他各类用地配建的停车场和停车库用地
	S9		其他交通设施用地	除以上之外的交通设施用地，包括教练场等用地
U			公用设施用地	供应、环境、安全等设施用地
	U1		供应设施用地	供水、供电、供燃气和供热等设施用地
		U11	供水用地	城市取水设施、自来水厂、再生水厂、加压泵站、高位水池等设施用地
		U12	供电用地	变电站、开闭所、变配电所等设施用地，不包括电厂用地。高压走廊下规定的控制范围内的用地应按其地面实际用途归类

续表 3.3.2

类别代码			类别名称	内 容
大类	中类	小类		
U	U1	U13	供燃气用地	分输站、门站、储气站、加气母站、液化石油气储配站、灌瓶站和地面输气管廊等设施用地，不包括制气厂用地
		U14	供热用地	集中供热锅炉房、热力站、换热站和地面输热管廊等设施用地
		U15	通信用地	邮政中心局、邮政支局、邮件处理中心、电信局、移动基站、微波站等设施用地
		U16	广播电视用地	广播电视的发射、传输和监测设施用地，包括无线电收信区、发信区以及广播电视发射台、转播台、差转台、监测站等设施用地
	U2		环境设施用地	雨水、污水、固体废物处理等环境保护设施及其附属设施用地
		U21	排水用地	雨水泵站、污水泵站、污水处理、污泥处理厂等设施及其附属的构筑物用地，不包括排水河渠用地
		U22	环卫用地	生活垃圾、医疗垃圾、危险废物处理（置），以及垃圾转运、公厕、车辆清洗、环卫车辆停放修理等设施用地
	U3		安全设施用地	消防、防洪等保卫城市安全的公用设施及其附属设施用地
		U31	消防用地	消防站、消防通信及指挥训练中心等设施用地
		U32	防洪用地	防洪堤、防洪枢纽、排洪沟渠等设施用地
	U9		其他公用设施用地	除以上之外的公用设施用地，包括施工、养护、维修等设施用地

续表3.3.2

类别代码			类别名称	内　容
大类	中类	小类		
G			绿地与广场用地	公园绿地、防护绿地、广场等公共开放空间用地
	G1		公园绿地	向公众开放，以游憩为主要功能，兼具生态、美化、防灾等作用的绿地
	G2		防护绿地	具有卫生、隔离和安全防护功能的绿地
	G3		广场用地	以游憩、纪念、集会和避险等功能为主的城市公共活动场地

4.2.1　规划人均城市建设用地面积指标应根据现状人均城市建设用地面积指标、城市（镇）所在的气候区以及规划人口规模，按表 4.2.1 的规定综合确定，并应同时符合表中允许采用的规划人均城市建设用地面积指标和允许调整幅度双因子的限制要求。

表 4.2.1　规划人均城市建设用地面积指标（m^2/人）

气候区	现状人均城市建设用地面积指标	允许采用的规划人均城市建设用地面积指标	允许调整幅度		
			规划人口规模≤20.0万人	规划人口规模20.1~50.0万人	规划人口规模>50.0万人
Ⅰ、Ⅱ、Ⅵ、Ⅶ	≤65.0	65.0~85.0	>0.0	>0.0	>0.0
	65.1~75.0	65.0~95.0	+0.1~+20.0	+0.1~+20.0	+0.1~+20.0
	75.1~85.0	75.0~105.0	+0.1~+20.0	+0.1~+20.0	+0.1~+15.0
	85.1~95.0	80.0~110.0	+0.1~+20.0	-5.0~+20.0	-5.0~+15.0
	95.1~105.0	90.0~110.0	-5.0~+15.0	-10.0~+15.0	-10.0~+10.0
	105.1~115.0	95.0~115.0	-10.0~-0.1	-15.0~-0.1	-20.0~-0.1
	>115.0	≤115.0	<0.0	<0.0	<0.0

续表 4.2.1

气候区	现状人均城市建设用地面积指标	允许采用的规划人均城市建设用地面积指标	允许调整幅度		
			规划人口规模 ≤20.0 万人	规划人口规模 20.1~50.0 万人	规划人口规模 >50.0 万人
Ⅲ、Ⅳ、Ⅴ	≤65.0	65.0~85.0	>0.0	>0.0	>0.0
	65.1~75.0	65.0~95.0	+0.1~+20.0	+0.1~20.0	+0.1~+20.0
	75.1~85.0	75.0~100.0	−5.0~+20.0	−5.0~+20.0	−5.0~+15.0
	85.1~95.0	80.0~105.0	−10.0~+15.0	−10.0~+15.0	−10.0~+10.0
	95.1~105.0	85.0~105.0	−15.0~+10.0	−15.0~+10.0	−15.0~+5.0
	105.1~115.0	90.0~110.0	−20.0~−0.1	−20.0~−0.1	−25.0~−5.0
	>115.0	≤110.0	<0.0	<0.0	<0.0

注：1　气候区应符合《建筑气候区划标准》GB 50178-93 的规定，具体应按本标准附录 B 执行。

2　新建城市（镇）、首都的规划人均城市建设用地面积指标不适用本表。

4.2.2　新建城市（镇）的规划人均城市建设用地面积指标宜在（85.1~105.0）m²/人内确定。

4.2.3　首都的规划人均城市建设用地面积指标应在（105.1~115.0）m²/人内确定。

4.2.4　边远地区、少数民族地区城市（镇）以及部分山地城市（镇）、人口较少的工矿业城市（镇）、风景旅游城市（镇）等，不符合表 4.2.1 规定时，应专门论证确定规划人均城市建设用地面积指标，且上限不得大于 150.0m²/人。

4.2.5　编制和修订城市（镇）总体规划应以本标准作为规划城市建设用地的远期控制标准。

4.3.1　规划人均居住用地面积指标应符合表 4.3.1 的规定。

表 4.3.1　**人均居住用地面积指标**（m²/人）

建筑气候区划	Ⅰ、Ⅱ、Ⅵ、Ⅶ气候区	Ⅲ、Ⅳ、Ⅴ气候区
人均居住用地面积	28.0~38.0	23.0~36.0

4.3.2 规划人均公共管理与公共服务设施用地面积不应小于 5.5m²/人。

4.3.3 规划人均道路与交通设施用地面积不应小于 12.0m²/人。

4.3.4 规划人均绿地与广场用地面积不应小于 10.0m²/人，其中人均公园绿地面积不应小于 8.0m²/人。

4.3.5 编制和修订城市（镇）总体规划应以本标准作为规划单项城市建设用地的远期控制标准。

二、《城市居住区规划设计规范》GB 50180—93(2002 年版)

1.0.3 居住区按居住户数或人口规模可分为居住区、小区、组团三级。各级标准控制规模，应符合表 1.0.3 的规定。

表 1.0.3 居住区分级控制规模

	居住区	小区	组团
户数（户）	10000～16000	3000～5000	300～1000
人口（人）	30000～50000	10000～15000	1000～3000

3.0.1 居住区规划总用地，应包括居住区用地和其他用地两类。其各类、项用地名称可采用本规范第 2 章规定的代号标示。

3.0.2 居住区用地构成中，各项用地面积和所占比例应符合下列规定：

3.0.2.1 居住区用地平衡表的格式，应符合本规范附录 A 第 A.0.5 条的要求。参与居住区用地平衡的用地应为构成居住区用地的四项用地，其他用地不参与平衡；

3.0.2.2 居住区内各项用地所占比例的平衡控制指标，应符合表 3.0.2 的规定。

表 3.0.2 居住区用地平衡控制指标（%）

用地构成	居住区	小区	组团
1. 住宅用地（R01）	50～60	55～65	70～80
2. 公建用地（R02）	15～25	12～22	6～12
3. 道路用地（R03）	10～18	9～17	7～15
4. 公共绿地（R04）	7.5～18	5～15	3～6
居住区用地（R）	100	100	100

3.0.3　人均居住区用地控制指标，应符合表 3.0.2 规定。

表 3.0.3　人均居住区用地控制指标（m²/人）

居住规模	层数	建筑气候区划		
		Ⅰ、Ⅱ、Ⅵ、Ⅶ	Ⅲ、Ⅴ	Ⅳ
居住区	低层	33～47	30～43	28～40
	多层	20～28	19～27	18～25
	多层、高层	17～26	17～26	17～26
小区	低层	30～43	28～40	26～37
	多层	20～28	19～26	18～25
	中高层	17～24	15～22	14～20
	高层	10～15	10～15	10～15
组团	低层	25～35	23～32	21～30
	多层	16～23	15～22	14～20
	中高层	14～20	13～18	12～16
	高层	8～11	8～11	8～11

注：本表各项指标按每户 3.2 人计算。

5.0.2　住宅间距，应以满足日照要求为基础，综合考虑采光、通风、消防、防灾、管线埋设、视觉卫生等要求确定。

5.0.2.1　住宅日照标准应符合表 5.0.2-1 规定；对于特定情况还应符合下列规定：

（1）老年人居住建筑不应低于冬至日日照 2 小时的标准；

（2）在原设计建筑外增加任何设施不应使相邻住宅原有日照

标准降低；

（3）旧区改建的项目内新建住宅日照标准可酌情降低，但不应低于大寒日日照1小时的标准。

表5.0.2-1 住宅建筑日照标准

建筑气候区划	Ⅰ、Ⅱ、Ⅲ、Ⅶ气候区		Ⅳ气候区		Ⅴ、Ⅵ气候区
	大城市	中小城市	大城市	中小城市	
日照标准日	大寒日			冬至日	
日照时数（h）	≥2		≥3		≥1
有效日照时间带（h）	8～16			9～15	
日照时间计算起点	底层窗台面				

注：1. 建筑气候区划应符合本规范附录A第A.0.1条的规定。

2. 底层窗台面是指距室内地坪0.9m高的外墙位置。

5.0.5.2 无电梯住宅不应超过六层。在地形起伏较大的地区，当住宅分层入口时，可按进入住宅后的单程上或下的层数计算。

5.0.6 住宅净密度，应符合下列规定：

5.0.6.1 住宅建筑净密度的最大值，不应超过表5.0.6-1规定；

表5.0.6-1 住宅建筑净密度控制指标（％）

住宅层数	建筑气候区划		
	Ⅰ、Ⅱ、Ⅵ、Ⅶ	Ⅲ、Ⅴ	Ⅳ
低层	35	40	43
多层	28	30	32
中高层	25	28	30
高层	20	20	22

注：混合层取两者的指标值作为控制指标的上、下限值。

6.0.1 居住区公共服务设施（也称配套公建），应包括：教育、医疗卫生、文化体育、商业服务、金融邮电、社区服务、市政公用和行政管理及其他八类设施。

6.0.3 居住区配套公建的项目，应符合本规范附录A第A.0.6

条规定。配建指标，应以表 6.0.3 规定的千人总指标和分类指标控制，并应遵循下列原则：

6.0.3.1 各地应按表 6.0.3 中规定所确定的本规范附录 A 第 A.0.6 条中有关项目及其具体指标控制；

6.0.3.2 本规范附录 A 第 A.0.6 条和表 6.0.3 在使用时可根据规划布局形式和规划用地四周的设施条件，对配建项目进行合理的归并、调整，但不应少于与其居住人口规模相对应的千人总指标；

6.0.3.3 当规划用地内的居住人口规模界于组团和小区之间或小区和居住区之间时，除配建下一级应配建的项目外，还应根据所增人数及规划用地周围的设施条件，增配高一级的有关项。

6.0.3.6 旧区改建和城市边缘的居住区，其配建项目与千人总指标可酌情增减，但应符合当地城市规划行政主管部门的有关规定；

6.0.3.7 凡国家确定的一、二类人防重点城市应按国家人防部门的有关规定配建防空地下室，并应遵循平战结合的原则，与城市地下空间规划相结合，统筹安排。将居住区使用部分的面积，按其使用性质纳入配套公建；

6.0.3.8 居住区配套公建各项目的设置要求，应符合本规范附录 A 第 A.0.7 条的规定。对其中的服务内容可酌情选用。

表 6.0.3　公共服务设施控制指标（m^2/千人）

居住规模 类别		居住区		小区		组团	
		建筑面积	用地面积	建筑面积	用地面积	建筑面积	用地面积
总指标		1668～3293 (2228～ 4213)	2172～5559 (2762～ 6329)	968～2397 (1338～ 2977)	1091～3835 (1491～ 4585)	362～856 (703～ 1356)	488～1058 (868～ 1578)
其中	教育	600～1200	1000～2400	330～1200	700～2400	160～400	300～500
	医疗卫生 (含医院)	78～198 (178～ 398)	138～378 (298～ 548)	38～98	78～228	6～20	12～40

续表 6.0.3

居住规模 类别		居住区		小区		组团	
		建筑面积	用地面积	建筑面积	用地面积	建筑面积	用地面积
其中	文体	125~245	225~645	45~75	65~105	18~24	40~60
	商业服务	700~910	600~940	450~570	100~600	150~370	100~400
	社区服务	59~464	76~668	59~292	76~328	19~32	16~28
	金融邮电 （含银行、 邮电局）	20~30 (60~80)	25~50	16~22	22~34	—	—
	市政公用 （含居民存 车处）	40~150 (460~820)	70~360 (500~960)	30~140 (400~720)	50~140 (450~760)	9~10 (350~510)	20~30 (400~550)
	行政管理 及其他	46~96	37~72	—	—	—	—

注：1. 居住区级指标含小区和组团级指标，小区级含组团级指标；

2. 公共服务设施总用地的控制指标应符合表 3.0.2 规定；

3. 总指标未含其他类，使用时应根据规划设计要求确定本类面积指标；

4. 小区医疗卫生类未含门诊所；

5. 市政公用类未含锅炉房，在采暖地区应自行确定。

6.0.5.2 配建公共停车场（库）应就近设置，并宜采用地下或多层车库。

7.0.1 居住区内绿地，应包括公共绿地、宅旁绿地、配套公建所属绿地和道路绿地，其中包括了满足当地植树绿化覆土要求、方便居民出入的地下或半地下建筑的屋顶绿地。

7.0.2.3 绿地率：新区建设不应低于 30％；旧区改建不宜低于 25％。

7.0.4.1 （5）组团绿地的设置应满足有不少于 1/3 的绿地面积在标准的建筑日照阴影线范围之外的要求，并便于设置儿童游戏设施和适于成人游憩活动。其中院落式组团绿地的设置还应同时满足表 7.0.4-2 中的各项要求，其面积计算起止界应符合本规范第 11 章中有关规定；

表 7.0.4-2　院落式组团绿地设置规定

封闭型绿地		开敞性绿地	
南侧多层楼	南侧高层楼	南侧多层楼	南侧高层楼
$L\geqslant1.5L_2$　$L\geqslant30\text{m}$	$L\geqslant1.5L_2$　$L\geqslant30\text{m}$	$L\geqslant1.5L_2$　$L\geqslant30\text{m}$	$L\geqslant1.5L_2$　$L\geqslant30\text{m}$
$S_1\geqslant800\text{m}^2$	$S_1\geqslant1800\text{m}^2$	$S_1\geqslant500\text{m}^2$	$S_1\geqslant1200\text{m}^2$
$S_2\geqslant1000\text{m}^2$	$S_2\geqslant2000\text{m}^2$	$S_2\geqslant800\text{m}^2$	$S_2\geqslant1400\text{m}^2$

注：1. L——南北两楼正面间距（m）；

　　　　L_2——当地住宅的标准日照间距（m）；

　　　　S_1——北侧为多层楼的组团绿地面积（m^2）；

　　　　S_2——北侧为高层楼的组团绿地面积（m^2）；

　　　2. 开敞性院落式组团绿地本规范附录 A 第 A.0.4 条规定。

7.0.5　居住区内公共绿地的总指标，应根据居住人口规模分别达到：组团不少于 $0.5\text{m}^2/$人，小区（含组团）不少于 $1\text{m}^2/$人，居住区（含小区与组团）不少于 $1.5\text{m}^2/$人，并应根据居住区规划布局形式统一安排、灵活使用。旧区改建可酌情降低，但不得低于相应指标的 70％。

三、《镇规划标准》GB 50188—2007

3.1.1　镇域镇村体系规划应依据县（市）域城镇体系规划中确定的中心镇、一般镇的性质、职能和发展规模进行制定。

3.1.2　镇域镇村体系规划应包括以下主要内容：

　　1　调查镇区和村庄的现状，分析其资源和环境等发展条件，预测一、二、三产业的发展前景以及劳力和人口的流向趋势；

　　2　落实镇区规划人口规模，划定镇区用地规划发展的控制范围；

　　3　根据产业发展和生活提高的要求，确定中心村和基层村，结合村民意愿，提出村庄的建设调整设想；

　　4　确定镇域内主要道路交通、公用工程设施、公共服务设施以及生态环境、历史文化保护、防灾防疫系统。

3.1.3　镇区和村庄的规划规模应按人口数量划分为特大、大、中、小型四级。

在进行镇区和村庄规划时，应以规划期末常住人口的数量按表 3.1.3 的分级确定级别。

表 3.1.3   规划规模分级（人）

规划人口规模分级	镇区	村庄
特大型	＞50000	＞1000
大型	30001～50000	601～1000
中型	10001～30000	201～600
小型	≤10000	≤200

4.1.3   镇用地的分类和代号应符合表 4.1.3 的规定。

表 4.1.3   镇用地的分类和代号

类别代号 大类	类别代号 小类	类别名称	范 围
R		居住用地	各类居住建筑和附属设施及其间距和内部小路、场地、绿化等用地；不包括路面宽度等于和大于 6m 的道路用地
R	R1	一类居住用地	以一～三层为主的居住建筑和附属设施及其间距内的用地，含宅间绿地、宅间路用地；不包括宅基地以外的生产性用地
R	R2	二类居住用地	以四层和四层以上为主的居住建筑和附属设施及其间距、宅间路、组群绿化用地
C		公共设施用地	各类公共建筑及其附属设施、内部道路、场地、绿化等用地
C	C1	行政管理用地	政府、团体、经济、社会管理机构等用地
C	C2	教育机构用地	托儿所、幼儿园、小学、中学及专科院校、成人教育及培训机构等用地
C	C3	文体科技用地	文化、体育、图书、科技、展览、娱乐、度假、文物、纪念、宗教等设施用地

续表 4.1.3

类别代号		类别名称	范　围
大类	小类		
C	C4	医疗保健用地	医疗、防疫、保健、休疗养等机构用地
	C5	商业金融用地	各类商业服务业的店铺，银行、信用、保险等机构，及其附属设施用地
	C6	集贸市场用地	集市贸易的专用建筑和场地；不包括临时占用街道、广场等设摊用地
M		生产设施用地	独立设置的各种生产建筑及其设施和内部道路、场地、绿化等用地
	M1	一类工业用地	对居住和公共环境基本无干扰、无污染的工业，如缝纫、工艺品制作等工业用地
	M2	二类工业用地	对居住和公共环境有一定干扰和污染的工业，如纺织、食品、机械等工业用地
	M3	三类工业用地	对居住和公共环境有严重干扰、污染和易燃易爆的工业，如采矿、冶金、建材、造纸、制革、化工等工业用地
	M4	农业服务设施用地	各类农产品加工和服务设施用地；不包括农业生产建筑用地
W		仓储用地	物资的中转仓库、专业收购和储存建筑、堆场及其附属设施、道路、场地、绿化等用地
	W1	普通仓储用地	存放一般物品的仓储用地
	W2	危险品仓储用地	存放易燃、易爆、剧毒等危险品的仓储用地
T		对外交通用地	镇对外交通的各种设施用地
	T1	公路交通用地	规划范围内的路段、公路站场、附属设施等用地
	T2	其他交通用地	规划范围内的铁路、水路及其他对外交通路段、站场和附属设施等用地

续表 4.1.3

类别代号		类别名称	范　围
大类	小类		
S		道路广场用地	规划范围内的道路、广场、停车场等设施用地，不包括各类用地中的单位内部道路和停车场地
	S1	道路用地	规划范围内路面宽度等于和大于 6m 的各种道路、交叉口等用地
	S2	广场用地	公共活动广场、公共使用的停车场用地，不包括各类用地内部的场地
U		工程设施用地	各类公用工程和环卫设施以及防灾设施用地，包括其建筑物、构筑物及管理、维修设施等用地
	U1	公用工程用地	给水、排水、供电、邮政、通信、燃气、供热、交通管理、加油、维修、殡仪等设施用地
	U2	环卫设施用地	公厕、垃圾站、环卫站、粪便和生活垃圾处理设施等用地
	U3	防灾设施用地	各项防灾设施的用地，包括消防、防洪、防风等
G		绿地	各类公共绿地、防护绿地；不包括各类用地内部的附属绿化用地
	G1	公共绿地	面向公众、有一定游憩设施的绿地，如公园、路旁或临水宽度等于和大于 5m 的绿地
	G2	防护绿地	用于安全、卫生、防风等的防护绿地
E		水域和其他用地	规划范围内的水域、农林用地、牧草地、未利用地、各类保护区和特殊用地等
	E1	水域	江河、湖泊、水库、沟梁、池塘、滩涂等水域；不包括公园绿地中的水面
	E2	农林用地	以生产为目的的农林用地，如农田、菜地、园地、林地、苗圃、打谷场以及农业生产建筑等
	E3	牧草和养殖用地	生长各种牧草的土地及各种养殖场用地等

续表 4.1.3

类别代号		类别名称	范 围
大类	小类		
E	E4	保护区	水源保护区、文物保护区、风景名胜区、自然保护区等
	E5	墓地	
	E6	未利用地	未使用和尚不能使用的裸岩、陡坡地、沙荒地等
	E7	特殊用地	军事、保安等设施用地；不包括部队家属生活区等用地

4.2.2 规划范围应为建设用地以及因发展需要实行规划控制的区域，包括规划确定的预留发展、交通设施、工程设施等用地，以及水源保护区、文物保护区、风景名胜区、自然保护区等。

5.1.1 建设用地应包括本标准表 4.1.3 用地分类中的居住用地、公共设施用地、生产设施用地、仓储用地、对外交通用地、道路广场用地、工程设施用地和绿地 8 大类用地之和。

5.1.3 人均建设用地指标应为规划范围内的建设用地面积除以常住人口数量的平均数值。人口统计应与用地统计的范围相一致。

5.2.1 人均建设用地指标应按表 5.2.1 的规定分为四级。

表 5.2.1　人均建设用地指标分级

级别	一	二	三	四
人均建设用地指标（m²/人）	>60～≤80	>80～≤100	>100～≤120	>120～≤140

5.2.2 新建镇区的规划人均建设用地指标应按表 5.2.1 中第二级确定；当地处现行国家标准《建筑气候区划标准》GB 50178 的 Ⅰ、Ⅶ建筑气候区时，可按第三级确定；在各建筑气候区内均不得采用第一、四级人均建设用地指标。

5.2.3 对现有的镇区进行规划时，其规划人均建设用地指标应在现状人均建设用地指标的基础上，按表 5.2.3 规定的幅度进行调整。第四级用地指标可用于Ⅰ、Ⅶ建筑气候区的现有镇区。

表 5.2.3 规划人均建设用地指标

现状人均建设用地指标（m²/人）	规划调整幅度（m²/人）
≤60	增 0～15
>60～≤80	增 0～10
>80～≤100	增、减 0～10
>100～≤120	减 0～10
>120～≤140	减 0～15
>140	减至 140 以内

注：规划调整幅度是指规划人均建设用地指标对现状人均建设用地指标的增减数值。

5.4.4 建设用地应符合下列规定：

1 应避开河洪、海潮、山洪、泥石流、滑坡、风灾、发震断裂等灾害影响以及生态敏感的地段；

2 应避开水源保护区、文物保护区、自然保护区和风景名胜区；

3 应避开有开采价值的地下资源和地下采空区以及文物埋藏区。

6.0.4 居住建筑的布置应根据气候、用地条件和使用要求，确定建筑的标准、类型、层数、朝向、间距、群体组合、绿地系统和空间环境，并应符合下列规定：

1 应符合所在省、自治区、直辖市人民政府规定的镇区住宅用地面积标准和容积率指标，以及居住建筑的朝向和日照间距系数；

2 应满足自然通风要求，在现行国家标准《建筑气候区划标准》GB 50178 的Ⅱ、Ⅲ、Ⅳ气候区，居住建筑的朝向应符合夏季防热和组织自然通风的要求。

7.0.4 学校、幼儿园、托儿所的用地，应设在阳光充足、环境安静、远离污染和不危及学生、儿童安全的地段，距离铁路干线应大于 300m，主要入口不应开向公路。

7.0.5 医院、卫生院、防疫站的选址，应方便使用和避开人流和车流量大的地段，并应满足突发灾害事件的应急要求。

9.2.3　镇区道路中各级道路的规划技术指标应符合表 9.2.3 的规定。

表 9.2.3　镇区道路规划技术指标（人）

规划技术指标	道路级别			
	主干路	干路	支路	巷路
计算行车速度（km/h）	40	30	20	—
道路红线宽度（m）	24～36	16～24	10～14	—
车行道宽度（m）	14～24	10～14	6～7	3.5
每侧人行道宽度（m）	4～6	3～5	0～3	0
道路间距（m）	≥500	250～500	120～300	60～150

9.2.5　镇区道路应根据用地地形、道路现状和规划布局的要求，按道路的功能性质进行布置，并应符合下列规范：

　　1　连接工厂、仓库、车站、码头、货场等以货运为主的道路不应穿越镇区的中心地段；

　　2　文体娱乐、商业服务等大型公共建筑出入口处应设置人流、车辆集散场地；

9.3.3　高速公路和一级公路的用地范围应与镇区建设用地范围之间预留发展所需的距离。规划中的二、三级公路不应穿过镇区和村庄内部，对于现状穿过镇区和村庄的二、三级公路应在规划中进行调整。

10.2.5　水源的选择应符合下列规定：

　　4　选择地下水作为给水水源时，不得超量开采；选择地表水作为给水水源时，其枯水期的保证率不得低于 90%。

10.3.6　污水采用集中处理时，污水处理厂的位置应选在镇区的下游，靠近受纳水体或农田灌溉区。

10.4.6　重要工程设施、医疗单位、用电大户和救灾中心应设专用线路供电，并应设置备用电源。

11.2.2　消防安全布局应符合下列规定：

　　1　生产和储存易燃、易爆物品的工厂、仓库、堆场和储罐等应设置在镇区边缘或相对独立的安全地带；

　　2　生产和储存易燃、易爆物品的工厂、仓库、堆场、储罐以及燃油、燃气供应站等与居住、医疗、教育、集会、娱乐、市场等建筑之间的防火间距不应小于50m；

　　3　现状中影响消防安全的工厂、仓库、堆场和储罐等应迁移或改造，耐火等级低的建筑密集区应开辟防火隔离带和消防车通道，增设消防水源。

11.2.6　镇区应设置火警电话。特大、大型镇区火警线路不应少于两对，中、小型镇区不应少于一对。镇区消防站应与县级消防站、邻近地区消防站，以及镇区供水、供电、供气等部门建立消防通信联网。

11.3.4　修建围埝、安全台、避水台等就地避洪安全设施时，其位置应避开分洪口、主流顶冲和深水区，其安全超高值应符合表11.3.4的规定。

表 11.3.4　就地避洪安全设施的安全超高

安全设施	安置人口 （人）	安全超高 （m）
围埝	地位重要、防护面大、人口≥10000的密集区	＞2.0
	≥10000	2.0～1.5
	1000～＜10000	1.5～1.0
	＜1000	1.0
安全台、避水台	≥1000	1.5～1.0
	＜1000	1.0～0.5

　　注：安全超高是指在蓄、滞洪时的最高洪水位以上，考虑水面浪高等因素，避洪安全设施需要增加的富余高度。

11.3.6　易受内涝灾害的镇，其排涝工程应与排水工程统一规划。

11.3.7　防洪规划应设置救援系统，包括应急疏散点、医疗救护、物资储备和报警装置等。

11.4.4　生命线工程和重要设施，包括交通、通信、供水、供电、能源、消防、医疗和食品供应等应进行统筹规划，并应符合下列规定：

1 道路、供水、供电等工程应采取环网布置方式；

2 镇区人员密集的地段应设置不同方向的四个出入口；

3 抗震防灾指挥机构应设置备用电源。

11.4.5 生产和贮存具有发生地震的次生灾害源，包括产生火灾、爆炸和溢出剧毒、细菌、放射物等单位，应采取以下措施：

1 次生灾害严重的，应迁出镇区和村庄；

2 次生灾害不严重的，应采取防止灾害蔓延的措施；

3 人员密集活动区不得建有次生灾害源的工程。

11.5.4 易形成台风灾害地区的镇区规划应符合下列规定：

1 滨海地区、岛屿应修建抵御风暴潮冲击的堤坝；

2 确保风后暴雨及时排除，应按国家和省、自治区、直辖市气象部门提供的年登陆台风最大降水量和日最大降水量，统一规划建设排水体系；

3 应建立台风预报信息网，配备医疗和救援设施。

12.4.3 防护绿地应根据卫生和安全防护功能的要求，规划布置水源保护区防护绿地、工矿企业防护绿带、养殖业的卫生隔离带、铁路和公路防护绿带、高压电力线路走廊绿化和防风林带等。

13.0.1 镇、村历史文化保护规划必须体现历史的真实性、生活的延续性、风貌的完整性，贯彻科学利用、永续利用的原则。

13.0.4 镇、村历史文化保护规划应结合经济、社会和历史背景，全面深入调查历史文化遗产的历史和现状，依据其历史、科、艺术等价值，确定保护的目标、具体保护的内容和重点，并应划定保护范围：包括核心保护区、风貌控制区、协调发展区三个层次，制订不同范围的保护管制措施。

13.0.5 镇、村历史文化保护规划的主要内容应包括：

1 历史空间格局和传统建筑风貌；

2 与历史文化密切相关的山体、水系、地形、地物、古树名木等要素；

3 反映历史风貌的其他不可移动的历史文物，体现民俗精华、传统庆典活动的场地和固定设施等。

13.0.6　划定镇、村历史文化保护范围的界线应符合下列规定：

　　1　确定文物古迹或历史建筑的现状用地边界应包括：

　　　　1）街道、广场、河流等处视线所及范围内的建筑用地边界或外观界面；

　　　　2）构成历史风貌与保护对象相互依存的自然景观边界。

　　2　保存完好的镇区和村庄应整体划定为保护范围。

13.0.7　镇、村历史文化保护范围内应严格保护该该地区历史风貌，维护其整体格局及空间尺度，并应制定建筑物、构筑物和环境要素的维修、改善与整治方案，以及重要节点的整治方案。

四、《城市给水工程规划规范》GB 50282—98

2.1.2　城市水资源和城市用水量之间应保持平衡，以确保城市可持续发展。在几个城市共享同一水源或水源在城市规划区以外时，应进行市域或区域、流域范围的水资源供需平衡分析。

2.2.7　自备水源供水的工矿企业和公共设施的用水量应纳入城市用水量中，由城市给水工程进行统一规划。

5.0.2　选用地表水为城市给水水源时，城市给水水源的枯水流量保证率应根据城市性质和规模确定，可采用 90%～97%。建制镇给水水源的枯水流量保证率应符合现行国家标准《镇规划标准》（GB 50188）的有关规定。当水源的枯水流量不能满足上述要求时，应采取多水源调节或调蓄等措施。

6.2.1　给水系统中的工程设施不应设置在易发生滑坡、泥石流、塌陷等不良地质地区及洪水淹没和内涝低洼地区。地表水取水构筑物应设置在河岸及河床稳定的地段。工程设施的防洪及排涝等级不应低于所在城市设防的相应等级。

6.2.2　规划长距离输水管线时，输水管不宜少于两根。当其中一根发生事故时，另一根管线的事故给水量不应小于正常给水量的 70%。当城市为多水源、给水或具备应急水源安全水池等条件时，亦可采用单管输水。

6.2.3　市区的配水管网应布置成环状。

6.2.4　给水系统主要工程设施供电等级应为一级负荷。

7.0.2　选用地表水为水源时，水源地应位于水体功能区划规定的取水段或水质符合相应标准的河段。饮用水水源地应位于城镇和工业区的上游。饮用水水源地一级保护区应符合现行国家标准《地面水环境质量标准》（GB 3838）中规定的Ⅱ类标准。

7.0.3　选用地下水水源时，水源地应设在不易受污染的富水地段。

8.0.1　城市应采用管道或暗渠输送原水。当采用明渠时，应采取保护水质和防止水量流失的措施。

8.0.6　水厂用地应按规划期给水规模确定，用地控制指标应按表8.0.6采用。水厂厂区周围应设置宽度不小于10m的绿化地带。

表 8.0.6　水厂用地控制指标

建设规模（万 m³/d）	地表水水厂（m²·d/m³）	地表水水厂（m²·d/m³）
0.7～0.5	0.7～0.5	0.4～0.3
0.5～0.3	0.5～0.3	0.3～0.2
0.3～0.1	0.3～0.1	0.2～0.08

注：1. 建设规模大的取下限，建设规模小的取上限。
　　2. 地表水水厂建设用地按常规处理工艺进行，厂内设置预处理或深度处理构筑物以及污泥处理设施时，可根据需要增加用地。
　　3. 地下水水厂建设用地按消毒工艺进行，厂内设置特殊水质处理工艺时，可根据需要增加用地。
　　4. 本表指标未包括厂区周围绿化地带用地。

9.0.5　当配水系统中需设置加压泵站时，其用地控制指标应按表9.0.5采用。泵站周围应设置宽度不小于10m的绿化地带。

表 9.0.5　泵站用地控制指标

建设规模（万 m³/d）	用地指标（m²·d/m³）
5～10	0.25～0.20
10～30	0.20～0.10
30～50	0.10～0.03

注：1. 建设规模大的取下限，建设规模小的取上限。
　　2. 加压泵站设有大容量的调节水池时，可根据需要增加用地。
　　3. 本指标未包括站区周围绿化地带用地。

五、《城市工程管线综合规划规范》GB 50289—98

2.1.2 工程管线的平面位置和竖向位置均应采用城市统一的坐标系统和高程系统。

2.1.3.3 平原城市宜避开土质松软地区、地震断裂带、沉陷区以及地下水位较高的不利地带；起伏较大的山区城市，应结合城市地形的特点合理布置工程管线位置，并应避开滑坡危险地带和洪峰口。

2.2.1 严寒或寒冷地区给水、排水、燃气等工程管线应根据土壤冰冻深度确定管线覆土深度；热力、电信、电力电缆等工程管线以及严寒或寒冷地区以外的地区的工程管线应根据土壤性质和地面承受荷载的大小确定管线的覆土深度。工程管线的最小覆土深度应符合表2.2.1的规定。

表2.2.1 工程管线的最小覆土深度（m）

序号		1		2		3		4	5	6	7
管线名称		电力管线		电信管线		热力管线		燃气管线	给水管线	雨水排水管线	污水排水管线
		直埋	管沟	直埋	管沟	直埋	管沟				
最小覆土深度（m）	人行道下	0.50	0.40	0.70	0.40	0.50	0.20	0.60	0.60	0.60	0.60
	车行道下	0.70	0.50	0.80	0.70	0.70	0.20	0.80	0.70	0.70	0.70

注：10kV以上直埋电力电缆管线的覆土深度不应小于1.0m。

2.2.8 河底敷设的工程管线应选择在稳定河段，埋设深度应按不妨碍河道的整治和管线安全的原则确定。

当在河道下面敷设工程管线时应符合下列规定：

2.2.8.1 在一至五级航道下面敷设，应在航道底设计高程2m以下；

2.2.8.2 在其他河道下面敷设，应在河底设计高程1m以下；

2.2.8.3 当在灌溉渠道下面敷设，应在渠底设计高程0.5m以下。

2.2.9 工程管线之间及其与建（构）筑物之间的最小水平净距应符合表2.2.9的规定。

表 2.2.9　工程管线之间及其与建（构）筑物之间的最小水平净距（m）

序号	管线名称		1 建筑物	2 给水管 d≤200mm	2 给水管 d>200mm	3 污水、雨水排水管	4 燃气管 低压	4 燃气管 中压 B	4 燃气管 中压 A	4 燃气管 高压 B	4 燃气管 高压 A	5 热力管 直埋	5 热力管 地沟	6 电力电缆 直埋	6 电力电缆 沟	7 电信电缆 直埋	7 电信电缆 管道	8 乔木	9 灌木	10 地上杆柱 通信照明及<10kV	10 地上杆柱 高压铁塔基础边 ≤35kV	10 地上杆柱 高压铁塔基础边 >35kV	11 道路侧石边缘	12 铁路钢轨(或坡脚)
1	建筑物			1.0	3.0	2.5	0.7	1.5	2.0	4.0	6.0	2.5	0.5	0.5		1.0	1.5	3.0	1.5	*			1.5	6.0
2	给水管	d≤200mm	1.0			1.0	0.5			1.0	1.5	1.5		0.5		1.0	1.0	1.5		0.5	3.0		1.5	5.0
		d>200mm	3.0			1.5																		
3	污水、雨水排水管		2.5	1.0	1.5		1.0	1.2	1.2	1.5	2.0	1.5		0.5		1.0	1.5	1.5		0.5	1.5		1.5	5.0
4	燃气管	低压 p≤0.05MPa	0.7	0.5		1.0						1.0	1.5	0.5		0.5	1.0	1.2		1.0			1.5	5.0
		中压 0.005MPa<p≤0.2MPa	1.5	0.5		1.2	DN≤300mm 0.4					1.0	1.5	0.5		0.5	1.0	1.2		1.0			1.5	5.0
		0.2MPa<p≤0.4MPa	2.0	0.5		1.2	DN>300mm 0.5					1.5	2.0											
		高压 0.4MPa<p≤0.8MPa	4.0	1.0		1.5						1.5	2.0	1.0		1.0	1.0			1.0			5.0	
		0.8MPa<p≤1.6MPa	6.0	1.5		2.0						2.0	4.0											
5	热力管	直埋	2.5	1.5		1.5	1.0	1.5		2.0				2.0		1.0		1.5		1.0	2.0	3.0	1.5	3.0
		地沟	0.5																					
6	电力电缆	直埋	0.5	0.5		0.5	0.5			1.0		2.0				0.5		1.0		0.5	0.6		1.5	3.0
		管道																						
7	电信电缆	直缆	1.0	1.0		1.0	0.5			1.0	1.5	1.0		0.5				1.0		0.5	0.6		1.5	2.0
		管道	1.5	1.0		1.5	1.0					1.0		0.5				1.5		0.5			1.5	2.0
8	乔木（中心）		3.0	1.5		1.5	1.2					1.5		1.0		1.0	1.5			1.5			0.5	
9	灌木		1.5																	1.5			0.5	
10	地上杆柱	通信照明及<10kV	*	0.5		0.5	1.0					1.0		0.5		0.5	0.5	1.5	1.5				0.5	
		高压铁塔基础边 ≤35kV		3.0		1.5						2.0		0.6		0.6								1.5
		>35kV								5.0		3.0												3.0
11	道路侧石边缘		1.5	1.5		1.5	1.5			2.5		1.5		1.5		1.5	1.5	0.5	0.5	0.5				2.0
12	铁路钢轨（或坡脚）		6.0	5.0		5.0	5.0					3.0		3.0		2.0	2.0							

注：* 见表 3.0.9。

2.2.10　对于埋深大于建（构）筑物基础的工程管线，其与建（构）筑物之间的最小水平距离，应按下式计算，并折算成水平净距后与表 2.2.9 的数值比较，采用其较大值。

$$L = \frac{(H-h)}{\mathrm{tg}\,\partial} + \frac{a}{2} \qquad (2.2.10)$$

式中　L——管线中心至建（构）筑物基础边水平距离（m）；

$\qquad H$——管线敷设深度（m）；

$\qquad h$——建（构）筑物基础底砌置深度（m）；

$\qquad a$——开挖管沟宽度（m）；

$\qquad \partial$——土壤内摩擦角（°）。

2.2.12　工程管线在交叉点的高程应根据排水管线的高程确定。

工程管线交叉时的最小垂直净距，应符合表 2.2.12 的规定。

表 2.2.12　工程管线交叉时的最小垂直净距（m）

序号	上面的管线名称 净距（m）		下面的管线名称 1 给水管线	2 污、雨水排水管线	3 热力管线	4 燃气管线	5 电信管线 直埋	5 电信管线 管块	6 电力管线 直埋	6 电力管线 管沟
1	给水管线		0.15							
2	污、雨水排水管线		0.40	0.15						
3	热力管线		0.15	0.15	0.15					
4	燃气管线		0.15	0.15	0.15	0.15				
5	电信管线	直埋	0.50	0.50	0.15	0.50	0.25	0.25		
5	电信管线	管块	0.15	0.15	0.15	0.15	0.25	0.25		
6	电力管线	直埋	0.15	0.50	0.50	0.50	0.50	0.50	0.50	0.50
6	电力管线	管沟	0.15	0.50	0.50	0.15	0.50	0.50	0.50	0.50
7	沟渠（基础底）		0.50	0.50	0.50	0.50	0.50	0.50	0.50	0.50
8	涵洞（基础底）		0.15	0.15	0.15	0.15	0.25	0.25	0.50	0.50
9	电车（轨底）		1.00	1.00	1.00	1.00	1.00	1.00	1.00	1.00
10	铁路（轨底）		1.00	1.20	1.20	1.20	1.00	1.00	1.00	1.00

注：大于35kV直埋电力电缆与热力管线最小垂直净距应为1.00m。

3.0.6　架空热力管线不应与架空输电线、电气化铁路的馈电线交叉敷设。当必须交叉时，应采取保护措施。

3.0.8 架空管线与建（构）筑物等的最小水平净距应符合表 3.0.8 的规定。

表 3.0.8 架空管线之间及其与建（构）筑物
之间的最小水平净距（m）

名　　称		建筑物（凸出部分）	道路（路缘石）	铁路（轨道中心）	热力管线
电力	10kV 边导线	2.0	0.5	杆高加 3.0	2.0
	35kV 边导线	3.0	0.5	杆高加 3.0	4.0
	110kV 边导线	4.0	0.5	杆高加 3.0	4.0
电信杆线		2.0	0.5	4/3 杆高	1.5
热力管线		1.0	1.5	3.0	—

3.0.9 架空管线交叉时的最小垂直净距应符合表 3.0.9 的规定。

表 3.0.9 架空管线之间及其与建（构）筑物之间
交叉时的最小垂直净距（m）

名　　称		建筑物（顶端）	道路（地面）	铁路（轨顶）	电信线		热力管线
					电力线有防雷装置	电力线无防雷装置	
电力管线	10kV 及以下	3.0	7.0	7.5	2.0	4.0	2.0
	35~110kV	4.0	7.0	7.5	3.0	5.0	3.0
电信线		1.5	4.5	7.0	0.6	0.6	1.0
热力管线		0.6	4.5	6.0	1.0	1.0	0.25

注：横跨道路或与无轨电车馈电线平行的架空电力线距地面应大于 9m。

六、《城市电力规划规范》GB 50293—1999

7.5.2 城市架空电力线路的路径选择，应符合下列规定：

7.5.2.1 应根据城市地形、地貌特点和城市道路网规划，沿道路、河渠、绿化带架设。路径做到短捷、顺直；减少同道路、河流、铁路等的交叉，避免跨越建筑物；对架空电力线路跨越或接近建筑物的安全距离，应符合本规范附录 B.0.1 和附录 B.0.2 的规定：

B.0.1　在导线最大计算弧垂情况下，1～330kV 架空电力线路导线与建筑物之间垂直距离不应小于附表 B.0.1 的规定值。

附表 B.0.1　1～33kV 架空电力线路导线与建筑物之间的
垂直距离（在导线最大计算弧垂情况下）

线路电压（kV）	1～10	35	66～110	220	330
垂直距离（m）	3.0	4.0	5.0	6.0	7.0

B.0.2　城市架空电力线路边导线与建筑物之间，在最大计算风偏情况下的安全距离不应小于附表 B.0.2 的规定值。

附表 B.0.2　架空电力线路边导线与建筑物之间安全距离
（在最大计算风偏情况下）

线路电压（kV）	<1	1～10	35	66～110	220	330
安全距离（m）	1.0	1.5	3.0	4.0	5.0	6.0

7.5.2.2　35kV 及以上高压架空电力线路应规划专用通道，并应加以保护；

7.5.2.3　规划新建的 66kV 及以上高压架空电力线路，不应穿越市中心地区或重要风景旅游区；

7.5.2.5　应满足防洪、抗震要求。

7.5.3.1　市区内 35kV 及以上高压架空电力线路的新建和改造，为满足线路导线对地面和树木间的垂直距离。杆塔应适当增加高度、缩小档距。在计算导线最大弧垂情况下，架空电力线路导线与地面、街道行道树之间最小垂直距离，应符合本规范附录 C.0.1 和附录 C.0.2 的规定；

C.0.1　在最大计算弧垂情况下，架空电力线路导线与地面的最小垂直距离应符合附表 C.0.1 的规定；

附表C.0.1 架空电力线路导线与地面间最小垂直距离（m）
（在最大计算导线弧垂情况下）

线路经过地区	线路电压（kV）				
	<1	1～10	35～110	220	330
居民区	6.0	6.5	7.5	8.5	14.0
非居民区	5.0	5.0	6.0	6.5	7.5
交通困难地区	4.0	4.5	5.0	5.5	6.5

注：1. 居民区：指工业企业地区港口、码头、火车站、城镇、集镇等人口密集
地区；

2. 非居民区：指居民区以外的地区；虽然时常有人、车辆或农业机械到达，
但房屋稀少的地区；

3. 交通困难地区：指车辆、农业机械不能到达的地区。

C.0.2 架空电力线路与街道行道树（考虑自然生长高度）之间
最小垂直距离应符合附表C.0.2的规定。

附表C.0.2 架空电力线路导线与街道行道树之间最小垂直距离
（考虑树木自然生长高度）

线路电压（kV）	<1	1～10	35～110	220	330
最小垂直距离（m）	1.0	1.5	3.0	3.5	4.5

7.5.5.2 市区内单杆单回水平排列或单杆多回垂直排列的35～
500kV高压架空电力线路的规划走廊宽度，应根据所在城市的
地理位置、地形、地貌、水文、地质、气象等条件，及当地用地
条件结合表7.5.5的规定，合理选定。

表7.5.5 市区35～500kV高压架空电力线路规划走廊宽度
（单杆单回水平排列或单杆多回垂直排列）

线路电压等级(kV)	高压线走廊宽度(m)	线路电压等级(kV)	高压线走廊宽度(m)
500	60～75	66、110	15～25
330	35～45	35	12～20
220	30～40		

7.5.6　市区内规划新建的 35kV 以上电力线路，在下列情况下，应采用地下电缆；

7.5.6.1　在市中心地区、高层建筑群区、市区主干道、繁华街道等；

7.5.6.2　重要风景旅游景区和对架空裸导线有严重腐蚀性的地区。

7.5.9.2　直埋电力电缆之间及直埋电力电缆与控制电缆、通信电缆、地下管沟、道路、建筑物、构筑物、树木等之间的安全距离，不应小于附表 D 的规定。

附表 D　直埋电力电缆之间及直理电力电缆与
控制电缆、通信电缆、地下管沟、道路、
建筑物、构筑物、树木之间安全距离

项　　目	安全距离（m）	
	平行	交叉
建筑物、构筑物基础	0.5	—
电杆基础	0.6	—
乔木树主干	1.5	—
灌木丛	0.5	—
10kV 以上电力电缆之间以及 10kV 及以下电力电缆与控制电缆之间	0.25(0.10)	0.50(0.25)
通信电缆	0.50(0.10)	0.50(0.25)
热力管沟	2.00	(0.50)
水管、压缩空气管	1.00(0.25)	0.50(0.25)
可燃气体及易燃液体管道	1.00	0.50(0.25)
铁路（平行时与轨道交叉时与轨底电气化铁路除外）	3.00	1.00
道路（平行时与侧石交叉时与路面）	1.50	1.00
排水明沟（平行时与沟边交叉时与沟底）	1.00	0.50

注：1. 表中所列安全距离，应自各种设施（包括防护外层）的外缘算起；
　　2. 路灯电缆与道路灌木丛平行距离不限；
　　3. 表中括号内数字，是指局部地段电缆穿管，加隔板保护或加隔热层保护后允许的最小安全距离；
　　4. 电缆与水管、压缩空气管平行，电缆与管道标高差不大于 0.5m 时，平行安全距离可减少至 0.5m。

七、《城市环境卫生设施规划规范》GB 50337—2003

3.2.2 各类城市用地公共厕所的设置标准应采用表 3.2.2 的指标。

表 3.2.2 公共厕所设置标准

城市用地类别	设置密度（座/km²）	设置间距（m）	建筑面积（m²/座）	独立式公共厕所用地面积（m²/座）	备 注
居住用地	3~5	500~800	30~60	60~100	旧城区宜取密度的高限，新区宜取密度的中、低限
公共设施用地	4~11	300~500	50~120	80~170	人流密集区域取高限密度、下限间距，人流稀疏区域取低限密度、上限间距。商业金融业用地宜取高限密度、下限间距。其他公共设施用地宜取中、低限密度，中、上限间距
工业用地仓储用地	1~2	800~1000	30	60	

注：1. 其他各类城市用地的公共厕所设置可按：
　① 结合周边用地类别和道路类型综合考虑，若沿路设置，可按以下间距：
　　主干路、次干路、有辅道的快速路：500~800m；
　　支路、有人行道的快速路：800~1000m。
　② 公共厕所建筑面积根据服务人数确定。
　③ 独立式公共厕所用地面积根据公共厕所建筑面积按相应比例确定。
　2. 用地面积中不包含与相邻建筑物间的绿化隔离带用地。

3.2.3 商业区、市场、客运交通枢纽、体育文化场馆、游乐场所、广场、大型社会停车场、公园及风景名胜区等人流集散场所附近应设置公共厕所。其他城市用地也应按需求设置相应等级和数量的公共厕所。

3.2.6 公共厕所建筑标准的确定：商业区、重要公共设施、重要交通客运设施、公共绿地及其他环境要求高的区域的公共厕所不低于一类标准；主、次干路及行人交通量较大的道路沿线的公共厕所不低于二类标准；其他街道及区域的公共厕所不低于三类标准。

3.3.1 生活垃圾收集点应满足日常生活和日常工作中产生的生活垃圾的分类收集要求，生活垃圾分类收集方式应与分类处理方式相适应。

3.3.4 医疗垃圾等固体危险废弃物必须单独收集、单独运输、单独处理。

4.2.3 生活垃圾转运站设置标准应符合表4.2.3的规定。

表 4.2.3   生活垃圾转运站设置标准

转运量 （t/d）	用地面积 （m²）	与相邻建筑 间距（m）	绿化隔离带宽度 （m）
＞450	＞8000	＞30	≥15
150～450	2500～10000	≥15	≥8
50～150	800～3000	≥10	≥5
＜50	200～1000	≥8	≥3

注：1. 表内用地面积不包括垃圾分类和堆放作业用地。
　　2. 用地面积中包含沿周边设置的绿化隔离带用地。
　　3. 生活垃圾转运站的垃圾转运量可按附录B公式计算。
　　4. 当选用的用地指标为两个档次的重合部分时，可采用下档次的绿化隔离带指标。
　　5. 二次转运站宜偏上限选取用地指标。

4.5.1 生活垃圾卫生填埋场应位于城市规划建成区以外、地质情况较为稳定、取土条件方便、具备运输条件、人口密度低、土地及地下水利用价值低的地区，并不得设置在水源保护区和地下蕴矿区内。

4.5.2 生活垃圾卫生填埋场距大、中城市城市规划建成区应大于5km，距小城市规划建成区应大于2km，距居民点应大于0.5km。

4.5.3 生活垃圾卫生填埋场用地内绿化隔离带宽度不应小于20m，并沿周边设置。

5.3.1 通向环境卫生设施的通道应满足环境卫生车辆进出通行和作业的需要；机动车通道宽度不得小于 4m，净高不得小于4.5m；非机动车通道宽度不得小于 2.5m，净高不得小于 3.5m。

5.3.2 机动车回车场地不得小于 12m×12m，非机动车回车场地不小于 4m×4m，机动车单车道尽端式道路不应长于 30m。

八、《历史文化名城保护规划规范》GB 50357—2005

1.0.3 保护规划必须遵循下列原则：

　　1 保护历史真实载体的原则；

　　2 保护历史环境的原则；

　　3 合理利用、永续利用的原则。

3.1.1 历史文化名城保护的内容应包括：历史文化名城的格局和风貌；与历史文化密切相关的自然地貌、水系、风景名胜、古树名木；反映历史风貌的建筑群、街区、村镇；各级文物保护单位；民俗精华、传统工艺、传统文化等。

3.1.5 历史文化名城保护规划应包括城市格局及传统风貌的保持与延续，历史地段和历史建筑群的维修改善与整治，文物古迹的确认。

3.1.6 历史文化名城保护规划应划定历史地段、历史建筑群、文物古迹和地下文物埋藏区的保护界线，并提出相应的规划控制和建设的要求。

3.2.4 当历史文化街区的保护区与文物保护单位或保护建筑的建设控制地带出现重叠时，应服从保护区的规划控制要求。当文物保护单位或保护建筑的保护范围与历史文化街区出现重叠时，应服从文物保护单位或保护建筑的保护范围的规划控制要求。

3.2.5 历史文化街区内应保护文物古迹、保护建筑、历史建筑与历史环境要素。

3.2.6　历史文化街区建设控制地带内应严格控制建筑的性质、高度、体量、色彩及形式。

3.3.1　历史文化名城保护规划必须控制历史城区内的建筑高度。在分别确定历史城区建筑高度分区、视线通廊内建筑高度、保护范围和保护区内建筑高度的基础上，应制定历史城区的建筑高度控制规定。

3.4.1　历史城区道路系统要保持或延续原有道路格局；对富有特色的街巷，应保持原有的空间尺度。

3.5.1　历史城区内应完善市政管线和设施。当市政管线和设施按常规设置与文物古迹、历史建筑及历史环境要素的保护发生矛盾时，应在满足保护要求的前提下采取工程技术措施加以解决。

3.6.1　防灾和环境保护设施应满足历史城区保护历史风貌的要求。

3.6.2　历史城区必须健全防灾安全体系，对火灾及其他灾害产生的次生灾害应采取防治和补救措施。

4.1.2　历史文化街区保护规划应确定保护的目标和原则，严格保护该街区历史风貌，维持保护区的整体空间尺度，对保护区内的街巷和外围景观提出具体的保护要求。

4.1.3　历史文化街区保护规划应按详细规划深度要求，划定保护界线并分别提出建（构）筑物和历史环境要素维修、改善与整治的规定，调整用地性质，制定建筑高度控制规定，进行重要节点的整治规划设计，拟定实施管理措施。

4.1.4　历史文化街区增建设施的外观、绿化布局与植物配置应符合历史风貌的要求。

4.1.5　历史文化街区保护规划应包括改善居民生活环境、保持街区活力的内容。

4.3.4　历史文化街区内的历史建筑不得拆除。

九、《城市抗震防灾规划标准》GB 50413—2007

1.0.5　按照本标准进行城市抗震防灾规划，应达到以下基本防御目标：

　　1 当遭受多遇地震影响时，城市功能正常，建设工程一般不发生破坏；

　　2 当遭受相当于本地区地震基本烈度的地震影响时，城市生命线系统和重要设施基本正常，一般建设工程可能发生破坏但基本不影响城市整体功能，重要工矿企业能很快恢复生产或运营；

　　3 当遭受罕遇地震影响时，城市功能基本不瘫痪，要害系统、生命线系统和重要工程设施不遭受严重破坏，无重大人员伤亡，不发生严重的次生灾害。

3.0.1 城市抗震防灾规划应包括下列内容：

　　1 总体抗震要求：

　　　1）城市总体布局中的减灾策略和对策；

　　　2）抗震设防标准和防御目标；

　　　3）城市抗震设施建设、基础设施配套等抗震防灾规划要求与技术指标。

　　2 城市用地抗震适宜性划分，城市规划建设用地选择与相应的城市建设抗震防灾要求和对策。

　　3 重要建筑、超限建筑，新建工程建设，基础设施规划布局、建设与改造，建筑密集或高易损性城区改造，火灾、爆炸等次生灾害源，避震疏散场所及疏散通道的建设与改造等抗震防灾要求和措施。

　　4 规划的实施和保障。

3.0.2 城市抗震防灾规划时，应符合下述要求：

　　1 城市抗震防灾规划中的抗震设防标准、城市用地评价与选择、抗震防灾措施应根据城市的防御目标、抗震设防烈度和《建筑抗震设计规范》GB 50011 等国家现行标准确定。

3.0.4 城市抗震防灾规划编制模式应符合下述规定：

　　1 位于地震烈度 7 度及以上地区的大城市编制抗震防灾规划应采用甲类模式；

2 中等城市和位于地震烈度 6 度地区的大城市应不低于乙类模式；

3 其他城市编制城市抗震防灾规划应不低于丙类模式。

3.0.6   城市规划区的规划工作区划分应满足下列规定：

1 甲类模式城市规划区内的建成区和近期建设用地应为一类规划工作区；

2 乙类模式城市规划区内的建成区和近期建设用地应不低于二类规划工作区；

3 丙类模式城市规划区内的建成区和近期建设用地应不低于三类规划工作区；

4 城市的中远期建设用地应不低于四类规划工作区。

4.1.4   进行城市用地抗震性能评价时所需钻孔资料，应满足本标准所规定的评价要求，并符合下述规定：

1 对一类规划工作区，每平方公里不少于 1 个钻孔；

2 对二类规划工作区，每两平方公里不少于 1 个钻孔；

3 对三、四类规划工作区，不同地震地质单元不少于 1 个钻孔。

4.2.2   城市用地地震破坏及不利地形影响应包括对场地液化、地表断错、地质滑坡、震陷及不利地形等影响的估计，划定潜在危险地段。

4.2.3   城市用地抗震适宜性评价应按表 4.2.3 进行分区，综合考虑城市用地布局、社会经济等因素，提出城市规划建设用地选择与相应城市建设抗震防灾要求和对策。

表 4.2.3   城市用地抗震适宜性评价要求

类别	适宜性地质、地形、地貌描述	城市用地选择抗震防灾要求
适宜	不存在或存在轻微影响的场地地震破坏因素，一般无需采取整治措施： （1）场地稳定； （2）无或轻微地震破坏效应； （3）用地抗震防灾类型Ⅰ类或Ⅱ类； （4）无或轻微不利地形影响	应符合国家相关标准要求

续表 4.2.3

类别	适宜性地质、地形、地貌描述	城市用地选择抗震防灾要求
较适宜	存在一定程度的场地地震破坏因素，可采取一般整治措施满足城市建设要求： （1）场地存在不稳定因素； （2）用地抗震防灾类型 E 类或 N 类； （3）软弱土或液化土发育，可能发生中等及以上液化或震陷，可采取抗震措施消除； （4）条状突出的山嘴，高耸孤立的山丘，非岩质的陡坡，河岸和边坡的边缘，平面分布上成因、岩性、状态明显不均匀的土层（如故河道、疏松的断层破碎带、暗埋的塘滨沟谷和半填半挖地基）等地质环境条件复杂，存在一定程度的地质灾害危险性	工程建设应考虑不利因素影响，应按照国家相关标准采取必要的工程治理措施，对于重要建筑尚应采取适当的加强措施
有条件适宜	存在难以整治场地地震破坏因素的潜在危险性区域或其他限制使用条件的用地，由于经济条件限制等各种原因尚未查明或难以查明： （1）存在尚未明确的潜在地震破坏威胁的危险地段； （2）地震次生灾害源可能有严重威胁； （3）存在其他方面对城市用地的限制使用条件	作为工程建设用地时，应查明用地危险程度，属于危险地段时，应按照不适宜用地相应规定执行，危险性较低时，可按照较适宜用地规定执行
不适宜	存在场地地震破坏因素，但通常难以整治： （1）可能发生滑坡、崩塌、地陷、地裂、泥石流等的用地； （2）发震断裂带上可能发生地表位错的部位； （3）其他难以整治和防御的灾害高危害影响区	不应作为工程建设用地。基础设施管线工程无法避开时，应采取有效措施减轻场地破坏作用，满足工程建设要求

注：1. 根据该表划分每一类场地抗震适宜性类别，从适宜性最差开始向适宜性好依次推定，其中一项属于该类即划为该类场地。
　　2. 表中未到条件，可按其对工程建设的影响程度比照推定。

5.2.6 基础设施的抗震防灾要求和措施应包括：

1 应针对基础设施各系统的抗震安全和在抗震救灾中的重要作用提出合理有效的抗震防御标准和要求；

2 应提出基础设施中需要加强抗震安全的重要建筑和构筑物；

3 对不适宜基础设施用地，应提出抗震改造和建设对策与要求；

6.2.1　应提出城市中需要加强抗震安全的重要建筑；对本标准第 6.1.2 条第 2 款规定的重要建筑应进行单体抗震性能评价，并针对重要建筑和超限建筑提出进行抗震建设和抗震加固的要求和措施。

6.2.2　对城区建筑抗震性能评价应划定高密度、高危险性的城区，提出城区拆迁、加固和改造的对策和要求；应对位于不适宜用地上的建筑和抗震性能薄弱的建筑进行群体抗震性能评价，结合城市的发展需要，提出城区建设和改造的抗震防灾要求和措施。

7.1.2　在进行抗震防灾规划时，应按照次生灾害危险源的种类和分布，根据地震次生灾害的潜在影响，分类分级提出需要保障抗震安全的重要区域和次生灾害源点。

8.2.6　避震疏散场所不应规划建设在不适宜用地的范围内。

8.2.7　避震疏散场所距次生灾害危险源的距离应满足国家现行重大危险源和防火的有关标准规范要求；四周有次生火灾或爆炸危险源时，应设防火隔离带或防火树林带。避震疏散场所与周围易燃建筑等一般地震次生火灾源之间应设置不小于 30m 的防火安全带；距易燃易爆工厂仓库、供气厂、储气站等重大次生火灾或爆炸危险源距离应不小于 1000m。避震疏散场所内应划分避难区块，区块之间应设防火安全带。避震疏散场所应设防火设施、防火器材、消防通道、安全通道。

8.2.8　避震疏散场所每位避震人员的平均有效避难面积，应符合：

　　1　紧急避震疏散场所人均有效避难面积不小于 $1m^2$，但起紧急避震疏散场所作用的超高层建筑避难层（间）的人均有效避难面积不小于 $0.2m^2$；

　　2　固定避震疏散场所人均有效避难面积不小于 $2m^2$。

十、《城镇老年人设施规划规范》GB 50437—2007

3.2.2　老年人设施新建项目的配建规模、要求及指标，应符合

表 3.2.2-1 和表 3.2.2-2 的规定，并应纳入相关规划。

表 3.2.2-1　老年人设施配建规模、要求及指标

项目名称	基本配建内容	配建规模及要求	配建指标	
			建筑面积（m²/床）	用地面积（m²/床）
老年公寓	居家式生活起居，餐饮服务、文化娱乐、保健服务用房等	不应小于80 床位	≥40	50～70
市（地区）级养老院	生活起居，餐饮服务、文化娱乐、医疗保健、健身用房及室外活动场地等	不应小于150 床位	≥35	45～60
居住区（镇）级养老院	生活起居，餐饮服务、文化娱乐、医疗保健用房及室外活动场地等	不应小于30 床位	≥30	40～50
老人护理院	生活护理，餐饮服务、医疗保健、康复用房等	不应小于100 床位	≥35	45～60

注：表中所列各级老年公寓、养老院、老人护理院的每床位建筑面积及用地面积
　　均为综合指标，已包括服务设施的建筑面积及用地面积。

表 3.2.2-2　老年人设施配建规模、要求及指标

项目名称	基本配建内容	配建规模及要求	配建指标	
			建筑面积（m²/处）	用地面积（m²/处）
市（地区）级老年学校（大学）	普通教室、多功能教室、专业教室、阅览室及室外活动场地等	（1）应为 5 班以上；（2）市级应具有独立的场地、校舍	≥1500	≥3000
市（地区）级老年活动中心	阅览室、多功能教室、播放厅、舞厅、棋牌类活动室、休息室及室外活动场地等	应有独立的场地、建筑，并应设置适合老人活动的室外活动设施	1000～4000	2000～8000

续表 3.2.2-2

项目名称	基本配建内容	配建规模及要求	配建指标	
			建筑面积（m²/处）	用地面积（m²/处）
居住区（镇）级老年活动中心	活动室、教室、阅览室、保健室、室外活动场地等	应设置大于300m²的室外活动场地	≥300	≥600
居住区（镇）级老年服务中心	活动室、保健室、紧急援助、法律援助、专业服务等	镇老人服务中心应附设不小于50床位的养老设施；增加的建筑面积应按每床建筑面积不小于35m²、每床用地面积不小于50m²另行计算	≥200	≥400
小区老年活动中心	活动室、阅览室、保健室、室外活动场地等	应附设不小于150m²的室外活动场地	≥150	≥300
小区级老年服务站	活动室、保健室、家政服务用房等	服务半径应小于500m	≥150	—
托老所	休息室、活动室、保健室、餐饮服务用房等	（1）不应小于10床位，每床建筑面积不应小于20m²；（2）应与老年服务站合并设置	≥300	—

注：表中所列各级老年公寓、养老院、老人护理院的每床位建筑面积及用地面积均为综合指标，已包括服务设施的建筑面积及用地面积。

3.2.3 城市旧城区老年人设施新建、扩建或改建项目的配建规模、要求应满足老年人设施基本功能的需要，其指标不应低于本规范表 3.2.2-1 和表 3.2.2-2 中相应指标的 70％，并应符合当地主管部门的有关规定。

5.3.1 老年人设施场地范围内的绿地率：新建不应低于 40％，扩建和改建不应低于 35％。

十一、《城市公共设施规划规范》GB 50442—2008

1.0.5 城市公共设施规划用地综合（总）指标应符合表 1.0.5 的规定。

表 1.0.5 城市公共设施规划用地综合（总）指标

城市规模分项	小城市	中等城市	大 城 市		
			I	II	III
占中心城区规划用地比例（%）	8.6~11.4	9.2~12.3	10.3~13.8	11.6~15.4	13.0~17.5
人均规划用地（m²/人）	8.8~12.0	9.1~12.4	9.1~12.4	9.5~12.8	10.0~13.2

3.0.1 行政办公设施规划用地指标应符合表 3.0.1 的规定。

表 3.0.1 行政办公设施规划用地指标

城市规模分项	小城市	中等城市	大城市		
			I	II	III
占中心城区规划用地比例（%）	0.8~1.2	0.8~1.3	0.9~1.3	1.0~1.4	1.0~1.5
人均规划用地（m²/人）	0.8~1.3	0.8~1.3	0.8~1.2	0.8~1.1	0.8~1.1

5.0.1 文化娱乐设施规划用地指标应符合表 5.0.1 的规定。

表 5.0.1 文化娱乐设施规划用地指标

城市规模分项	小城市	中等城市	大城市		
			I	II	III
占中心城区规划用地比例（%）	0.8~1.0	0.8~1.1	0.9~1.2	1.0~1.5	1.1~1.5
人均规划用地（m²/人）	0.8~1.1	0.8~1.1	0.8~1.0	0.8~1.0	0.8~1.0

5.0.3   具有公益性的各类文化娱乐设施的规划用地比例不得低于表 5.0.3 的规定。

表 5.0.3   公益性的各类文化娱乐设施的规划用地比例

设施类别	广播电视和出版类	图书和展览类	影剧院、游乐、文化艺术类
占文化娱乐设施规划用地比例（%）	10	20	50

6.0.1   体育设施规划用地指标应符合表 6.0.1 的规定，并保障具有公益性的各类体育设施规划用地比例。

表 6.0.1   体育设施规划用地指标

城市规模分项	小城市	中等城市	大城市		
			I	II	III
占中心城区规划用地比例（%）	0.6～0.7	0.6～0.7	0.6～0.8	0.7～0.8	0.7～0.9
人均规划用地（m^2/人）	0.6～0.7	0.6～0.7	0.6～0.7	0.6～0.8	0.6～0.8

7.0.2   医疗卫生设施规划用地指标应符合表 7.0.2 的规定。

表 7.0.2   医疗卫生设施规划用地指标

城市规模分项	小城市	中等城市	大城市		
			I	II	III
占中心城区规划用地比例（%）	0.7～0.8	0.7～0.8	0.7～1.0	0.9～1.1	1.0～1.2
人均规划用地（m^2/人）	0.6～0.7	0.6～0.8	0.7～0.9	0.8～1.0	0.9～1.1

8.0.1   教育科研设计设施规划用地指标应符合表 8.0.1 的规定。

表 8.0.1 教育科研设计设施规划用地指标

城市规模分项	小城市	中等城市	大城市		
			Ⅰ	Ⅱ	Ⅲ
占中心城区规划用地比例（%）	2.4～3.0	2.9～3.6	3.4～4.2	4.0～5.0	4.8～6.0
人均规划用地（m²/人）	2.5～3.2	2.9～3.8	3.0～4.0	3.2～4.5	3.6～4.8

9.0.1 社会福利设施规划用地指标应符合表 9.0.1 的规定。

表 9.0.1 社会福利设施规划用地指标

城市规模分项	小城市	中等城市	大城市		
			Ⅰ	Ⅱ	Ⅲ
占中心城区规划用地比例（%）	0.2～0.3	0.3～0.4	0.3～0.5	0.3～0.5	0.3～0.5
人均规划用地（m²/人）	0.2～0.7	0.2～0.4	0.2～0.4	0.2～0.4	0.2～0.4

9.0.3 残疾人康复设施应在交通便利，且车流、人流干扰少的地带选址，其规划用地指标应符合表 9.0.3 的规定。

表 9.0.3 残疾人康复设施规划用地指标

城市规模	小城市	中等城市	大城市		
			Ⅰ	Ⅱ	Ⅲ
规划用地（hm²）	0.5～1.0	1.0～1.8	1.8～3.5	3.5～5	≥5

十二、《城市水系规划规范》GB 50513—2009

4.2.3 水域控制线范围内的水体必须保持其完整性。

4.3.4 水生态保护应维护水生态保护区域的自然特征，不得在水生态保护的核心范围内布置人工设施，不得在非核心范围内布置与水生态保护和合理利用无关的设施。

5.2.2 **4** 水体利用必须优先保证城市生活饮用水水源的需要，并不得影响城市防洪安全；

　　5 水生态保护范围内的水体，不得安排对水生态保护有不利影响的其他利用功能；

5.3.2　岸线利用应优先保证城市集中供水的取水工程需要，并应按照城市长远发展需要为远景规划的取水设施预留所需岸线。

5.3.4　划定为生态性岸线的区域必须有相应的保护措施，除保障安全或取水需要的设施外，严禁在生态性岸线区域设置与水体保护无关的建设项目。

5.5.1　水系改造应尊重自然、尊重历史，保持现有水系结构的完整性。水系改造不得减少现状水域面积总量和跨排水系统调剂水域面积指标。

6.3.1　取水设施不得设置在防洪的险工险段区域及城市雨水排水口、污水排水口、航运作业区和锚地的影响区域。

6.3.2　污水排水口不得设置在水源地一级保护区内，设置在水源地二级保护区的污水排水口应满足水源地一级保护区水质目标的要求。

6.3.4　航道及港口工程设施布局必须满足防洪安全要求。

十三、《城市道路交叉口规划规范》GB 50647—2011

3.4.2　新建、改建交通工程规划中的平面交叉口规划，必须对交叉口规划范围内规划道路及相交道路的进口道、出口道各组成部分作整体规划。

3.5.1　平面交叉口红线规划应符合下列规定：

　　5　改建、治理规划，检验实际安全视距三角形限界不符要求时，必须按实有限界所能提供的停车视距允许车速，在交叉口上游应布设限速标志。

3.5.2　平面交叉口转角部位平面规划应符合下列规定：

　　3　平面交叉口红线规划必须满足安全停车视距三角形限界的要求，安全停车视距不得小于表 3.5.2-1 的规定。视距三角形限界内，不得规划布设任何高出道路平面标高 1.0m 且影响驾驶员视线的物体。

表 3.5.2-1　交叉口视距三角形要求的安全停车视距

路线设计车速（km/h）	60	50	45	40	35	30	25	20
安全停车视距 S_s（m）	75	60	50	40	35	30	25	20

3.5.5　城市道路交叉口范围内的规划最小净高应与道路规划最小净高一致，并应根据规划道路通行车辆的类型，按下列规定确定：

1　通行一般机动车的道路，规划最小净高应为 4.5m～5.0m，主干路应为 5m；通行无轨电车的道路，应为 5.0m；通行有轨电车的道路，应为 5.5m。

2　通行超高车辆的道路，规划最小净高应根据通行的超高车辆类型确定。

3　通行行人和自行车的道路，规划最小净高应为 2.5m。

4　当地形受到限制时，支路降低规划最小净高须经技术、经济论证，但不得小于 2.5m；当通行公交车辆时，不得小于 3.5m。支路规划最小净高降低后，应保证大于规划净高的车辆有绕行的道路，支路规划最小净高处应采取保护措施。

4.1.1　**1**　新建道路交通网规划中，规划干路交叉口不应规划超过 4 条进口道的多路交叉口、错位交叉口、畸形交叉口；相交道路的交角不应小于 70°，地形条件特殊困难时，不应小于 45°；

4.1.3　**4**　进、出口道部位机动车道总宽度大于 16m 时，规划人行过街横道应设置行人过街安全岛，进口道规划红线展宽宽度必须在本条第 1 款规定的基础上再增加 2m。

5.4.2　变速车道长度的取值应符合表 5.4.2-1 的规定，直接式变速车道渐变段渐变率应符合表 5.4.2-2 的规定；平行式变速车道渐变段的长度应符合表 5.4.2-3 的规定。

表 5.4.2-1　变速车道长度（m）

主线设计车速（km/h）	匝道设计车速（km/h）													
	30	35	40	45	50	60	70	30	35	40	45	50	60	70
	减速车道长度							加速车道长度						
100	—	—	—	130	110	80	—	—	—	—	300	270	240	200
80	—	90	85	80	70	—	—	—	220	210	200	180	—	—

续表 5.4.2-1

主线设计车速（km/h）	匝道设计车速（km/h）													
	30	35	40	45	50	60	70	30	35	40	45	50	60	70
	减速车道长度							加速车道长度						
70	80	75	70	65	60	—	—	210	200	190	180	170	—	—
60	70	65	60	50	—	—	—	200	190	180	150	—	—	—

表 5.4.2-2　直接式变速车道渐变段渐变率

主线设计车速（km/h）			100	80	70	60
渐变率	出口	单车道	1/25	1/20	1/17	1/15
		双车道				
	入口	单车道	1/40	1/30	1/25	1/20
		双车道				

表 5.4.2-3　平行式变速车道渐变段长度（m）

主线设计车速（km/h）	100	80	70	60
渐变段长度（m）	80	60	55	50

5.5.1　在进出口端部间距较近，且不满足本规范表 5.3.4-2 要求时，必须布设集散车道，且进出口交通和主线交通间应布设实体隔离。

5.5.2　集散车道应布设在主线右侧，与主线车行道间设置分隔带。分隔带宽度应满足设置必要交通设施的要求，且不应小于 1.5m；当用地有特殊困难时，分隔带宽度不得小于 0.5m。分隔带内必须设置安全分隔设施。集散车道应通过变速车道同主线车道相接。

5.6.1　当进、出口匝道的上、下游主线不能保证车道平衡时，应在主线车道右侧规划布设辅助车道。

6.1.1　**1**　道路与铁路平面交叉道口，不应设在铁路曲线段、视距条件不符合安全行车要求的路段、车站、桥梁、隧道两端及进站信号处外侧 100m 范围内；

6.2.2　平面交叉道口平面规划应符合下列规定：

1　道路与铁路平面交叉道口的道路线形应为直线。直线段从最外侧钢轨外缘算起不应小于50m。困难条件下，道路设计车速不大于50km/h，不应小于30m。平面交叉道口两侧有道路平面交叉口时，其缘石转弯曲线切点距最外侧钢轨外缘不应小于50m；

  2 无栏木设施的平面交叉道口，道路上停止线位置距最外侧钢轨外缘应大于5m。

6.3.1 1 城市快速路、主干路、行驶无轨电车和轨道交通的道路与铁路交叉，必须规划布设立体交叉；

  2 其他道路与设计车速大于等于120km/h的铁路交叉，应规划布设立体交叉；

7.1.2 行人过街设施的布置应符合下列规定：

  3 交叉口范围内的人行道宽度不应小于路段上人行道的宽度。

7.1.3 1 当行人需要穿越快速路或铁路时，应规划设置立体过街设施；

7.1.5 1 人行过街横道长度超过16m时（不包括非机动车道），应在人行横道中央规划设置行人过街安全岛，行人过街安全岛的宽度不应小于2.0m，困难情况不应小于1.5m；

十四、《城市道路绿化规划与设计规范》CJJ 75—97

2.2.2 寒冷积雪地区的城市，分车绿带、行道树绿带种植的乔木，应选择落叶树种。

3.1.2 城市道路绿地率应符合下列规定：

3.1.2.1 园林景观路绿地率不得小于40%；

3.1.2.2 红线宽度大于50m的道路绿地率不得小于30%；

3.1.2.3 红线宽度在40～50m的道路绿地率不得小于25%；

3.1.2.4 红线宽度小于40m的道路绿地率不得小于20%。

3.2.1.1 道路绿地在布局中，种植乔木的分车绿带宽度不得小于1.5m；主干路上的分车绿带宽度不宜小于2.5m；行道树绿带宽度不得小于1.5m。

5.1.2 中心岛绿地应保持各路口之间的行车视线通透。

5.2.2 公共活动广场周边宜种植高大乔木。集中成片绿地不应小于广场总面积的 25%。

5.2.3 车站、码头、机场的集散广场绿化应选择具有地方特色的树种。集中成片绿地不应小于广场总面积的 10%。

5.3.2 停车场种植的庇荫乔木树枝下高度应符合停车位净高度的规定：小型汽车为 2.5；中型汽车为 3.5m；载货汽车为 4.5m。

6.1.1 在分车绿带和行道树绿带上方必须设置架空线时，应保证架空线下有不小于 9m 的树木生长空间。架空线下配置的乔木应选择开放形树冠或耐修剪的树种。

6.1.2 树木与架空电力线路导线的最小垂直距离应符合表 6.1.2 的规定。

表 6.1.2　树木与架空电力线路导线的最小垂直距离

电压（kV）	1~10	35~110	154~220	330
最小垂直距离（m）	1.5	3.0	3.5	4.5

6.2.1 行道树绿带下方不得敷设管线。

6.3.1 树木与其他设施的最小水平距离应符合表 6.3.1 的规定。

表 6.3.1　树木与其他设施最小水平距离

设施名称	至乔木中心距离（m）	至灌木中心距离（m）
低于 2m 的围墙	1.0	—
挡土墙	1.0	—
路灯杆柱	2.0	—
电力、电信杆柱	1.5	—
消防龙头	1.5	2.0
测量水准点	2.0	2.0

十五、《城市用地竖向规划规范》CJJ 83—99

3.0.7 同一城市的用地竖向规划应采用统一的坐标和高程系统水准高程系统换算应符合表 3.0.7 的规定。

表 3.0.7　水准高程系统换算

转换者 被转换者	56 黄海高程	85 高程基准	吴淞高程基准	珠江高程基准
56 黄海高程		＋0.029m	－1.688m	＋0.586m
85 高程基准	－0.029m		－1.717m	＋0.557m
吴淞高程基准	＋1.688m	＋1.717m		＋2.274m
珠江高程基准	－0.586m	－0.557m	－2.274m	

备注：高程基准之间的差值为各地区精密水准网点之间的差值平均值。

5.0.3 挡土墙、护坡与建筑的最小间距应符合下列规定：

　　1　居住区内的挡土墙与住宅建筑的间距应满足住宅日照和通风的要求；

　　2　高度大于 2m 的挡土墙和护坡的上缘与建筑间水平距离不应小于 3m，其下缘与建筑间的水平距离不应小于 2m。

7.0.2　道路规划纵坡和横坡的确定，应符合下列规定：

　　1　机动车车行道规划纵坡应符合表 7.0.2-1 的规定；海拔 3000～4000m 的高原城市道路的最大纵坡不得大于 6％；

表 7.0.2-1　机动车车行到规划纵坡

道路类别	最小纵坡 （％）	最大纵坡 （％）	最小坡长 （m）
快速路		4	290
主干路		5	170
次干路	0.2	6	110
支（街坊）路		8	60

2 非机动车车行道规划纵坡宜小于 2.5％。大于或等于 2.5％时应按表 7.0.2-2 的规定限制坡长。机动车与非机动车混行道路其纵坡应按非机动车车行道的纵坡取值；

表 7.0.2-2　非机动车车行道规划纵坡与限制坡长（m）

坡度（％） 限制坡长（m）	车　种	
	自行车	三轮车、板车
3.5	150	—
3.0	200	100
2.5	300	150

3 道路的横坡应为 1％～2％。

7.0.4 广场竖向规划除满足自身功能要求外，尚应与相邻道路和建筑物相衔接。广场的最小坡度应为 0.3％；最大坡度平原地区应为 1％，丘陵和山区应为 3％。

7.0.5 山区城市竖向规划应满足建设完善的步行系统的要求并应符合下列规定：

1 人行梯道按其功能和规模可分为三级：一级梯道为交通枢纽地段的梯道和城市景观性梯道；二级梯道为连接小区间步行交通的梯道；三级梯道为连接组团间步行交通或入户的梯道；

2 梯道每升高 1.2～1.5m 宜设置休息平台；二三级梯道连续升高超过 0.5m 时，除应设置休息平台外，还应设置转折平台，且转折平台的宽度不宜小于梯道宽度；

3 各级梯道的规划指标宜符合表 7.0.5-3 的规定。

表 7.0.5-3　梯道的规划指标

级　别 规划指标 项目	宽度（m）	坡比值	休息平台 宽度（m）
一	≥10.0	≤0.25	≥2.0
二	4.0～10.0	≤0.30	≥1.5
三	1.5～4.0	≤0.35	≥1.2

8.0.2 城市用地地面排水应符合下列规定：

2 地块的规划高程应比周边道路的最低路段高程高出 0.2m 以上；

3 用地的规划高程应高于多年平均地下水位。

9.0.3 用地防护工程的设置应符合下列规定：

1 街区用地的防护应与其外围道路工程的防护相结合；

2 台阶式用地的台阶之间应用护坡或挡土墙联接，相邻台地间高差大于 1.5m 时，应在挡土墙或坡比值大于 0.5 的护坡顶加设安全防护设施；

3 在建（构）筑物密集用地紧张区域及有装卸作业要求的台阶应采用挡土墙防护。

十六、《城乡用地评定标准》CJJ 132—2009

3.0.3 城乡用地评定单元的建设适宜性等级类别、名称，应符合下列规定：

Ⅰ类 适宜建设用地；

Ⅱ类 可建设用地；

Ⅲ类 不宜建设用地；

Ⅳ类 不可建设用地。

3.0.4 城乡用地评定区范围内地质灾害严重的地段、多发区，必须取得地质灾害危险性评估报告。

4.1.3 城乡用地评定单元必须采用涉及的特殊指标。

4.2.1 特殊指标的定性分级，根据其对用地建设适宜性的限制影响程度应分为"一般影响、较重影响、严重影响"三级。

4.2.2 基本指标的定性分级，根据其对用地建设适宜性的影响程度应分为"适宜、较适宜、适宜性差、不适宜"四级。

4.2.3 评定指标的定量分值，应与其定性分级对应设置，并应符合表 4.2.3 的规定。

4.2.5 特殊指标的定量标准和采用，应符合附录 E 表 E 的规定。

表 4.2.3 评定指标的定值分值

指标类型	定性分级	定量分值		
		分数	代号	评定取向
特殊指标	一般影响	2分	Yj	以小分值为优
	较重影响	5分		
	严重影响	10分		
基本指标	适宜	10分	Xi	以大分值为优
	较适宜	6分		
	适宜性差	3分		
	不适宜	1分		

5.1.5 评定单元建设适宜性等级类别定性评判的判定标准，应符合下列规定：

1 现1个"严重影响级——10分"的情形，必须判定为不可建设用地；

2 仅出现1个"较严重影响级——5分"的情形，必须判定为不宜建设用地；

3 仅出现1个"一般影响级——2分"的情形，应判定为可建设用地。

5.1.6 评定单元建设适宜性等级类别定量计算评判的判定标准，应符合表5.1.6的规定。

表 5.1.6 定量计算评定的评判标准

类别等级	类别名称	评定单元定量计算分值判定标准（分）
Ⅰ类	适宜建设用地	$P \geqslant 60.0$
Ⅱ类	可建设用地	$30.0 \leqslant P < 60.0$
Ⅲ类	不宜建设用地	$10.0 \leqslant P < 30.0$
Ⅳ类	不可建设用地	$P < 10.0$

十七、《城市对外交通规划规范》GB 50925—2013

5.4.1 城镇建成区外高速铁路两侧隔离带规划控制宽度应从外侧轨道中心线向外不小于50m；普速铁路干线两侧隔离带规划控制宽度应从外侧轨道中心线向外不小于20m；其他线路两侧隔离带规划控制宽度应从外侧轨道中心线向外不小于15m。

8.3.1 机场净空限制范围内障碍物的高度应符合批准的机场规划净空限制图的规定。

8.3.2 机场周边土地使用应符合批准的机场噪声影响等值线图的规定，并采取相应的噪声防护措施。

8.3.3 机场周围电磁环境应符合机场航空无线电导航站台电磁环境要求的规定。

十八、《城市居住区热环境设计标准》JGJ 286—2013

4.1.1 居住区的夏季平均迎风面积比应符合表 4.1.1 的规定。

表 4.1.1 居住区的夏季平均迎风面积比 ($\bar{\zeta}_s$) 限值

建筑气候区	Ⅰ、Ⅱ、Ⅵ、Ⅶ 建筑气候区	Ⅲ、Ⅴ 建筑气候区	Ⅳ 建筑气候区
平均迎风面积比 $\bar{\zeta}_s$	≤0.85	≤0.80	≤0.70

4.2.1 居住区夏季户外活动场地应有遮阳，遮阳覆盖率不应小于表 4.2.1 的规定。

表 4.2.1 居住区活动场地的遮阳覆盖率限值（％）

场 地	建筑气候区	
	Ⅰ、Ⅱ、Ⅵ、Ⅶ	Ⅲ、Ⅳ、Ⅴ
广场	10	25
游憩场	15	30
停车场	15	30
人行道	25	50

十九、《城乡规划工程地质勘察规范》CJJ 57—2012

3.0.1 城乡规划编制前，应进行工程地质勘察，并应满足不同阶段规划的要求。

7.1.1 当规划区内存在岩溶、土洞及塌陷、滑坡、危岩和崩塌、泥石流、采空区和采空塌陷、地面沉降、地裂缝、活动断裂等不良地质作用和地质灾害时，应进行不良地质作用和地质灾害调查、分析与评价。

第六篇　其　　他

一、《民用建筑隔声设计规范》GB 50118—2010

4.1.1　卧室、起居室（厅）内的噪声级，应符合表 4.1.1 的规定。

表 4.1.1　卧室、起居室（厅）内的允许噪声级

房间名称	允许噪声级（A 声级，dB）	
	昼间	夜间
卧室	≤45	≤37
起居室（厅）	≤45	

4.2.1　分户墙、分户楼板及分隔住宅和非居住用途空间楼板的空气声隔声性能，应符合表 4.2.1 的规定。

表 4.2.1　分户构件空气声隔声标准

构件名称	空气声隔声单值评价量＋频谱修正量（dB）	
分户墙、分户楼板	计权隔声量＋粉红噪声频谱修正量 $R_w + C$	＞45
分隔住宅和非居住用途空间的楼板	计权隔声量＋交通噪声频谱修正量 $R_w + C_{tr}$	＞51

4.2.2　相邻两户房间之间及住宅和非居住用途空间分隔楼板上下的房间之间的空气声隔声性能，应符合表 4.2.2 的规定。

表 4.2.2　房间之间空气声隔声标准

房间名称	空气声隔声单值评价量＋频谱修正量（dB）	
卧室、起居室（厅）与邻户房间之间	计权标准化声压级差＋粉红噪声频谱修正量 $D_{nT,w} + C$	≥45
住宅和非居住用途空间分隔楼板上下的房间之间	计权标准化声压级差＋交通噪声频谱修正量 $D_{nT,w} + C_{tr}$	≥51

4.2.5　外窗（包括未封闭阳台的门）的空气声隔声性能，应符合表 4.2.5 的规定。

表 4.2.5 外窗（包括未封闭阳台的门）的空气声隔声标准

构件名称	空气声隔声单值评价量＋频谱修正量（dB）	
交通干线两侧卧室、 起居室（厅）的窗	计权隔声量＋交通噪声频谱修正量 $R_{\text{w}} + C_{\text{tr}}$	≥30
其他窗	计权隔声量＋交通噪声频谱修正量 $R_{\text{w}} + C_{\text{tr}}$	≥25

二、《厅堂扩声系统设计规范》GB 50371—2006

3.1.7 扩声系统对服务区以外有人区域不应造成环境噪声污染。

3.3.2 扬声器系统，必须有可靠的安全保障措施，不产生机械噪声。当涉及承重结构改动或增加荷载时，必须由原结构设计单位或具备相应资质的设计单位核查有关原始资料，对既有建筑结构的安全性进行核验、确认。

三、《建筑照明设计标准》GB 50034—2013

6.3.3 办公建筑和其他类型建筑中具有办公用途场所的照明功率密度限值应符合表 6.3.3 的规定。

表 6.3.3 办公建筑和其他类型建筑中具有办公用途场所
照明功率密度限值

房间或场所	照度标准值 （lx）	照明功率密度限值（W/m²）	
		现行值	目标值
普通办公室	300	≤9.0	≤8.0
高档办公室、设计室	500	≤15.0	≤13.5
会议室	300	≤9.0	≤8.0
服务大厅	300	≤11.0	≤10.0

6.3.4 商店建筑照明功率密度限值应符合表 6.3.4 的规定。当商店营业厅、高档商店营业厅、专卖店营业厅需装设重点照明时，该营业厅的照明功率密度限值应增加 5W/m²。

表 6.3.4 商店建筑照明功率密度限值

房间或场所	照度标准值 (lx)	照明功率密度限值 (W/m²)	
		现行值	目标值
一般商店营业厅	300	≤10.0	≤9.0
高档商店营业厅	500	≤16.0	≤14.5
一般超市营业厅	300	≤11.0	≤10.0
高档超市营业厅	500	≤17.0	≤15.5
专卖店营业厅	300	≤11.0	≤10.0
仓储超市	300	≤11.0	≤10.0

6.3.5 旅馆建筑照明功率密度限值应符合表 6.3.5 的规定。

表 6.3.5 旅馆建筑照明功率密度限值

房间或场所	照度标准值 (lx)	照明功率密度限值 (W/m²)	
		现行值	目标值
客房	—	≤7.0	≤6.0
中餐厅	200	≤9.0	≤8.0
西餐厅	150	≤6.5	≤5.5
多功能厅	300	≤13.5	≤12.0
客房层走廊	50	≤4.0	≤3.5
大堂	200	≤9.0	≤8.0
会议室	300	≤9.0	≤8.0

6.3.6 医疗建筑照明功率密度限值应符合表 6.3.6 的规定。

表 6.3.6 医疗建筑照明功率密度限值

房间或场所	照度标准值 (lx)	照明功率密度限值 (W/m²)	
		现行值	目标值
治疗室、诊室	300	≤9.0	≤8.0
化验室	500	≤15.0	≤13.5
候诊室、挂号厅	200	≤6.5	≤5.5

续表 6.3.6

房间或场所	照度标准值（lx）	照明功率密度限值（W/m²）	
		现行值	目标值
病房	100	≤5.0	≤4.5
护士站	300	≤9.0	≤8.0
药房	500	≤15.0	≤13.5
走廊	100	≤4.5	≤4.0

6.3.7 教育建筑照明功率密度限值应符合表 6.3.7 的规定。

表 6.3.7 教育建筑照明功率密度限值

房间或场所	照度标准值（lx）	照明功率密度限值（W/m²）	
		现行值	目标值
教室、阅览室	300	≤9.0	≤8.0
实验室	300	≤9.0	≤8.0
美术教室	500	≤15.0	≤13.5
多媒体教室	300	≤9.0	≤8.0
计算机教室、电子阅览室	500	≤15.0	≤13.5
学生宿舍	150	≤5.0	≤4.5

6.3.9 会展建筑照明功率密度限值应符合表 6.3.9 的规定。

表 6.3.9 会展建筑照明功率密度限值

房间或场所	照度标准值（lx）	照明功率密度限值（W/m²）	
		现行值	目标值
会议室、洽谈室	300	≤9.0	≤8.0
宴会厅、多功能厅	300	≤13.5	≤12.0
一般展厅	200	≤9.0	≤8.0
高档展厅	300	≤13.5	≤12.0

6.3.10 交通建筑照明功率密度限值应符合表 6.3.10 的规定。

表 6.3.10   交通建筑照明功率密度限值

房间或场所		照度标准值 (lx)	照明功率密度限值（W/m²）	
			现行值	目标值
候车（机、船）室	普通	150	≤7.0	≤6.0
	高档	200	≤9.0	≤8.0
中央大厅、售票大厅		200	≤9.0	≤8.0
行李认领、到达大厅、出发大厅		200	≤9.0	≤8.0
地铁站厅	普通	100	≤5.0	≤4.5
	高档	200	≤9.0	≤8.0
地铁进出站门厅	普通	150	≤6.5	≤5.5
	高档	200	≤9.0	≤8.0

6.3.11   金融建筑照明功率密度限值应符合表 6.3.11 的规定。

表 6.3.11   金融建筑照明功率密度限值

房间或场所	照度标准值 (lx)	照明功率密度限值（W/m²）	
		现行值	目标值
营业大厅	200	≤9.0	≤8.0
交易大厅	300	≤13.5	≤12.0

6.3.12   工业建筑非爆炸危险场所照明功率密度限值应符合表 6.3.12 的规定。

表 6.3.12   工业建筑非爆炸危险场所照明功率密度限值

房间或场所		照度标准值 (lx)	照明功率密度限值（W/m²）	
			现行值	目标值
1 机、电工业				
机械加工	粗加工	200	≤7.5	≤6.5
	一般加工公差≥0.1mm	300	≤11.0	≤10.0
	精密加工公差＜0.1mm	500	≤17.0	≤15.0

续表 6.3.12

房间或场所		照度标准值 （lx）	照明功率密度限值（W/m²）	
			现行值	目标值
机电、仪表装配	大件	200	≤7.5	≤6.5
	一般件	300	≤11.0	≤10.0
	精密	500	≤17.0	≤15.0
	特精密	750	≤24.0	≤22.0
电线、电缆制造		300	≤11.0	≤10.0
线圈绕制	大线圈	300	≤11.0	≤10.0
	中等线圈	500	≤17.0	≤15.0
	精细线圈	750	≤24.0	≤22.0
线圈浇注		300	≤11.0	≤10.0
焊接	一般	200	≤7.5	≤6.5
	精密	300	≤11.0	≤10.0
钣金		300	≤11.0	≤10.0
冲压、剪切		300	≤11.0	≤10.0
热处理		200	≤7.5	≤6.5
铸造	熔化、浇铸	200	≤9.0	≤8.0
	造型	300	≤13.0	≤12.0
精密铸造的制模、脱壳		500	≤17.0	≤15.0
锻工		200	≤8.0	≤7.0
电镀		300	≤13.0	≤12.0
酸洗、腐蚀、清洗		300	≤15.0	≤14.0
抛光	一般装饰性	300	≤12.0	≤11.0
	精细	500	≤18.0	≤16.0
复合材料加工、铺叠、装饰		500	≤17.0	≤15.0
机电修理	一般	200	≤7.5	≤6.5
	精密	300	≤11.0	≤10.0

续表 6.3.12

房间或场所		照度标准值（lx）	照明功率密度限值（W/m²）	
			现行值	目标值
2 电子工业				
整机类	整机厂	300	≤11.0	≤10.0
	装配厂房	300	≤11.0	≤10.0
元器件类	微电子产品及集成电路	500	≤18.0	≤16.0
	显示器件	500	≤18.0	≤16.0
	印制线路板	500	≤18.0	≤16.0
	光伏组件	300	≤11.0	≤10.0
	电真空器件、机电组件等	500	≤18.0	≤16.0
电子材料类	半导体材料	300	≤11.0	≤10.0
	光纤、光缆	300	≤11.0	≤10.0
酸、碱、药液及粉制配		300	≤13.0	≤12.0

6.3.13 公共和工业建筑非爆炸危险场所通用房间或场所照明功率密度限值应符合表 6.3.13 的规定。

表 6.3.13 公共和工业建筑非爆炸危险场所通用房间
或场所照明功率密度限值

房间或场所		照度标准值（lx）	照明功率密度限值（W/m²）	
			现行值	目标值
走廊	一般	50	≤2.5	≤2.0
	高档	100	≤4.0	≤3.5
厕所	一般	75	≤3.5	≤3.0
	高档	150	≤6.0	≤5.0
实验室	一般	300	≤9.0	≤8.0
	精细	500	≤15.0	≤13.5
检验	一般	300	≤9.0	≤8.0
	精细、有颜色要求	750	≤23.0	≤21.0

续表 6.3.13

房间或场所		照度标准值（lx）	照明功率密度限值（W/m²）	
			现行值	目标值
计量室、测量室		500	≤15.0	≤13.5
控制室	一般控制室	300	≤9.0	≤8.0
	主控制室	500	≤15.0	≤13.5
电话站、网络中心、计算机站		500	≤15.0	≤13.5
动力站	风机房、空调机房	100	≤4.0	≤3.5
	泵房	100	≤4.0	≤3.5
	冷冻站	150	≤6.0	≤5.0
	压缩空气站	150	≤6.0	≤5.0
	锅炉房、煤气站的操作层	100	≤5.0	≤4.5
仓库	大件库	50	≤2.5	≤2.0
	一般件库	100	≤4.0	≤3.5
	半成品库	150	≤6.0	≤5.0
	精细件库	200	≤7.0	≤6.0
公共车库		50	≤2.5	≤2.0
车辆加油站		100	≤5.0	≤4.5

6.3.14 当房间或场所的室形指数值等于或小于 1 时，其照明功率密度限值应增加。但增加值不应超过限值的 20%。

6.3.15 当房间或场所的照度标准值提高或降低一级时，其照明功率密度限值应按比例提高或折减。

四、《体育场馆照明设计及检测标准》JGJ 153—2007

4.2.7 观众席和运动场地安全照明的平均水平照度值不应小于 20lx。

4.2.8 体育场馆出口及其通道的疏散照明最小水平照度值不应小于 5lx。

五、《建筑物防雷设计规范》GB 50057—2010

3.0.2 在可能发生对地闪击的地区，遇下列情况之一时，应划为第一类防雷建筑物：

   1 凡制造、使用或贮存火炸药及其制品的危险建筑物，因电火花而引起爆炸、爆轰，会造成巨大破坏和人身伤亡者。

   2 具有 0 区或 20 区爆炸危险场所的建筑物。

   3 具有 1 区或 21 区爆炸危险场所的建筑物，因电火花而引起爆炸，会造成巨大破坏和人身伤亡者。

3.0.3 在可能发生对地闪击的地区，遇下列情况之一时，应划为第二类防雷建筑物：

   1 国家级重点文物保护的建筑物。

   2 国家级的会堂、办公建筑物、大型展览和博览建筑物、大型火车站和飞机场、国宾馆，国家级档案馆、大型城市的重要给水泵房等特别重要的建筑物。

   注：飞机场不含停放飞机的露天场所和跑道。

   3 国家级计算中心、国际通信枢纽等对国民经济有重要意义的建筑物。

   4 国家特级和甲级大型体育馆。

   5 制造、使用或贮存火炸药及其制品的危险建筑物，且电火花不易引起爆炸或不致造成巨大破坏和人身伤亡者。

   6 具有 1 区或 21 区爆炸危险场所的建筑物，且电火花不易引起爆炸或不致造成巨大破坏和人身伤亡者。

   7 具有 2 区或 22 区爆炸危险场所的建筑物。

   8 有爆炸危险的露天钢质封闭气罐。

   9 预计雷击次数大于 0.05 次/a 的部、省级办公建筑物和其他重要或人员密集的公共建筑物以及火灾危险场所。

   10 预计雷击次数大于 0.25 次/a 的住宅、办公楼等一般性民用建筑物或一般性工业建筑物。

3.0.4 在可能发生对地闪击的地区，遇下列情况之一时，应划为第三类防雷建筑物：

1 省级重点文物保护的建筑物及省级档案馆。

2 预计雷击次数大于或等于 0.01 次/a，且小于或等于 0.05 次/a 的部、省级办公建筑物和其他重要或人员密集的公共建筑物，以及火灾危险场所。

3 预计雷击次数大于或等于 0.05 次/a，且小于或等于 0.25 次/a 的住宅、办公楼等一般性民用建筑物或一般性工业建筑物。

4 在平均雷暴日大于 15d/a 的地区，高度在 15m 及以上的烟囱、水塔等孤立的高耸建筑物；在平均雷暴日小于或等于 15d/a 的地区，高度在 20m 及以上的烟囱、水塔等孤立的高耸建筑物。

4.1.1 各类防雷建筑物应设防直击雷的外部防雷装置，并应采取防闪电电涌侵入的措施。

第一类防雷建筑物和本规范第 3.0.3 条第 5～7 款所规定的第二类防雷建筑物，尚应采取防闪电感应的措施。

4.1.2 各类防雷建筑物应设内部防雷装置，并应符合下列规定：

1 在建筑物的地下室或地面层处，下列物体应与防雷装置做防雷等电位连接：

　　1）建筑物金属体。

　　2）金属装置。

　　3）建筑物内系统。

　　4）进出建筑物的金属管线。

2 除本条第 1 款的措施外，外部防雷装置与建筑物金属体、金属装置、建筑物内系统之间，尚应满足间隔距离的要求。

4.2.1 第一类防雷建筑物防直击雷的措施应符合下列规定：

2 排放爆炸危险气体、蒸汽或粉尘的放散管、呼吸阀、排风管等的管口外的下列空间应处于接闪器的保护范围内：

　　1）当有管帽时应按表 4.2.1 的规定确定。

　　2）当无管帽时，应为管口上方半径 5m 的半球体。

3）接闪器与雷闪的接触点应设在本款第 1 项或第 2 项所规定的空间之外。

表 4.2.1　有管帽的管口外处于接闪器保护范围内的空间

装置内的压力与周围空气压力的压力差（kPa）	排放物对比于空气	管帽以上的垂直距离（m）	距管口处的水平距离（m）
＜5	重于空气	1	2
5～25	重于空气	2.5	5
≤25	轻于空气	2.5	5
＞25	重或轻于空气	5	5

注：相对密度小于或等于 0.75 的爆炸性气体规定为轻于空气的气体；相对密度大于 0.75 的爆炸性气体规定为重于空气的气体。

3　排放爆炸危险气体、蒸汽或粉尘的放散管、呼吸阀、排风管等，当其排放物达不到爆炸浓度、长期点火燃烧、一排放就点火燃烧，以及发生事故时排放物才达到爆炸浓度的通风管、安全阀，接闪器的保护范围应保护到管帽，无管帽时应保护到管口。

4.2.3　第一类防雷建筑物防闪电电涌侵入的措施应符合下列规定：

1　室外低压配电线路应全线采用电缆直接埋地敷设，在入户处应将电缆的金属外皮、钢管接到等电位连接带或防闪电感应的接地装置上。

2　当全线采用电缆有困难时，应采用钢筋混凝土杆和铁横担的架空线，并应使用一段金属铠装电缆或护套电缆穿钢管直接埋地引入。架空线与建筑物的距离不应小于 15m。

在电缆与架空线连接处，尚应装设户外型电涌保护器。电涌保护器、电缆金属外皮、钢管和绝缘子铁脚、金具等应连在一起接地，其冲击接地电阻不应大于 30Ω。所装设的电涌保护器应选用Ⅰ级试验产品，其电压保护水平应小于或等于 2.5kV，其每一保护模式应选冲击电流等于或大于 10kA；若无户外型电涌保护器，应选用户内型电涌保护器，其使用温度应满足安装处的环境温度，并应安装在防护等级 IP54 的箱内。

当电涌保护器的接线形式为本规范表 J.1.2 中的接线形式 2 时，接在中性线和 PE 线间电涌保护器的冲击电流，当为三相系统时不应小于 40kA，当为单相系统时不应小于 20kA。

4.2.4 8 在电源引入的总配电箱处应装设 I 级试验的电涌保护器。电涌保护器的电压保护水平值应小于或等于 2.5kV。每一保护模式的冲击电流值，当无法确定时，冲击电流应取等于或大于 12.5kA。

4.3.3 设引下线不应少于 2 根，并应沿建筑物四周和内庭院四周均匀对称布置，其间距沿周长计算不应大于 18m。当建筑物的跨度较大，无法在跨距中间设引下线时，应在跨距两端设引下线并减小其他引下线的间距，专设引下线的平均间距不应大于 18m。

4.3.5 利用建筑物的钢筋作为防雷装置时，应符合下列规定：

6 构件内有箍筋连接的钢筋或成网状的钢筋，其箍筋与钢筋、钢筋与钢筋应采用土建施工的绑扎法、螺丝、对焊或搭焊连接。单根钢筋、圆钢或外引预埋连接板、线与构件内钢筋应焊接或采用螺栓紧固的卡夹器连接。构件之间必须连接成电气通路。

4.3.8 防止雷电流流经引下线和接地装置时产生的高电位对附近金属物或电气和电子系统线路的反击，应符合下列规定：

4 在电气接地装置与防雷接地装置共用或相连的情况下，应在低压电源线路引入的总配电箱、配电柜处装设 I 级试验的电涌保护器。电涌保护器的电压保护水平值应小于或等于 2.5kV。每一保护模式的冲击电流值，当无法确定时应取等于或大于 12.5kA。

5 当 Yyn0 型或 Dyn11 型接线的配电变压器设在本建筑物内或附设于外墙处时，应在变压器高压侧装设避雷器；在低压侧的配电屏上，当有线路引出本建筑物至其他有独自敷设接地装置的配电装置时，应在母线上装设 I 级试验的电涌保护器，电涌保护器每一保护模式的冲击电流值，当无法确定时冲击电流应取等

于或大于 12.5kA；当无线路引出本建筑物时，应在每线上装设
Ⅱ级试验的电涌保护器，电涌保护器每一保护模式的标称放电电
流值应等于或大于 5kA。电涌保护器的电压保护水平值应小于
或等于 2.5kV。

4.4.3 专设引下线不应少于 2 根，并应沿建筑物四周和内庭院
四周均匀对称布置，其间距沿周长计算不应大于 25m。当建筑物
的跨度较大，无法在跨距中间设引下线时，应在跨距两端设引下
线并减小其他引下线的间距，专设引下线的平均间距不应大于
于 25m。

4.5.8 在独立接闪杆、架空接闪线、架空接闪网的支柱上，严
禁悬挂电话线、广播线、电视接收天线及低压架空线等。

6.1.2 当电源采用 TN 系统时，从建筑物总配电箱起供电给本
建筑物内的配电线路和分支线路必须采用 TN-S 系统。

六、《通信局(站)防雷与接地工程设计规范》GB 50689—2011

1.0.6 通信局（站）雷电过电压保护工程，必须选用经过国家
认可的第三方检测部门测试合格的防雷器。

3.1.1 通信局（站）的接地系统必须采用联合接地的方式。

3.1.2 大、中型通信局（站）必须采用 TN-S 或 TN-C-S 供电
方式。

3.6.8 接地线中严禁加装开关或熔断器。

3.9.1 接地线与设备及接地排连接时，必须加装铜接线端子，
并应压（焊）接牢固。

3.10.3 计算机控制中心或控制单元必须设置在建筑物的中部位
置，并必须避开雷电浪涌集中的雷电流分布通道，且计算机严禁
直接使用建筑物外墙体的电源插孔。

3.11.2 通信局（站）范围内，室外严禁采用架空线路。

3.13.6 局站机房内配电设备的正常不带电部分均应接地，严禁
作接零保护。

3.14.1 室内的走线架及各类金属构件必须接地，各段走线架之

间必须采用电气连接。

4.8.1 楼顶的各种金属设施，必须分别与楼顶避雷带或接地预留端子就近连通。

5.3.1 宽带接入点用户单元的设备必须接地。

5.3.4 出入建筑物的网络线必须在网络交换机接口处加装网络数据 SPD。

6.4.3 接地排严禁连接到铁塔塔角。

6.6.4 GPS 天线设在楼顶时，GPS 馈线在楼顶布线严禁与避雷带缠绕。

7.4.6 缆线严禁系挂在避雷网或避雷带上。

9.2.9 可插拔防雷模块严禁简单并联作为 80kA、120kA 等量级的 SPD 使用。

七、《民用建筑热工设计规范》GB 50176—93

3.2.5 外墙、屋顶、直接接触室外空气的楼板和不采暖楼梯间的隔墙等围护结构，应进行保温验算，其传热阻应大于或等于建筑物所在地区要求的最小传热阻。

4.3.1 围护结构热桥部位的内表面温度不应低于室内空气露点温度。

4.4.4 居住建筑和公共建筑窗户的气密性，应符合下列规定：

一、在冬季室外平均风速大于或等于 3.0m/s 的地区，对于 1～6 层建筑，不应低于建筑外窗空气渗透性能的Ⅲ级水平；对于 7～30 层建筑，不应低于建筑外窗空气渗透性能的Ⅱ级水平。

二、在冬季室外平均风速小于 3.0m/s 的地区，对于 1～6 层建筑，不应低于建筑外窗空气渗透性能的Ⅳ级水平；对于 7～30 层建筑，不应低于建筑外窗空气渗透性能的Ⅲ级水平。

5.1.1 在房间自然通风情况下，建筑物的屋顶和东、西外墙的内表面最高温度，应满足下式要求：

$$\theta_{i\cdot\max} \leqslant t_{e\cdot\max} \tag{5.1.1}$$

6.1.2 采暖期间，围护结构中保温材料因内部冷凝受潮而增加的重量湿度允许增量，应符合表 6.1.2 的规定。

表 6.1.2　采暖期间保温材料重量湿度的允许增量（$\Delta\omega$）（%）

保温材料名称	重量湿度允许增量（$\Delta\omega$）
多孔混凝土（泡沫混凝土、加气混凝土等），$\rho_0 = 500\sim700\mathrm{kg/m^3}$	4
水泥膨胀珍珠岩和水泥膨胀蛭石等，$\rho_0 = 300\sim500\mathrm{kg/m^3}$	6
沥青膨胀珍珠岩和沥青膨胀蛭石等，$\rho_0 = 300\sim400\mathrm{kg/m^3}$	7
水泥纤维板	5
矿棉、岩棉、玻璃棉及其制品（板或毡）	3
聚苯乙烯泡沫塑料	15
矿渣和炉渣填料	2

八、《建筑中水设计规范》GB 50336—2002

1.0.5　缺水城市和缺水地区适合建设中水设施的工程项目，应按照当地有关规定配套建设中水设施。中水设施必须与主体工程同时设计，同时施工，同时使用。

1.0.10　中水工程设计必须采取确保使用、维修的安全措施，严禁中水进入生活饮用水给水系统。

3.1.6　综合医院污水作为中水水源时，必须经过消毒处理，产出的中水仅可用于独立的不与人直接接触的系统。

3.1.7　传染病医院、结核病医院污水和放射性废水，不得作为中水水源。

5.4.1　中水供水系统必须独立设置。

5.4.7　中水管道上不得装设取水龙头。当装有取水接口时，必须采取严格的防止误饮、误用的措施。

6.2.18　中水处理必须设有消毒设施。

8.1.1 中水管道严禁与生活饮用水给水管道连接。

8.1.3 中水池（箱）内的自来水补水管应采取自来水防污染措施，补水管出水口应高于中水贮存池（箱）内溢流水位，其间距不得小于2.5倍管径。严禁采用淹没式浮球阀补水。

8.1.6 中水管道应采取下列防止误接、误用、误饮的措施：

    1 中水管道外壁应按有关标准的规定涂色和标志；

    2 水池（箱）、阀门、水表及给水栓、取水口均应有明显的"中水"标志；

    3 公共场所及绿化的中水取水口应设带锁装置；

    4 工程验收时应逐段进行检查，防止误接。

九、《民用建筑供暖通风与空气调节设计规范》GB 50736—2012

3.0.6 设计最小新风量应符合下列规定：

    1 公共建筑主要房间每人所需最小新风量应符合表3.0.6-1规定。

表 3.0.6-1 公共建筑主要房间每人所需最小新风量$[m^3/(h \cdot 人)]$

建筑房间类型	新风量
办公室	30
客房	30
大堂、四季厅	10

5.2.1 集中供暖系统的施工图设计，必须对每个房间进行热负荷计算。

5.3.5 管道有冻结危险的场所，散热器的供暖立管或支管应单独设置。

5.3.10 幼儿园、老年人和特殊功能要求的建筑的散热器必须暗装或加防护罩。

5.4.3 热水地面辐射供暖系统地面构造，应符合下列规定：

    1 直接与室外空气接触的楼板、与不供暖房间相邻的地板为供暖地面时，必须设置绝热层；

5.4.6 热水地面辐射供暖塑料加热管的材质和壁厚的选择，应根据工程的耐久年限、管材的性能以及系统的运行水温、工作压力等条件确定。

5.5.1 除符合下列条件之一外，不得采用电加热供暖：

1 供电政策支持；

2 无集中供暖和燃气源，且煤或油等燃料的使用受到环保或消防严格限制的建筑；

3 以供冷为主，供暖负荷较小且无法利用热泵提供热源的建筑；

4 采用蓄热式电散热器、发热电缆在夜间低谷电进行蓄热，且不在用电高峰和平段时间启用的建筑；

5 由可再生能源发电设备供电，且其发电量能够满足自身电加热量需求的建筑。

5.5.5 根据不同的使用条件，电供暖系统应设置不同类型的温控装置。

5.5.8 安装于距地面高度 180cm 以下的电供暖元器件，必须采取接地及剩余电流保护措施。

5.6.1 采用燃气红外线辐射供暖时，必须采取相应的防火和通风换气等安全措施，并符合国家现行有关燃气、防火规范的要求。

5.6.6 由室内供应空气的空间应能保证燃烧器所需要的空气量。当燃烧器所需要的空气量超过该空间 0.5 次/h 的换气次数时，应由室外供应空气。

5.7.3 户式燃气炉应采用全封闭式燃烧、平衡式强制排烟型。

5.9.5 当供暖管道利用自然补偿不能满足要求时，应设置补偿器。

5.10.1 集中供暖的新建建筑和既有建筑节能改造必须设置热量计量装置，并具备室温调控功能。用于热量结算的热量计量装置必须采用热量表。

6.1.6 凡属下列情况之一时，应单独设置排风系统：

1 两种或两种以上的有害物质混合后能引起燃烧或爆炸时；

2 混合后能形成毒害更大或腐蚀性的混合物、化合物时；

3 混合后易使蒸汽凝结并聚积粉尘时；

4 散发剧毒物质的房间和设备；

5 建筑物内设有储存易燃易爆物质的单独房间或有防火防爆要求的单独房间；

6 有防疫的卫生要求时。

6.3.2 建筑物全面排风系统吸风口的布置，应符合下列规定：

1 位于房间上部区域的吸风口，除用于排除氢气与空气混合物时，吸风口上缘至顶棚平面或屋顶的距离不大于 0.4m；

2 用于排除氢气与空气混合物时，吸风口上缘至顶棚平面或屋顶的距离不大于 0.1m；

3 用于排出密度大于空气的有害气体时，位于房间下部区域的排风口，其下缘至地板距离不大于 0.3m；

4 因建筑结构造成有爆炸危险气体排出的死角处，应设置导流设施。

6.3.9 事故通风应符合下列规定：

2 事故通风应根据放散物的种类，设置相应的检测报警及控制系统。事故通风的手动控制装置应在室内外便于操作的地点分别设置；

6.6.13 高温烟气管道应采取热补偿措施。

6.6.16 可燃气体管道、可燃液体管道和电线等，不得穿过风管的内腔，也不得沿风管的外壁敷设。可燃气体管道和可燃液体管道，不应穿过通风、空调机房。

7.2.1 除在方案设计或初步设计阶段可使用热、冷负荷指标进行必要的估算外，施工图设计阶段应对空调区的冬季热负荷和夏季逐时冷负荷进行计算。

7.2.10 空调区的夏季冷负荷，应按空调区各项逐时冷负荷的综合最大值确定。

7.2.11 空调系统的夏季冷负荷，应按下列规定确定：

1 末端设备设有温度自动控制装置时，空调系统的夏季冷负荷按所服务各空调区逐时冷负荷的综合最大值确定；

3 应计入新风冷负荷、再热负荷以及各项有关的附加冷负荷。

7.5.2 凡与被冷却空气直接接触的水质均应符合卫生要求。空气冷却采用天然冷源时，应符合下列规定：

3 使用过后的地下水应全部回灌到同一含水层，并不得造成污染。

7.5.6 空调系统不得采用氨作制冷剂的直接膨胀式空气冷却器。

8.1.2 除符合下列条件之一外，不得采用电直接加热设备作为空调系统的供暖热源和空气加湿热源：

1 以供冷为主、供暖负荷非常小，且无法利用热泵或其他方式提供供暖热源的建筑，当冬季电力供应充足、夜间可利用低谷电进行蓄热且电锅炉不在用电高峰和平段时间启用时；

2 无城市或区域集中供热，且采用燃气、用煤、油等燃料受到环保或消防严格限制的建筑；

3 利用可再生能源发电，且其发电量能够满足直接电热用量需求的建筑；

4 冬季无加湿用蒸汽源，且冬季室内相对湿度要求较高的建筑。

8.1.8 空调冷（热）水和冷却水系统中的冷水机组、水泵、末端装置等设备和管路及部件的工作压力不应大于其额定工作压力。

8.2.2 电动压缩式冷水机组的总装机容量，应根据计算的空调系统冷负荷值直接选定，不另作附加；在设计条件下，当机组的规格不能符合计算冷负荷的要求时，所选择机组的总装机容量与计算冷负荷的比值不得超过 1.1。

8.2.5 采用氨作制冷剂时，应采用安全性、密封性能良好的整体式氨冷水机组。

8.3.4 地埋管地源热泵系统设计时，应符合下列规定：

1 应通过工程场地状况调查和对浅层地能资源的勘察，确定地埋管换热系统实施的可行性与经济性；

8.3.5 地下水地源热泵系统设计时，应符合下列规定：

4 应对地下水采取可靠的回灌措施，确保全部回灌到同一含水层，且不得对地下水资源造成污染。

8.5.20 空调热水管道设计应符合下列规定：

1 当空调热水管道利用自然补偿不能满足要求时，应设置补偿器；

8.7.7 水蓄冷（热）系统设计应符合下列规定：

4 蓄热水池不应与消防水池合用。

8.10.3 氨制冷机房设计应符合下列规定：

1 氨制冷机房单独设置且远离建筑群；

2 机房内严禁采用明火供暖；

3 机房应有良好的通风条件，同时应设置事故排风装置，换气次数每小时不少于 12 次，排风机应选用防爆型；

8.11.14 锅炉房及换热机房，应设置供热量控制装置。

9.1.5 锅炉房、换热机房和制冷机房的能量计量应符合下列规定：

1 应计量燃料的消耗量；

2 应计量耗电量；

3 应计量集中供热系统的供热量；

4 应计量补水量；

9.4.9 空调系统的电加热器应与送风机连锁，并应设无风断电、超温断电保护装置；电加热器必须采取接地及剩余电流保护措施。

十、《建筑采光设计标准》GB 50033—2013

4.0.1 住宅建筑的卧室、起居室（厅）、厨房应有直接采光。

4.0.2 住宅建筑的卧室、起居室（厅）的采光不应低于采光等级 Ⅳ 级的采光标准值，侧面采光的采光系数不应低于 2.0%，室内天然光照度不应低于 300lx。

4.0.4 教育建筑的普通教室的采光不应低于采光等级Ⅲ级的采光标准值，侧面采光的采光系数不应低于3.0%，室内天然光照度不应低于450lx。

4.0.6 医疗建筑的一般病房的采光不应低于采光等级Ⅳ级的采光标准值，侧面采光的采光系数不应低于2.0%，室内天然光照度不应低于300lx。

十一、《城镇燃气设计规范》GB 50028—2006

10.2.1 用户室内燃气管道的最高压力不应大于表10.2.1的规定。

表10.2.1   用户室内燃气管道的最高压力（表压 MPa）

燃气用户		最高压力
工业用户	独立、单层建筑	0.8
	其他	0.4
商业用户		0.4
居民用户（中压进户）		0.2
居民用户（低压进户）		<0.01

注：1 液化石油气管道的最高压力不应大于0.14MPa；
　　2 管道井内的燃气管道的最高压力不应大于0.2MPa；
　　3 室内燃气管道压力大于0.8MPa的特殊用户设计应按有关专业规范执行。

10.2.7 室内燃气管道选用铝塑复合管时应符合下列规定：

　　3 铝塑复合管安装时必须对铝塑复合管材进行防机械损伤、防紫外线（UV）伤害及防热保护，并应符合下列规定：

　　1）环境温度不应高于60℃；

　　2）工作压力应小于10kPa；

　　3）在户内的计量装置（燃气表）后安装。

10.2.14 燃气引入管敷设位置应符合下列规定：

　　1 燃气引入管不得敷设在卧室、卫生间、易燃或易爆品的仓库、有腐蚀性介质的房间、发电间、配电间、变电室、不使用燃气的空调机房、通风机房、计算机房、电缆沟、暖气沟、烟道和进风道、垃圾道等地方。

10.2.21 地下室、半地下室、设备层和地上密闭房间敷设燃气管道时，应符合下列要求：

　　2 应有良好的通风设施，房间换气次数不得小于 3 次/h；并应有独立的事故机械通风设施，其换气次数不应小于 6 次/h。

　　3 应有固定的防爆照明设备。

　　4 应采用非燃烧体实体墙与电话间、变配电室、修理间、储藏室、卧室、休息室隔开。

10.2.23 敷设在地下室、半地下室、设备层和地上密闭房间以及竖井、住宅汽车库（不使用燃气，并能设置钢套管的除外）的燃气管道应符合下列要求：

　　1 管材、管件及阀门、阀件的公称压力应按提高一个压力等级进行设计；

　　2 管道宜采用钢号为 10、20 的无缝钢管或具有同等及同等以上性能的其他金属管材；

　　3 除阀门、仪表等部位和采用加厚管的低压管道外，均应焊接和法兰连接；应尽量减少焊缝数量，钢管道的固定焊口应进行 100％射线照相检验，活动焊口应进行 10％射线照相检验，其质量不得低于现行国家标准《现场设备、工业管道焊接工程施工及验收规范》GB 50236—98 中的Ⅲ级；其他金属管材的焊接质量应符合相关标准的规定。

10.2.24 燃气水平干管和立管不得穿过易燃易爆品仓库、配电间、变电室、电缆沟、烟道、进风道和电梯井等。

10.2.26 燃气立管不得敷设在卧室或卫生间内。立管穿过通风不良的吊顶时应设在套管内。

10.3.2 用户燃气表的安装位置，应符合下列要求：

　　2 严禁安装在下列场所：

　　　　1）卧室、卫生间及更衣室内；

　　　　2）有电源、电器开关及其他电器设备的管道井内，或有可能滞留泄漏燃气的隐蔽场所；

　3）环境温度高于 45℃ 的地方；

　4）经常潮湿的地方；

　5）堆放易燃易爆、易腐蚀或有放射性物质等危险的地方；

　6）有变、配电等电器设备的地方；

　7）有明显振动影响的地方；

　8）高层建筑中的避难层及安全疏散楼梯间内。

10.4.2 居民生活用气设备严禁设置在卧室内。

10.4.4 家用燃气灶的设置应符合下列要求：

　4 放置燃气灶的灶台应采用不燃烧材料，当采用难燃材料时，应加防火隔热板。

10.5.3 商业用气设备设置在地下室、半地下室（液化石油气除外）或地上密闭房间内时，应符合下列要求：

　1 燃气引入管应设手动快速切断阀和紧急自动切断阀；紧急自动切断阀停电时必须处于关闭状态（常开型）；

　3 用气房间应设置燃气浓度检测报警器，并由管理室集中监视和控制；

　5 应设置独立的机械送排风系统；通风量应满足下列要求：

　　1）正常工作时，换气次数不应小于 6 次/h；事故通风时，换气次数不应小于 12 次/h；不工作时换气次数不应小于 3 次/h；

　　2）当燃烧所需的空气由室内吸取时，应满足燃烧所需的空气量；

　　3）应满足排除房间热力设备散失的多余热量所需的空气量。

10.5.7 商业用户中燃气锅炉和燃气直燃型吸收式冷（温）水机组的安全技术措施应符合下列要求：

　1 燃烧器应是具有多种安全保护自动控制功能的机电一体化的燃具；

　2 应有可靠的排烟设施和通风设施；

    3 应设置火灾自动报警系统和自动灭火系统；

    4 设置在地下室、半地下室或地上密闭房间时应符合本规范第10.5.3和10.2.21条的规定。

10.6.2 当城镇供气管道压力不能满足用气设备要求，需要安装加压设备时，应符合下列要求：

    1 在城镇低压和中压B供气管道上严禁直接安装加压设备。

    2 在城镇低压和中压B供气管道上间接安装加压设备时应符合下列规定：

        1）加压设备前必须设低压储气罐。其容积应保证加压时不影响地区管网的压力工况；储气罐容积应按生产量较大者确定；

        2）储气罐的起升压力应小于城镇供气管道的最低压力；

        3）储气罐进出口管道上应设切断阀，加压设备应设旁通阀和出口止回阀；由城镇低压管道供气时，储罐进口处的管道上应设止回阀；

        4）储气罐应设上、下限位的报警装置和储量下限位与加压设备停机和自动切断阀连锁。

    3 当城镇供气管道压力为中压A时，应有进口压力过低保护装置。

10.6.6 工业企业生产用气设备燃烧装置的安全设施应符合下列要求：

    1 燃气管道上应安装低压和超压报警以及紧急自动切断阀；

    2 烟道和封闭式炉膛，均应设置泄爆装置，泄爆装置的泄压口应设在安全处；

    3 鼓风机和空气管道应设静电接地装置。接地电阻不应大于100Ω；

    4 用气设备的燃气总阀门与燃烧器阀门之间，应设置放散管。

10.6.7 燃气燃烧需要带压空气和氧气时，应有防止空气和氧气回到燃气管路和回火的安全措施，并应符合下列要求：

1 燃气管路上应设背压式调压器，空气和氧气管路上应设泄压阀。

2 在燃气、空气或氧气的混气管路与燃烧器之间应设阻火器；混气管路的最高压力不应大于 0.07MPa。

3 使用氧气时，其安装应符合有关标准的规定。

10.7.1 燃气燃烧所产生的烟气必须排出室外。设有直排式燃具的室内容积热负荷指标超过 $207W/m^3$ 时，必须设置有效的排气装置将烟气排至室外。

注：有直通洞口（哑口）的毗邻房间的容积也可一并作为室内容积计算。

10.7.3 浴室用燃气热水器的给排气口应直接通向室外，其排气系统与浴室必须有防止烟气泄漏的措施。

10.7.6 水平烟道的设置应符合下列要求：

1 水平烟道不得通过卧室；

十二、《民用建筑工程室内环境污染控制规范》GB 50325—2010（2013 年版）

1.0.5 民用建筑工程所选用的建筑材料和装修材料必须符合本规范的有关规定。

3.1.1 民用建筑工程所使用的砂、石、砖、砌块、水泥、混凝土、混凝土预制构件等无机非金属建筑主体材料的放射性限量，应符合表 3.1.1 的规定。

表 3.1.1　无机非金属建筑主体材料的放射性限量

测定项目	限　　量
内照射指数 I_{ra}	≤1.0
外照射指数 I_{γ}	≤1.0

3.1.2 民用建筑工程所使用的无机非金属装修材料，包括石材、建筑卫生陶瓷、石膏板、吊顶材料、无机瓷质砖粘结材料等，进行分类时，其放射性限量应符合表 3.1.2 的规定。

表 3.1.2 无机非金属装修材料放射性限量

测定项目	限 量	
	A	B
内照射指数 I_{ra}	≤1.0	≤1.3
外照射指数 I_{γ}	≤1.3	≤1.9

3.2.1 民用建筑工程室内用人造木板及饰面人造木板，必须测定游离甲醛含量或游离甲醛释放量。

3.6.1 民用建筑工程中所使用的能释放氨的阻燃剂、混凝土外加剂，氨的释放量不应大于 0.10%，测定方法应符合现行国家标准《混凝土外加剂中释放氨的限量》GB 18588 的有关规定。

4.1.1 新建、扩建的民用建筑工程设计前，应进行建筑工程所在城市区域土壤中氡浓度或土壤表面氡析出率调查，并提交相应的调查报告。未进行过区域土壤中氡浓度或土壤表面氡析出率测定的，应进行建筑场地土壤中氡浓度或土壤氡析出率测定，并提供相应的检测报告。

4.2.4 当民用建筑工程场地土壤氡浓度测定结果大于 20000Bq/m³，且小于 30000Bq/m³，或土壤表面氡析出率大于 0.05Bq/(m²·s) 且小于 0.1Bq/(m²·s)时，应采取建筑物底层地面抗开裂措施。

4.2.5 当民用建筑工程场地土壤氡浓度测定结果大于或等于 30000Bq/m³，且小于 50000Bq/m³，或土壤表面氡析出率大于或等于 0.1Bq/(m²·s)且小于 0.3Bq/(m²·s)时，除采取建筑物底层地面抗开裂措施外，还必须按现行国家标准《地下工程防水技术规范》GB 50108 中的一级防水要求，对基础进行处理。

4.3.2 Ⅰ类民用建筑工程室内装修采用的无机非金属装修材料必须为 A 类。

4.3.4 Ⅰ类民用建筑工程的室内装修，采用的人造木板及饰面人造木板必须达到 E_1 级要求。

4.3.9 民用建筑工程室内装修中所使用的木地板及其他木质材料，严禁采用沥青、煤焦油类防腐、防潮处理剂。

5.2.1 民用建筑工程中，建筑主体采用的无机非金属材料和建筑装修采用的花岗岩、瓷质砖、磷石膏制品必须有放射性指标检测报告，并应符合本规范第 3 章、第 4 章要求。

5.2.3 民用建筑工程室内装修中所采用的人造木板及饰面人造木板，必须有游离甲醛含量或游离甲醛释放量检测报告，并应符合设计要求和本规范的有关规定。

5.2.5 民用建筑工程室内装修中所采用的水性涂料、水性胶粘剂、水性处理剂必须有同批次产品的挥发性有机化合物（VOC）和游离甲醛含量检测报告；溶剂型涂料、溶剂型胶粘剂必须有同批次产品的挥发性有机化合物（VOC）、苯、甲苯＋二甲苯、游离甲苯二异氰酸酯（TDI）含量检测报告，并应符合设计要求和本规范的有关规定。

5.2.6 建筑材料和装修材料的检测项目不全或对检测结果有疑问时，必须将材料送有资格的检测机构进行检验。检验合格后方可使用。

5.3.3 民用建筑工程室内装修时，严禁使用苯、工业苯、石油苯、重质苯及混苯作为稀释剂和溶剂。

5.3.6 民用建筑工程室内严禁使用有机溶剂清洗施工用具。

6.0.3 民用建筑工程所用建筑材料和装修材料的类别、数量和施工工艺等，应符合设计要求和本规范的有关规定。

6.0.4 民用建筑工程验收时，必须进行室内环境污染物浓度检测，其限量应符合表 6.0.4 的规定。

表 6.0.4　民用建筑工程室内环境污染物浓度限量

污染物	Ⅰ类民用建筑工程	Ⅱ民用建筑工程
氡（Bq/m³）	≤200	≤400
甲醛（mg/m³）	≤0.08	≤0.1
苯（mg/m³）	≤0.09	≤0.09
氨（mg/m³）	≤0.2	≤0.2
TVOC（mg/m³）	≤0.5	≤0.6

注：1　表中污染物浓度测量值，除氡外均指室内测量值扣除同步测定的室外上风向空气测量值（本底值）后的测量值。

　　2　表中污染物浓度测量值的极限值判定，采用全数值比较法。

6.0.19 当室内环境污染物浓度的全部检测结果符合本规范表 6.0.4 的规定时，应判定该工程室内环境质量合格。

6.0.21 室内环境质量验收不合格的民用建筑工程，严禁投入使用。

十三、《供配电系统设计规范》GB 50052—2009

3.0.1 电力负荷应根据对供电可靠性的要求及中断供电在对人身安全、经济损失上所造成的影响程度进行分级，并应符合下列规定：

  1 符合下列情况之一时，应视为一级负荷。

    1) 中断供电将造成人身伤害时。

    2) 中断供电将在经济上造成重大损失时。

    3) 中断供电将影响重要用电单位的正常工作。

  2 在一级负荷中，当中断供电将造成人员伤亡或重大设备损坏或发生中毒、爆炸和火灾等情况的负荷，以及特别重要场所的不允许中断供电的负荷，应视为一级负荷中特别重要的负荷。

  3 符合下列情况之一时，应视为二级负荷。

    1) 中断供电将在经济上造成较大损失时。

    2) 中断供电将影响较重要用电单位的正常工作。

  4 不属于一级和二级负荷者应为三级负荷。

3.0.2 一级负荷应由双重电源供电，当一电源发生故障时，另一电源不应同时受到损坏。

3.0.3 一级负荷中特别重要的负荷供电，应符合下列要求：

  1 除应由双重电源供电外，尚应增设应急电源，并严禁将其他负荷接入应急供电系统。

  2 设备的供电电源的切换时间，应满足设备允许中断供电的要求。

3.0.9 备用电源的负荷严禁接入应急供电系统。

4.0.2 应急电源与正常电源之间，应采取防止并列运行的措施。当有特殊要求，应急电源向正常电源转换需短暂并列运行时，应采取安全运行的措施。

十四、《10kV 及以下变电所设计规范》GB 50053—94

2.0.5 露天或半露天的变电所，不应设置在下列场所：

1 有腐蚀性气体的场所；

2 挑檐为燃烧体或难燃体和耐火等级为四级的建筑物旁；

3 附近有棉、粮及其他易燃、易爆物品集中的露天堆场；

4 容易沉积可燃粉尘、可燃纤维、灰尘或导电尘埃且严重影响变压器安全运行的场所。

4.2.1 室内、外配电装置的最小电气安全净距，应符合表 4.2.1 的规定。

表 4.2.1　室内、外配电装置的最小电气安全净距（mm）

符号	适　用　范　围	场所	额定电压（kV）			
			<0.5	3	6	10
	无遮栏裸带电部分至地（楼）面之间	室内	屏前 2500 屏后 2300	2500	2500	2500
		室外	2500	2700	2700	2700
	有 IP2X 防护等级遮栏的通道净高	室内	1900	1900	1900	1900
A	裸带电部分至接地部分和不同相的裸带电部分之间	室内	20	75	100	125
		室外	75	200	200	200
B	距地（楼）面 2500mm 以下裸带电部分的遮栏防护等级为 IP2X 时，裸带电部分与遮护物间水平净距	室内	100	175	200	225
		室外	175	300	300	300
	不同时停电检修的无遮栏裸导体之间的水平距离	室内	1875	1875	1900	1925
		室外	2000	2200	2200	2200
C	裸带电部分至无孔固定遮栏	室内	50	105	130	155
	裸带电部分至用钥匙或工具才能打开或拆卸的栅栏	室内	800	825	850	875
		室外	825	950	950	950
	低压母排引出线或高压引出线的套管至屋外人行通道地面	室外	3650	4000	4000	4000

注：海拔高度超过 1000m 时，表中符号 A 项数值应按每升高 100m 增大 1% 进行修正。B、C 两项数值应相应加上 A 项的修正值。

4.2.6 配电装置的长度大于 6m 时，其柜（屏）后通道应设两个出口，低压配电装置两个出口间的距离超过 15m 时，尚应增加出口。

6.1.1 可燃油油浸电力变压器室的耐火等级应为一级。高压配电室、高压电容器室和非燃（或难燃）介质的电力变压器室的耐火等级不应低于二级。低压配电室和低压电容器室的耐火等级不应低于三级，屋顶承重构件应为二级。

6.1.2 有下列情况之一时，可燃油油浸变压器室的门应为甲级防火门：

    1 变压器室位于车间内；

    2 变压器室位于容易沉积可燃粉尘、可燃纤维的场所；

    3 变压器室附近有粮、棉及其他易燃物大量集中的露天堆场；

    4 变压器室位于建筑物内；

    5 变压器室下面有地下室。

6.1.5 民用主体建筑内的附设变电所和车间内变电所的可燃油油浸变压器室，应设置容量为 100% 变压器油量的贮油池。

6.1.7 附设变电所、露天或半露天变电所中，油量为 1000kg 及以上的变压器，应设置容量为 100% 油量的挡油设施。

6.1.8 在多层和高层主体建筑物的底层布置装有可燃性油的电气设备时，其底层外墙开口部位的上方应设置宽度不小于 1.0m 的防火挑檐。多油开关室和高压电容器室均应设有防止油品流散的设施。

十五、《低压配电设计规范》GB 50054—2011

3.1.4 在 TN-C 系统中不应将保护接地中性导体隔离，严禁将保护接地中性导体接入开关电器。

3.1.7 半导体开关电器，严禁作为隔离电器。

3.1.10 隔离器、熔断器和连接片，严禁作为功能性开关电器。

3.1.12 采用剩余电流动作保护电器作为间接接触防护电器的回

路时，必须装设保护导体。

3.2.13 装置外可导电部分严禁作为保护接地中性导体的一部分。

4.2.6 配电室通道上方裸带电体距地面的高度不应低于 2.5m，当低于 2.5m 时应设置不低于现行国家标准《外壳防护等级（IP代码）》GB 4208 规定的 IPXXB 级或 IP2X 级的遮栏或外护物，遮栏或外护物底部距地面的高度不应低于 2.2m。

7.4.1 除配电室外，无遮护的裸导体至地面的距离，不应小于 3.5m；采用防护等级不低于现行国家标准《外壳防护等级（IP代码）》GB 4208 规定的 IP2X 的网孔遮栏时，不应小于 2.5m。网状遮栏与裸导体的间距，不应小于 100mm；板状遮栏与裸导体的间距，不应小于 50mm。

十六、《综合布线系统工程设计规范》GB 50311—2007

7.0.9 当电缆从建筑物外面进入建筑物时，应选用适配的信号线路浪涌保护器，信号线路浪涌保护器应符合设计要求。

参 考 文 献

1. 住房和城乡建设部强制性条文协调委员会. 工程建设标准强制性条文（房屋建筑部分）(2013 年版). 北京：中国建筑工业出版社，2013
2. 住房和城乡建设部强制性条文协调委员会. 工程建设标准强制性条文（城乡规划部分）(2013 年版). 北京：中国建筑工业出版社，2013
3. 闫军. 建筑结构与岩土强制性条文速查手册. 北京：中国建筑工业出版社，2013
4. 闫军. 建筑施工强制性条文速查手册. 北京：中国建筑工业出版社，2013
5. 闫军. 给水排水与暖通强制性条文速查手册. 北京：中国建筑工业出版社，2013
6. 闫军. 交通工程强制性条文速查手册. 北京：中国建筑工业出版社，2013
7. 闫军. 建筑材料强制性条文速查手册. 北京：中国建筑工业出版社，2014